U0175826

跟着儿科专家
轻松育儿

● 傅　平　何怡峰　郑国雄 / 主编 ●

青岛出版社
QINGDAO PUBLISHING HOUSE

图书在版编目（CIP）数据

跟着儿科专家轻松育儿 / 傅平, 何怡峰, 郑国雄主编. — 青岛 : 青岛出版社, 2020.4
ISBN 978-7-5552-9104-6

Ⅰ.①跟⋯ Ⅱ.①傅⋯ ②何⋯ ③郑⋯ Ⅲ.①婴幼儿 – 哺育 Ⅳ.①TS976.31

中国版本图书馆CIP数据核字(2020)第044301号

书　　名	跟着儿科专家轻松育儿				
主　　编	傅　平	何怡峰	郑国雄		
副 主 编	张　宁	匡桂芳	修新红	张　全	马海燕
出版发行	青岛出版社				
社　　址	青岛市海尔路182号（266061）				
本社网址	http : //www.qdpub.com				
邮购电话	13335059110　　0532-85814750（传真）　　0532-68068026				
责任编辑	赵慧慧				
封面设计	祝玉华				
内文绘图	万相工作室				
制　　版	青岛乐喜力科技发展有限公司				
印　　刷	青岛双星华信印刷有限公司				
出版日期	2020年4月第1版　　2020年4月第1次印刷				
开　　本	16开（710mm×1000mm）				
印　　张	21.5				
字　　数	260千				
印　　数	1-6000				
书　　号	ISBN 978-7-5552-9104-6				
定　　价	58.00元				

编校印装质量、盗版监督服务电话 4006532017　　0532-68068638

本书编委会

主　编：傅　平　何怡峰　郑国雄

副主编：张　宁　匡桂芳　修新红　张　全　马海燕

编　者：（以姓氏笔画为序）

于双玉　马海燕　王　莹　王文媛　王秀英

王绘新　刘华林　匡桂芳　孙晓华　李玉芬

何怡峰　辛晓昱　张　宁　张　全　张小千

张立琴　陈风香　杨　雪　周长虹　郑国雄

修新红　贺莉娜　傅　平

前　言

　　新生儿给家庭带来了无限的欢乐，也带来了意想不到的忙乱和困惑。宝宝在吃、喝、拉、睡、穿、疾病、教育等方面，每时每刻都会出现新问题。母乳是否充足？如何添加辅食？宝宝不爱吃饭，怎么办？吸吮手指、口吃、不说话、任性、多动等，是属于正常情况，还是属于心智问题？针对宝宝感冒、发热等轻微病症，如何在家观察处理，应在何时就医？

　　面对来自月嫂、家中老人、别人家妈妈、网络等多方面观点不一的信息，科学的做法是选一本靠谱的好书，做一名学习型家长，在养育宝宝的过程中尽可能少走弯路。

　　本书由 20 多位多年从事儿童保健、儿科临床、儿童心理工作的专业医师编写，内容涵盖了常见育儿问题，解答深入浅出，实用性强。本书对年轻父母来说是实用的育儿宝典，对基层儿科医生、儿童保健工作者、幼儿教师、小学教师也具有重要的参考价值。

编　者

2019 年 2 月

目 录

PART2
婴儿篇（1~12个月）

婴儿的特点

婴儿护理

PART3
幼儿篇（1~3岁）

幼儿的早期教育

幼儿的心智培养

幼儿的品德培养

PART4
学龄前篇 (3~6 岁)

学龄前儿童的特点

学龄前儿童的心智培养

PART5
学龄篇（6~12岁）

 学龄期儿童特点

PART6
儿童常见不适症状与处理

 发热

 惊厥

 咳嗽

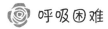 呼吸困难

 青紫

PART7
小儿常见疾病防治

PART8
健康查体与预防接种

 健康查体

计划免疫

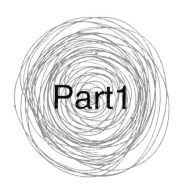

Part1

新生儿篇（0～1个月）

新生儿的特点

1. 什么是新生儿？新生儿的外观有什么特点？

新生儿是指从出生到生后28天内的婴儿。

健康的新生儿充满活力，吸吮力较强，有无意识活动。新生儿的头较大，头发多少不一，颅骨质地较硬，头围大于胸围，腹部膨隆，四肢较短，常常采取外展和屈曲姿势。新生儿的皮下毛细血管比较丰富，肤色红润。指甲长过指尖，趾甲长过趾尖。男婴的阴茎大小不等，阴茎龟头和包皮容易发生粘连，往往有轻度鞘膜积水，睾丸可能降至阴囊，也可能停留在腹股沟处。女婴大阴唇有可能覆盖小阴唇，处女膜微微突出，有少量阴道分泌物。

2. 新生儿的呼吸系统有什么特点？

正常新生儿出生后就有呼吸。新生儿呼吸表浅，常不规则，在出生后2周内呼吸频率较快，安静时约为每分钟40次。

3. 新生儿的循环系统有什么特点？

在新生儿出生后的若干天内，主动脉导管和心脏卵圆孔仍然开放，待新生儿期过后才能逐渐地闭合。有的人卵圆孔一直不闭合。在新生儿出生后最初几天，有时可在心前区听到杂音，可能与主动脉导管没有完全闭合有关。

4. 新生儿的消化系统有什么特点？

新生儿的消化能力越来越强。除淀粉酶外，新生儿的消化道已能分泌足够的消化酶。新生儿的胃呈水平位，容量小，和食道相连接的贲门括约肌松弛，和肠道相连的幽门括约肌较发达，故容易溢乳及呕吐。新生儿的肠道相对较长，分泌面和吸收面较大，能适应大量的流质食物。

5. 新生儿的体温有什么特点？

新生儿体温调节中枢的功能还不够完善，调节体温的功能差，容易受环境温度的影响。当环境温度低时，新生儿由于全身皮下脂肪薄，易散热，因此体温容易过低。新生儿的汗腺发育不全，排汗、散热机能也差，若环境温度过高（或过分保暖），新生儿的体温可迅速上升，甚至可达40℃，容易引起高热惊厥。因此新生儿要适当保暖。

6. 新生儿的免疫系统有什么特点？

新生儿自身合成免疫球蛋白的功能低下，其免疫球蛋白主要通过母体获得。而新生儿的体内缺乏抗革兰氏阴性杆菌抗体、某些补体及白介素，故容易发生革兰氏阴性杆菌感染，且易发展为败血症。

7. 新生儿有没有免疫力?

新生儿是有免疫力的。在母体内，母血中的免疫球蛋白能通过胎盘转移给胎儿。胎儿出生以后，这部分免疫球蛋白继续发挥作用，故新生儿不容易感染麻疹、流行性腮腺炎、水痘等传染病。由于有的免疫球蛋白分子比较大，不能通过胎盘，因此新生儿对大肠杆菌及其他革兰氏阴性杆菌的抵抗力差，容易得败血症。

新生儿自身的免疫系统发育得不够成熟，皮肤黏膜娇嫩，容易受损伤，防御功能差；呼吸道的纤毛运动能力弱，清除能力差；胃酸少，杀菌能力弱；血液中白细胞、吞噬细胞的杀菌能力弱。因此新生儿需要良好的护理。

8. 新生儿的泌尿系统有什么特点?

新生儿的肾能适应正常的代谢负担，但潜力有限。新生儿的肾小球滤过率低，排钠能力差，故新生儿易发生水肿。新生儿肾脏的浓缩功能相对不足。如果用浓度高的奶粉喂新生儿，容易导致新生儿血中尿素氮的浓度增高。新生儿最初的尿液透明，微带黄色，有可能含有微量蛋白。有时会出现红尿（由尿酸盐引起），一般持续数日即可消失。尿酸盐多时，新生儿有可能出现排尿不安的表现。

9. 新生儿的神经系统有什么特点?

新生儿的脑相对较大，脊髓相对较长，其末端在第3、第4腰椎下缘。新生儿的大脑皮质及纹状体发育不成熟，容易出现不自主和不协调的动作，有吞咽、吸吮、拥抱、握持等反射。除吞咽反射外，其他反射将随年龄的增长而消失。

新生儿的味觉在出生时就已经比较发达。新生儿的嗅觉较弱。在视觉方面，新生儿对光虽有感觉，但缺乏共济运动，故视觉不清。新生儿的听觉迟钝，触觉灵敏，痛感较低。

10. 新生儿的平均身长是多少?

新生男孩的平均身长为46.8~53.6厘米，新生女孩的平均身长为46.4~52.8

厘米。新生儿的身长与人种、母亲的年龄、母亲怀孕的次数、母亲骨盆的大小、母亲怀孕期间的营养等因素有密切的关系。

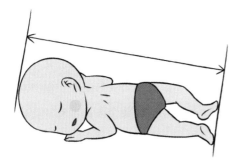

11. 新生儿的体重是不是越重越好?

新生儿出生时的平均体重为3200~3900克,体重超过4000克的新生儿被称为巨大儿。巨大儿在临产时常有困难。因此,新生儿的体重并不是越重越好。如果母亲患有糖尿病,就容易生出巨大儿,需要特别注意观察。

12. 什么是低体重儿?

不管胎龄如何,凡出生体重不到2500克者,都被称为低体重儿。低体重儿中大多数为早产儿,也有足月儿或过期产儿。出生体重不足1500克者,被称为极低体重儿。低体重儿出生后容易出现各种器官的并发症。体重越低,胎龄越小,新生儿的死亡率就越高。

13. 巨大儿有什么特点?

巨大儿属于发育过快的胎儿。巨大儿可分为正常巨大儿和异常巨大儿两种。若父母个子高大,母亲在孕期营养丰富,那么胎儿发育好,长得大,属于正常现象,外观与正常儿一样,只是临产时常有困难。

有的母亲患有糖尿病,容易生出巨大儿。这类巨大儿并不健康,容易出现低血糖、高胆红素血症、低钙血症或呼吸窘迫综合征。

14. 新生儿有哪些行为能力?

传统的观念认为,新生儿除了具有本能的吸吮反射、防御反射之外,大部分时间处于睡眠状态,对外界很少有反应,处于混沌之中。这种观点是错误的。

新生儿在出生后1~2小时就可以进入一种安静、清醒的状态:睁着眼、清醒、有反应、不哭。这时,新生儿具有哪些行为能力呢?

当几个人同时在看新生儿时，新生儿会选择他最喜欢的一张面孔，然后盯着这张面孔，这说明此时新生儿已有一定的意识。因此，妈妈可以用充满爱意的眼光、语言和新生儿交流感情。

新生儿也能对外部声音做出反应。如果妈妈用优美、悦耳的声音对一个刚出生几天的孩子说"你是好孩子"，孩子的小手、小脚会配合妈妈说话的节拍运动，会抬起、放下。

新生儿的味觉发育良好，当妈妈分别给新生儿喂甜水和酸水时，甜味会使他感到舒适，而酸味会使他皱眉。在听觉发育方面，有人进行过观察：当新生儿在听母亲温柔的话语时，新生儿的面容变得安详、放松，并不时发出轻柔的声音作为回应。过了一会儿，母亲离开，父亲在同一位置上用男性粗犷的声音与新生儿对话，新生儿会表现出惊愕、紧张的样子，瞪着眼，微张着嘴，发出的声音和声音的节奏与回应母亲时所发出的完全不一样。还有人观察到：当新生儿注视着自己喜欢的人时，如果这个人频繁吐出舌头，新生儿也会学着吐舌头。

15. 新生儿有意识吗？

按照清醒和睡眠的不同程度，可将新生儿的意识分为以下6种状态：

❶ 安静清醒状态。处在这种状态的新生儿，眼睛睁得很大，很明亮，喜欢看东西，对人的脸和深颜色的东西特别感兴趣。

❷ 活动清醒状态。这种状态一般出现在新生儿吃奶或感到烦躁时，表现为活动增加，好像在环视周围的环境，并发出一些简单的声音，有时运动剧烈，有时运动呈阵发性。

❸ 哭的状态。新生儿在哭泣时，四肢会有力地活动，脸有时变得很红，他们往往用哭来表达自己的意愿，希望父母能满足他们的要求，比如饿了、尿了或身体不适等。

❹ 瞌睡状态。处在瞌睡状态中的新生儿眼睛半闭半睁，面部表情多样，有时微笑，有时皱眉，有时噘嘴，时常伴有惊跳，目光变得不灵活了，对周围声音或图像的刺激反应迟钝，这是清醒与睡眠之间的过渡状态，持续时间较短。

❺ 活动睡眠状态。新生儿处于这种状态时，呼吸比处在安静睡眠状态时快且不规则，眼睛通常是闭合的，手臂、腿部和其他部位偶尔会活动，脸部常常出现怪相、微笑或皱眉等表情，有时还出现吸吮动作或咀嚼动作。这种睡眠状态常常出现在新生儿清醒之前。新生儿由安静睡眠状态到活动睡眠状态，是一个持续30~45分钟的

睡眠周期。一般而言，新生儿每天有18~20个睡眠周期。

❻安静睡眠状态。处在这种状态的新生儿，全身放松，眼睛自然闭合，呼吸均匀，除偶发的惊跳和极轻微的嘴动外，全身没有其他自然活动，处于完全放松休息的状态。

16. 新生儿在什么时候开始排尿？

新生儿一般在出生后24小时以内排尿，也有健康的婴儿在48小时内才排尿。新生儿的尿液一般是透明、淡黄色的，尿量随吃奶量的多少而增减，尿液的颜色有深浅变化。

随着吃奶量的增加，婴儿每天可排尿20次左右。有的婴儿在出生后3~5天排尿时，大声啼哭。当打开白色的尿布时，父母会看到婴儿的尿液呈砖红色。父母对此不必担心，这是因为初生婴儿的肾功能不完善，体表蒸发一部分水分，呼吸也会消耗一部分水分，再加上吃奶量少，身体缺水，尿量少而浓，一部分尿酸盐不能完全

溶解在尿液中，潴留在尿路内，造成排尿时疼痛，从而引起婴儿哭闹。随着奶量的增加，尿酸盐完全溶解于尿中被排出，婴儿就会安然入睡。

17. 新生儿能做哪些运动？

新生儿一出生就有觅食反射、拥抱反射、握持反射、吸吮反射及自动踏步等反射性运动。新生儿还会出现由生物钟支配的有节律的运动，如自发性地动上臂和腿。

我国著名新生儿行为学家鲍秀兰的研究表明：新生儿的运动能力会受文化教育、传统习惯及种族等因素的影响。比如有些父母习惯使用褟褓，虽然褟褓的保温效果好，但它会限制新生儿四肢的活动。美国新生儿吃手的能力普遍比我国新生儿更强一些。新生儿的运动受大脑神经系统的支配。运动还可促进大脑及整个神经系统的发育，有利于新生儿的早期智力开发。因此，家长应多让新生儿运动。

18. 新生儿的触觉、味觉、嗅觉是如何发展的？

除了听觉和视觉外，新生儿的触觉、味觉和嗅觉也是相当敏感的。母亲在产后半小时内应尽早与自己的宝宝进行皮肤接触，如让宝宝裸体趴在妈妈的身上。这种早期的皮肤接触不

仅有利于母乳喂养，而且有利于刺激新生儿的触觉。新生儿对冷、热、痛均有感受能力，能够通过触觉感受外界环境，进而认识世界。

新生儿对酸、甜、苦、咸有敏锐的分辨能力。刚出生一天的新生儿吃母乳时，吸力强，表情愉快。如果给予新生儿其他味道的液体，如有酸味、咸味、苦味、辣味的液体，新生儿便不愿意吸吮，并表现出不愉快的表情，甚至啼哭，这说明新生儿在出生后就具备了良好的味觉。新生儿在出生时就有嗅觉，能通过奶味寻找乳头。

19. 新生儿具有哪些正常的生理反射？

新生儿所具有的反射主要包括以下几种：

❶ 吸吮反射。用手指轻触婴儿唇部或伸入婴儿口内，婴儿会出现口唇及舌的吸吮动作。该反射在宝宝刚出生时活跃，在宝宝出生 4 个月后逐渐被主动的进食动作所代替，在宝宝出生 8 个月后完全消失。

❷ 拥抱反射。用手托住新生儿头肩部，使其呈半坐姿势，躯干与床面呈 30 度，然后迅速使婴儿的头向后倾斜 10~15 度，检查者的手不离开婴儿头部，这时婴儿的上肢伸直、外展，有时下肢也伸直，然后上肢迅速屈曲，

呈拥抱状。该反射在新生儿出生时存在，在出生 3~4 个月后消失。

❸ 握持反射。将手指或物品放入新生儿手中，会引起新生儿的抓握动作。该反射在新生儿出生时存在，在出生 3~4 个月后消失。

❹ 颈肢反射。让婴儿仰卧，将其头转向一侧，颜面所转向的这一侧上、下肢伸直，对侧屈曲。此反射于新生儿出生后出现，出生约 2 个月时明显，睡时较易出现。睡眠时的颈肢反射在婴儿 7 个月后消失，清醒时的颈肢反射消失较早。

❺ 凯尔尼格征。将婴儿一侧的髋、膝关节均弯曲成 90 度，然后再伸直其小腿，正常婴儿可以达到 135 度以上，如果少于 135 度就出现了屈肌挛缩和疼痛，就属于凯尔尼格征阳性。

❻ 划跖试验。用火柴棒划足底外侧缘，由跟部向前划，阳性反应为拇趾背屈，其余各趾散开。该试验在宝宝 1 岁内可呈阳性，在宝宝 1~2 岁仍可呈弱阳性。

20. 什么是高危儿？

高危儿是指有可能发生危重情况的新生儿，也就是指存在某些危险因素的新生儿。这些危险因素有可能对新生儿的近期或远期预后产生不良的影响。

常见的高危因素包括以下几种：有遗传病家族史，胎儿期受病毒感染，母亲在孕期接触过毒物或放射线，胎儿发育畸形或宫内缺氧，母亲是高龄初产妇，母亲有先兆流产史、反复流产史、早产史和死产史，母亲在孕期羊水过多或过少，母亲患有妊娠高血压、妊娠糖尿病、癫痫或其他疾病，分娩时产程延长，胎盘、脐带或羊水异常，新生儿出生时发生窒息、早产、过期产或难产，出生体重低于2500克或超过4000克，患有新生儿重症黄疸等疾病。

21. 护理高危儿应注意什么？

存在产前高危因素的孕妇应到三甲医院进行产前检查、分娩，在产后应定期带宝宝看儿童保健医生，根据医嘱进行早期干预，增加视、听、触觉等方面的刺激，加强语言、认知、运动、感觉等方面的综合训练，及时对宝宝进行智力、体格发育评估。若发现宝宝异常，应尽早带宝宝进行康复治疗。

22. 什么是新生儿疾病筛查？

新生儿疾病筛查是指在新生儿群体中，用快速、简便的检查方法，进行先天性遗传代谢疾病筛查，以便早期发现某些先天性疾病，及时治疗。

我国目前通过检测新生儿的血液来早期发现先天性甲状腺功能减退症、苯丙酮尿症、先天性肾上腺皮质增生症、葡萄糖-6-磷酸脱氢酶缺乏症等疾病。这些疾病大多有严重的致残性，在患儿出生时不易被发现。新生儿疾病筛查可使患儿得到早期诊断、早期治疗，且治疗效果较好。

23. 为什么要给新生儿做听力筛查？

听力障碍是一种常见的出生缺陷。在我国，听力障碍的发病率位于五项残疾（听力、视力、肢体、智力和精神残疾）的第一位。因此进行新生儿听力筛查显得非常重要和紧迫。

❶ 新生儿听力筛查的重要意义。通过进行新生儿听力筛查，医生可以早期发现、早期诊断和早期治疗听力障碍者。听力障碍容易导致小儿语言、情感、心理和社会交往等能力发育迟缓，容易对小儿的生长发育造成严重的不良影响，给家庭和社会带来沉重的负担。如果不进行听力筛查，大部分的先天性听力障碍儿童无法被早期发现。

听力筛查可发现患有先天性听力障碍的患儿，可以运用现代化的听力诊断技术来明确诊断。一旦确诊，就可为患儿进行及时、有效的治疗和干预，包括语声放大、药物治疗、植入人工耳蜗和语言康复训练等，最终让有听力障碍的患儿听到声音、学会说话，回归主流社会。

❷应尽早治疗听力障碍。儿童的听觉和语言能力开发得越早，发育得就越好。如果3岁以后才发现孩子有先天性听力障碍，即使给孩子佩戴了助听器，孩子学习语言的效果也不理想。如果不做听力筛查，患儿往往错过最佳的治疗时机。

🌀 早产儿的特点

1. 什么是早产儿？早产儿的外观有什么特点？

早产儿是指出生时胎龄大于28周且小于37周的新生儿，又称未成熟儿。早产儿的头部相对较大，囟门大，颅缝较宽。早产儿的头发呈乱绒毛状。额头有皱纹，皮肤鲜红薄嫩、水肿发亮，面部和四肢有许多细毛，胎脂多。耳壳软，受压时易变形。指甲、趾甲软，常不超过指端、趾端。足纹少，足跟光滑。早产男婴的睾丸未降至阴囊，阴囊皱襞少。早产女婴的大阴唇不能覆盖住小阴唇。肌张力差，四肢会不自主地轻微颤抖。

2. 早产儿的体温调节功能有什么特点？

早产儿的体温调节中枢发育不成熟，体温容易出现波动。早产儿出生后头几天，由于肌肉活动少，体内产热少，皮下脂肪少，体表面积相对较大，导致散热增多，因此在寒冷的环境中体温更容易偏低。早产儿由于汗腺发育不成熟，出汗功能不全，因此，当环境温度过高时，体温容易过高。

3. 早产儿的呼吸系统有什么特点？

由于呼吸中枢未发育成熟，早产儿的呼吸快而浅，且有不规则的间歇呼吸或呼吸暂停等表现。同时，早产儿的呼吸肌发育不全，吸气无力；肺泡发育不全，气体交换能力较差；肺发育较差，容易患肺透明膜病；咳嗽反射较弱，痰液不易被咯出，容易引起呼吸道梗阻或吸入性肺炎等疾病。

4. 早产儿的循环系统有什么特点？

早产儿出生时心脏相对较大，心音低钝，有可能出现期前收缩和杂音，其心率差异很大。早产儿的血压较低。当出现外伤、缺氧、感染、凝血机制障碍时，早产儿由于毛细血管比较脆弱，容易出血，而且症状较重。

5. 早产儿的消化系统有什么特点？

早产儿的吸吮及吞咽能力较弱，容易发生呛咳、呕吐及腹胀等现象，因此需要细致的喂养。早产儿的消化能力与足月儿类似，除淀粉酶外，消化道已能分泌充足的消化酶。

6. 早产儿的血液系统有什么特点？

早产儿出生后头几天，外周血中红细胞及血红蛋白值保持稳定，但几天后迅速下降。早产儿出生时体重越低，红细胞及血红蛋白值下降得越早，并逐渐出现贫血现象。早产儿的血小板浓度比足月儿低，出生时体重越轻，血小板浓度就越低，浓度增加就越慢。

7. 早产儿的免疫系统有什么特点？

由于全身脏器发育不成熟，早产儿的免疫功能存在缺陷，再加上体内来自母体的抗体量较少，早产儿对各种感染的抵抗力较弱，即使轻微的感染也可导致败血症等严重后果。

8. 早产儿的肝脏功能有什么特点？

早产儿由于肝功能较差，对胆红素的结合和排泄不好，其生理性黄疸持续时间较足月儿长，且症状较重。早产儿肝脏贮存的铁及维生素 D 不足，故出现生理性贫血早且生理性贫血症状偏重，还易患佝偻病。早产儿肝脏贮存的维生素 K 较少，凝血因子缺乏，易出血。因肝脏合成蛋白质的功能不足，早产儿的血浆蛋白浓度低，易形成水肿。早产儿使肝糖原变成葡萄糖的功能低下，在饥饿时容易因血糖过低而发生休克。

9. 早产儿的肾脏功能有什么特点？

早产儿的肾脏功能低下，肾小球滤过率低，尿素、氯、钾、磷的清除率低，尿浓缩功能较差。早产儿出生后体重下降较快，并且易感染，呕吐、腹泻和环境温度的改变可导致酸碱平衡失调。

10. 早产儿的神经系统有什么特点？

早产儿的胎龄越小，神经系统发育越不成熟，各种反射越差，例如拥抱反射不明显，咳嗽、吞咽及吸吮反射均较差；对光反射、眨眼反射不敏感；长时间似睡非睡，受到刺激后才睁眼；肌张力低，四肢呈伸直状。

11.早期干预对早产儿有什么益处?

脑性瘫痪是由于胎儿或婴儿脑的损伤所致持续性运动和姿势异常、活动受限的一组综合征。早产儿容易发生脑性瘫痪。进行早期干预可降低早产儿脑性瘫痪的发生率。因为小儿年龄越小，脑发育越快，脑受损伤后康复能力越强。

对早产儿的早期医学干预主要包括以下几方面的措施：早产儿在出院前后就应在医生的指导下接受视觉、听觉等方面的适度刺激，以促进其大脑的发育；在全面发展早产儿智力的基础上，对早产儿进行按摩、被动体操和强化主动运动训练；每月进行一次神经运动功能检查；注意科学喂养和护理，预防贫血和佝偻病。

神经运动功能检查的结果表明，对早产儿采取上述早期干预措施后，多数早产儿神经系统的发育趋于正常，只有少数早产儿出现异常。对于出现异常的早产儿，如果在异常征象未发展成为脑性瘫痪之前，就开始为他们做按摩、运动等强化康复训练，多数早产儿的异常征象能得到缓解。

🌸 新生儿的护理

1. 怎样为新生儿准备卧具?

❶婴儿床：要为新生儿准备一张舒适的婴儿床，床面要适当高一些，方便妈妈为宝宝换尿布。最好选用木质床，周围要有栅栏，栅栏的间隔以小于9厘米为宜。如果栅栏的间隔过宽，就有夹住新生儿头部的危险。栅栏的高度一般要高于床垫（褥子）。如果栅栏的高度太低，孩子站立时有翻下来的危险。

❷新被旧褥：要为新生儿准备一套柔软的被褥。如果妈妈搂着新生儿睡觉，有使新生儿发生窒息的危险。故提倡让新生儿单独睡一张床。最好给新生儿用大人用过的褥子。因为新生儿睡在新做的松软褥子上，身体容易往下沉，脊柱容易弯曲，不利于睡眠。所以新生儿的褥子以旧的为好，被子以新的、轻的为好。

❸枕头：不建议让新生儿使用枕头。因为新生儿的头比较大，头和躯干基本在一个平面上，脊柱是直的，睡眠时不需要枕枕头。

2. 怎样为新生儿准备衣服？

挑选新生儿衣服的原则是冬暖夏凉，穿着舒服，不影响生理机能。新生儿最好穿轻便、宽松、透气的衣服。内衣颜色宜淡些，样式以无领、前开、系带为宜。内衣最好前面长些，后面短些，以避免大便的污染。

在春秋两季，还要为小宝宝准备穿在内衣之外的夹层衣。夹层衣的面料以针织布、法兰绒为宜，应该选择宽松的样式，方便穿脱。

新生儿在冬天穿的棉衣，最好用柔软的棉布做面子和里子，中间放一层新棉花，不要太厚，要既柔软又暖和。另外，要为新生儿准备小鞋、小袜子、围嘴、披风、小软帽等物品，以备外出时使用。

再提醒一下，要将洗好的新生儿衣服放在干燥的地方。不要在放置新生儿衣服的地方放樟脑丸，以免引起新生儿溶血症。

3. 怎样为新生儿准备尿布和浴具？

尿布是新生儿的常用物品，要用柔软且易吸水的布料制作尿布，颜色宜淡些，便于观察大小便的颜色。尿布的形状包括长方形、正方形、三角形等几种。使用尿布时，不要让尿布影响到婴儿的活动。

现在越来越多的新生儿使用一次性纸尿裤。如果新生儿使用一次性纸尿裤时出现不适症状，就应立即停止使用。

婴儿浴盆的材质以木质或厚塑料为好，这样的材质不易传热。应选用小宝宝专用的浴巾和毛巾，浴巾和毛巾应柔软且易吸水。应选用刺激性小的婴儿沐浴液。

4. 需要为新生儿准备哪些卫生用品？

新生儿所需的一般卫生用品有体温表、药棉棒、消毒纱布、镊子等。

新生儿常用的卫生药品有浓度为75%的酒精、浓度为0.5%的碘伏、红霉素眼膏等。

5. 新生儿应采取什么样的睡姿？

新生儿及6个月以内的婴儿在睡眠时应采取仰卧（背部平躺）的姿势。儿科专家认为这种睡姿对婴儿最为安全，可以降低婴儿猝死综合征的发病风险。但是对于频繁溢奶的宝宝来说，仰卧容易引起误吸。对于这样的宝宝，睡眠时应抬高宝宝的上半身，降低因溢奶而发生的误吸风险。

6. 新生儿对生活环境有什么要求？

新生儿身体的各器官发育不完善，生理功能不健全，适应外界环境的能力很差。新生儿期是人一生中抵抗力最弱的阶段。应为新生儿提供适宜的生活环境，让新生儿安全度过这个时期。

婴儿出生后，与母亲24小时在一起，这样不仅有利于母婴交流感情，也方便母亲随时哺乳。

新生儿的居室应该阳光充足、通风良好、空气新鲜、环境安静、温度适宜。应将新生儿居室的温度保持在20~22℃，若室温过高，新生儿可能发热；若室温过低，则新生儿易发生皮肤硬肿症。最好将新生儿居室的空气湿度控制在40%~60%。

新生儿出院回家以后，父母要注意家庭日常的卫生清洁，最好用湿拖把擦地，以免灰尘飞扬。不要在新生儿住的房间里吸烟。不要让过多的人进入新生儿的房间，因为嘈杂的声音会影响新生儿的睡眠，而且容易增加新生儿感染疾病的机会。

7. 怎样给新生儿洗澡？

洗澡是清洁新生儿皮肤的有效方法。新生儿洗澡时，还可以方便家长检查新生儿的皮肤有无损伤和异常的地方，并能起到促进血液循环和身体发育的作用。在洗澡之前要注意查看新生儿的健康状况。如果新生儿有情绪不稳、发热、咳嗽等异常情况，应暂停洗澡，必要时应去医院诊治。

洗澡的必备物品有浴盆、洗脸盆、毛巾、纱布、浴巾、婴儿皂、棉签、温度计等。

新生儿洗澡时，室温要比平时高，如果室温无法达到标准，最好有阳光照射。

❶ 洗澡前，把新生儿的干净衣服及尿布置于床上。若天气太冷，需要用热水袋将新生儿的衣物加温。

❷ 在浴盆内倒入40℃左右的温水，家长可以用肘部试试水温是否合适。在倒热水时，应先抱起新生儿，待水温合适后再将新生儿放入温水中。

❸ 在脐带脱落之前，不要让新生

儿泡在盆里洗澡。此时应先洗新生儿的上半身，然后洗下半身，避免脐部被污染。等新生儿脐带脱落以后，可以让新生儿泡在盆里洗澡。

❹下水前，先用浴巾将新生儿全身包裹好，露出头部，然后将新生儿慢慢放入温水中，以免新生儿因脱掉衣服、浸入水中而感到惊恐不安。

❺清洗时，左手托住孩子的头颈部，家长的左手拇指和中指分别从孩子耳郭后方向前压紧，堵住两个耳孔，以防进水。然后用右手清洗孩子的头部，依次从头洗到脚。每洗一处，可将包裹的浴巾打开一些。家长先在自己手上抹上沐浴液，再抹到孩子身上，然后用清水洗涤，再给孩子裹上浴巾。洗净正面以后，用右手托住孩子腋下，让孩子俯卧在大人右前臂上，再用左手洗孩子的背部和臀部。家长的动作要尽量轻柔、迅速。

❻洗完澡，用干浴巾包住孩子的身体，把孩子放在床上。用浴巾把孩子身上的水从头到脚吸干，不要用力擦。如果脐带未脱落，可用浓度75%的酒精消毒脐带。然后为新生儿全身适当涂抹保湿的婴儿润肤油或润肤乳。

洗澡的时间最好在吃奶后1个小时，以上午10时至下午2时之间为最佳。洗澡的时间不宜过长。

8. 怎样护理新生儿的脐带？

脐带是母亲与胎儿相连的纽带，也是母亲向胎儿提供各种营养物质并带走胎儿代谢产物的唯一通道。当胎儿出生后，脐带就完成了它的历史使命。产科医生用无菌的方法将脐带结扎剪断，留下的残端逐渐干枯、脱落。

在脐带未脱落或创面未愈合之前，脐部是细菌侵入的主要门户之一，所以家长应特别注意对孩子脐部的护理与清洁。每天可用浓度为75%的酒精对新生儿脐部进行消毒，并为新生儿勤换内衣及尿布。在换尿布时，要注意避免大小便污染脐部。当脐带脱落后，脐部的创面会有些发红、湿润，这属于正常现象，继续用浓度为75%的酒精消毒，保持创面的干燥、清洁，直至愈合。

若脐部形成痂皮，对创面有一定的保护作用，不要随便揭掉痂皮。当痂皮自然脱落后，新生儿脐窝仍有少许浆液分泌物，这时，用浓度为75%的酒精消毒，几天后即可愈合。如果新生儿的脐窝部出现红色颗粒状的小肉芽，这是肉芽肿，家长不必担心，先用浓度为75%的酒精对脐部进行消毒，再用浓度为10%的硝酸银溶液涂抹脐部，最后用生理盐水清洗，可促进创面的愈合。

如果发现新生儿的脐部发红、变肿或流出脓性液体等异常现象，应尽快带新生儿就医。

9. 怎样护理新生儿的皮肤？

新生儿皮肤娇嫩，角质层很薄，只有2~3层细胞，一旦被粗糙的衣服、尿布磨破，细菌就可以通过小小的伤口侵入，造成化脓性炎症。如果新生儿皮肤的皱褶处（如颈部、腋下、臀部等）很潮湿，有污物积聚或受到刺激，表皮就很容易糜烂、损伤，成为细菌大量繁殖的场所，容易发展成为败血症。

在护理新生儿的皮肤时，家长要为新生儿勤洗澡、勤清洁皮肤。应该用柔软的布料给新生儿做尿布或衣服。如果一整天都让宝宝穿一次性纸尿裤，那就要勤为宝宝换纸尿裤。宝宝每次排大便后，家长都要清洗宝宝的臀部。在洗尿布时，要将肥皂液冲干净，并在阳光下晒干，以免残留的碱性物质刺激宝宝的皮肤。宝宝的皮肤皱褶处要保持干燥、清洁和皮肤完好。如果宝宝的皮肤出现伤口，要及时为宝宝消毒处理。

10. 怎样测量与调节新生儿的体温？

正常新生儿的平均肛温为36.2~37.8℃。腋下平均温度较肛温稍低，为36~37.4℃。新生儿腋温超过37.4℃或肛温超过37.8℃即为发热。根据体温的高低一般分为以下几种情况：低热，腋下温度为37.5~38℃；中等热，腋下温度为38.1~39.5℃；高热，腋下温度超过39.5℃；超高热，腋下温度超过40.5℃。

新生儿的体温调节功能不完善，易受环境温度影响，容易引起产热与散热失衡，从而导致体温异常。当新生儿体温异常时，要结合新生儿的呼吸、面色、哭声、睡眠、吃奶及大小便等情况，综合判断是病理现象还是生理现象。

在炎热的夏天或保暖过度时，宝宝无法调节体温，有可能出现发热。有的新生儿，因为奶量不足，体温突然升到40℃以上，皮肤发红，哭闹不安，这些症状通常被称为新生儿脱水热。此时可适当降低环境温度，或松开包被，多给新生儿喂奶，一般在24小时内体温就可以降至正常。

如果新生儿是由疾病引起的发热，除及时治疗原发病外，还应用物理方法降温。居室温度以22℃左右为宜。当新生儿的体温超过38.5℃时，可采取解开包被降温法，也可用温水擦浴，擦浴部位包括前额、四肢、腹股沟及腋下等。为防止新生儿的体温急剧下降，甚至低于 35℃，忌用酒精擦浴。慎用退热药。另外，多给新生儿喂水，以补充因发热而损失的水分。

在冬季，若新生儿的体温下降到 35℃以下，则应及时加强保温措施，一般主张逐渐复温，在 12~24 小时内将体温恢复至正常。若小儿哭声低、少动、全身皮肤发凉，特别是早产儿、低体重儿出现以上症状时，则应及时将小儿送医院诊治。

11. 怎样降低新生儿鹅口疮的发病率？

新生儿的口腔黏膜很娇嫩，血管丰富，容易受损伤。清洁新生儿的口腔时，千万不能用纱布擦拭，更不能挑割"马牙""螳螂子"，以防口腔黏膜破溃，造成严重感染。

鹅口疮是新生儿时期的常见病。做到以下几点可以降低新生儿鹅口疮的发病率。

❶ 母乳喂养。乳母应保持乳头、乳晕清洁。哺乳结束时，可挤出少许乳汁，涂在乳头上，待其自然干燥。乳汁有抑菌作用，可避免感染。

❷ 奶瓶喂养。需要用奶瓶喂养时，每次用完奶瓶、奶嘴后，要用清水、洗涤剂冲洗干净，经煮沸消毒后待用。不宜给已患鹅口疮的小儿服用抗生素。应先用浓度为 2%~5% 的苏

打水冲洗患部，然后涂制霉菌素混悬液，每天 2~3 次。

12. 怎样护理睡觉的新生儿？

新生儿除了吃奶或尿布潮湿时清醒外，大部分时间都在睡觉。新生儿每天睡 18~22 个小时，清醒的时间很短。一方面是因为生长发育的需要，另一方面是因为新生儿的脑神经系统尚未发育健全、大脑容易疲劳。所以，对待新生儿的睡眠，家长应按照按需睡眠的护理原则。在宝宝熟睡的时候，妈妈不要把宝宝叫醒喝奶。

父母应将婴儿置于明亮的房间，或置于窗户的旁边，但不宜让婴儿直接受阳光暴晒。婴儿在仰卧时，经常会把头转向光亮的一方，久而久之，极易造成偏头。为预防偏头，每天都应将婴儿的睡眠姿势改变一下。假如婴儿已出现轻微偏头的现象，应该马上让婴儿的身体倾斜，将棉被或毛巾垫在婴儿身下，加以矫正。婴儿的颈部较短，给婴儿盖棉被时应注意避免堵住婴儿鼻部而发生意外。最好让婴

儿单独睡在婴儿床上。婴儿在吃完奶睡着时，大人一定要守在旁边，以防婴儿吐奶时奶块进入气管引起窒息。

13. 新生儿夜间不睡、白天睡，家长应该怎么办？

新生儿夜间不睡、白天睡，家长可采取以下办法来进行纠正：

❶ 创造明显不同的昼夜环境，白天打开窗帘，多出声音，多逗引孩子；夜间将灯光调暗或关灯，保持环境安静。

❷ 用洗澡来调整孩子的睡眠时间。如果孩子在不该睡觉时困倦了，可以通过洗澡来延缓其入睡的时间。如果孩子在该睡觉的时间却不困，可通过较长时间的泡澡来使孩子变得困倦，促使其入睡。

❸ 家长不必太着急，以每周顺延或提前半小时入睡或醒来的速度，让孩子逐渐调整生物钟。

14. 怎样护理新生儿的大小便？

新生儿的消化功能还不够成熟。随着喂养方式的改变，新生儿大便的性状、颜色多种多样，次数有多有少。只通过观察大便的次数、性质与颜色，并不能确定哪种大便正常，哪种不正常，还要结合喂养情况，以及婴儿睡眠、吃奶、体重是否增加等情况，来

综合分析。不要随便让婴儿服用抗生素，以免影响婴儿肠道正常的菌群分布。

年轻的父母不仅要学会观察宝宝的大便是否正常，还要学会观察其小便是否正常。尿液是人体新陈代谢的产物。人在生病时，尿液会发生变化。尿液颜色的改变容易引起人们的注意。

新生儿大小便次数较多。换尿布是新生儿日常护理的重要部分。每当新生儿睡醒啼哭时，家长先要检查尿布是否潮湿，并及时为新生儿更换尿布。当女婴排大便后，给女婴清洗臀部时，应从前向后擦洗，这样可以预防尿路感染。

15. 家长应如何护理呕吐的新生儿？

新生儿的胃呈水平位，像个横放的口袋，上口不紧，稍有不慎就容易引起呕吐。家长应如何护理呕吐的新生儿呢？

❶ 要注意观察、鉴别新生儿呕吐是由疾病引起的，还是由喂养不当引起的。如果孩子呕吐时伴有发热、惊厥、精神差，呕吐物带血或长期反复呕吐影响体重增长等，那么家长应及时带孩子到医院请医生诊治。

❷ 新生儿呕吐多是由喂养不当所致，因此，科学喂养是非常必要的。

母亲哺乳时应取坐位，喂奶量不宜过多。如果乳汁排出过急，就应用"剪刀式"的手势夹持乳房，以控制乳汁的排出速度。喂奶粉时，要保证奶液的温度适合，奶嘴孔的大小和奶嘴的软硬程度要适宜。给新生儿喂奶时，要让奶瓶口处充满奶汁，以免新生儿吸入空气。每次给孩子喂完奶后，将孩子竖抱起来，轻拍孩子的背部，使胃里的空气排出来。

❸让新生儿的呼吸道保持通畅。新生儿在睡觉时，要将其头部垫高一点儿，以免呕吐物呛入气管，使新生儿窒息，或流入新生儿的外耳道，引起中耳炎。

❹保持新生儿的皮肤清洁。当新生儿呕吐后，家长应及时清除呕吐物，并用温水将弄脏的皮肤擦洗干净。要经常为新生儿换洗内衣，使衣物保持干燥、柔软、清洁，以免引起新生儿颈部皮肤损伤。

16. 怎样给新生儿喂药?

给新生儿喂药前要核对药名和剂量。如果需要服用水剂，就要将其摇匀后再喂给新生儿。

给新生儿喂药时，不要把药与乳汁或奶汁混在一起，这样喂药既影响药物的吸收，又影响新生儿的食欲，也不要将药粉抹在乳头上让新生儿吃。如果需要服用片剂，就应先将其研成细末，放入小勺中，滴上几滴水，调成稀糊状。让新生儿仰卧在床上，或由家长斜抱着，将新生儿的头稍歪向一侧，将其固定，用手捏住新生儿的下巴，然后用小勺紧贴新生儿的口角轻轻灌入药糊，等新生儿咽下后再松开下巴。喂完药后，再喂些水，以冲淡新生儿口腔里的药味。

家长不要在新生儿大声哭闹或正在吸气时喂药，以免药物呛入新生儿的气管。

◉ 新生儿喂养

1. 母乳有什么特殊的作用?

母乳是婴儿最理想的食品，具有很高的营养价值。另外，母乳还具有一些特殊作用。

❶促进大脑发育。母乳中所含的牛磺酸，可促使细胞内核糖核酸和蛋白质的合成，能使大脑神经细胞总数增加，能促进神经细胞间网络组织的

形成，可延长神经细胞的存活时间。缺乏牛磺酸将对婴儿的大脑发育产生不良影响。

❷催眠。母乳中含有一种类似吗啡的天然物质，具有镇静作用，所以婴儿在进食母乳后会很快入睡。

❸促进生长。母乳所含的生长因子，能促使细胞增殖，促进新陈代谢和生长发育。

❹抗病作用。母乳含有多种抗体，能减少小儿疾病的发生率。此外，母乳还含有浆细胞、中性粒细胞、巨噬细胞等免疫细胞。每滴母乳含有约5万个巨噬细胞，可以抑制寄生虫的生长繁殖。母乳含有铜、锌、镁等微量元素，对婴儿娇嫩的心血管具有保护作用，可以降低婴儿成年后患冠心病或其他心血管疾病的概率。母乳中的不饱和脂肪酸能使婴儿不易对蛋白质发生过敏反应，所以用母乳喂养的婴儿不易患湿疹、哮喘等过敏性疾病。

2. 母乳喂养有什么好处?

母乳是婴儿最理想的食品，无论是哪种代乳品，还是哪种动物的奶，其营养价值都没有母乳全面。这主要是因为母乳有其他乳品所无法比拟的几大优点：

❶母乳中含有不可替代的免疫活性物质。母亲产后1~5天分泌的乳汁被称为初乳，初乳中的蛋白质含量、免疫活性物质的含量比较高，能杀灭细菌和病毒，减少过敏反应，促进新生儿的肠道发育。母亲产后14天以上分泌的乳汁被称为成熟乳，成熟乳中的蛋白质以乳清蛋白为主。乳清蛋白作用独特，不仅有抗菌作用，还能在乳酸合成方面起到关键作用。母乳中的溶菌酶具有杀菌作用，这种作用是牛乳所无法比拟的。此外，母乳中的核苷酸是一种重要的生理调节物质，对人体免疫功能、肠道菌群和脂类代谢都能产生良好的作用。所以，母乳喂养可增强小儿的抵抗力，减少疾病的发生率。

❷母乳容易消化，营养全面。母乳中所含蛋白质、脂肪、碳水化合物的比例特别适合婴儿的营养需求。母乳容易被婴儿消化。母乳还含有多种消化酶，有助于婴儿消化。乳糖是母乳中碳水化合物的主要成分，除了能提供能量外，还能促进双歧杆菌等肠道益生菌的生长，减少肠道感染，促进钙的吸收。乳糖还有利于婴儿大脑的发育。母乳含有较多的不饱和脂肪酸，其中的花生四烯酸(AA)和二十二碳六烯酸(DHA)有助于大脑和视神经的发育。

❸母乳能减轻婴儿肾脏的负担。母乳中盐类的含量比牛乳低，因而能

减轻婴儿肾脏的负担。母乳中锌、铁、锰的含量均不高，但利用率较高，4~6个月婴儿一般不会缺乏这些营养素，不需要额外补充。

❹母乳的污染少。母乳喂养的方法简单，乳汁新鲜而清洁，温度适宜，能够被婴儿直接吸取，不受外界的污染，感染细菌和病毒的机会少。

❺母乳喂养能促进子宫迅速复原。产妇用自己的奶喂养婴儿时，能够促进子宫收缩，有利于子宫迅速复原，且能推迟产妇重新受孕的时间。

❻母乳喂养能带来心理上的满足。母乳喂养时，母亲和婴儿能够亲密接触，双方都能得到心理上的满足，有助于婴儿的情感发育，同时，母亲也可细致观察婴儿有无异常现象。

3. 母乳容易缺乏哪些营养素？

母乳容易缺乏脂溶性维生素，比如维生素A、维生素D等。家长应及时给婴儿补充这些营养素，如服用鱼肝油丸等。

4. 什么是初乳、过渡乳和成熟乳？

产妇产后1~5日分泌的乳汁为初乳；5~14日分泌的乳汁为过渡乳；14日以后分泌的乳汁为成熟乳。初乳量少，每日量为15~45毫升，初乳呈淡黄色，脂肪的含量较少，矿物质、蛋白质的含量较多，还含有较多的免疫球蛋白和乳铁蛋白，能有效防止新生儿感染。随着哺乳时间的延长，乳汁中蛋白质、矿物质含量逐渐减少，而乳糖的含量比较恒定。成熟乳量每天可达700~1000毫升。

5. 怎样进行母乳喂养？

妈妈可以自由选择喂奶的姿势，可以躺在床上喂，也可以坐在床上或坐在椅子上喂。

如果躺在床上喂奶，母子均需侧卧，但母亲绝对不能在喂奶时睡着，以防婴儿发生窒息，同时要避免乳汁进入婴儿耳内，从而导致中耳炎。

如果妈妈坐在床上喂奶，可将1~2个枕头垫在腰背部和膝下，这样可以舒服些。如果妈妈坐在椅子上喂奶，也可用枕头垫在腰背部，或一条腿搁在另一条腿的膝部，或踏在小凳子上，让婴儿斜躺在妈妈的怀里，头枕着妈妈的胳膊，让婴儿含住乳头和乳晕部分。让婴儿先吸吮一侧乳房，等乳汁被吸空后再喂另一侧；下次喂奶时，先喂另一侧，每次都交替着喂，这样有利于乳汁的分泌。提倡按需哺乳，即孩子什么时候饿了，就什么时候吃。

哺乳完毕后，可将孩子直立抱起，让孩子的头部靠在母亲的肩上，轻轻地拍孩子的背部，这样可以帮助孩子将吃奶时吞下的空气排出来，而后将孩子放在床上，呈右侧卧位，半小时内少翻动，以防止吐奶。

若婴儿吃奶有力，每次吃奶时均能发出均匀的咽奶声，喝奶后婴儿能安然入睡或玩耍，醒后精神愉快，体重稳步增加，这些均表示奶量充足。

6. 怎样做好母乳喂养的准备?

孕期护理好乳房，对母乳喂养至关重要。

❶ 擦洗乳头。妊娠6个月后，可以用干净的温毛巾适当擦洗乳头。擦洗的力度要适宜，不要过于用力，以免损伤乳头皮肤。擦洗乳头，可使乳头及其周围的皮肤得到锻炼，能够有效地防止产后哺乳时乳头疼痛或损伤。

❷ 按摩乳房。妊娠7个月后，可用手掌侧面轻轻地按摩乳房。

还是喜欢妈妈的奶噢!

❸ 纠正乳头缺陷。如果母亲乳头扁平或凹陷，就会让新生儿吸吮母乳时遇到困难。因此，妈妈要在孕期采取措施纠正乳头缺陷。

★乳头牵拉练习。一手托住乳房，用另一手的拇指、食指、中指将乳头向外牵拉。每日练习2次，每次重复10~20次的牵拉动作。

如果孕妇有先兆早产的症状，那么不应过早进行乳头牵拉练习，可在产后进行。

7. 母乳喂养时应注意什么?

❶ 开奶的时间越早越好。在新生儿娩出后，及早进行母婴皮肤接触，并实行母婴同室，这样便于尽早开奶，按需哺乳。初次哺乳时，母乳的分泌量很少，但婴儿反复的吸吮刺激可促进母亲乳汁的分泌，乳汁将很快增多。

❷ 注意乳头的卫生。在进行母乳喂养时，要注意保持乳头清洁。母亲应勤洗澡，勤换内衣，喂奶前要洗净双手。

❸ 不要一看到孩子哭就喂奶。虽

然目前提倡按需哺乳，不限次数，但这并不代表婴儿一哭，妈妈就要喂奶。婴儿啼哭的原因有很多。尿布湿了，觉得热了，身体不适，等等，都有可能引起婴儿啼哭。所以当孩子哭时，妈妈要寻找并分析原因，不要一看到孩子哭就喂奶。

❹母亲患病时能继续给孩子喂奶吗？这需要根据具体情况来定。如果乳母患一般感冒，就不必停止喂奶，可戴口罩喂奶。如果乳母患有活动性结核病、严重的心脏病、恶性肿瘤等，必须停止喂奶。

❺乳母应摄入充足的营养。乳母要多吃些营养丰富的食物，多喝一些富含蛋白质和脂肪的肉汤、骨头汤、鱼汤等，多吃蛋类食物，多吃富含维生素和矿物质的水果、蔬菜，不要吃太油腻的食物，不要饮酒。还可在医生的指导下补充钙剂、复合营养素等。

8. 哺乳会影响母亲的体形吗?

年轻的妈妈常常担心哺乳会引起乳房下垂，影响形体美。其实，这种担心是不必要的。有的母亲哺喂过好几个孩子，乳房并没有下垂；有的母亲从未哺喂过孩子，乳房却明显下垂。年轻的妈妈只要在妊娠晚期和哺乳期间，用胸罩将乳房托起，就能有效防止乳房下垂。

其实哺乳对母亲产后体形的恢复具有积极的意义。哺乳能加速母亲的新陈代谢，减少脂肪的堆积，有利于母亲瘦身。研究发现，在相同的时间内，产后哺乳者腹围的缩小率明显高于不哺乳的产妇。

9. 怎样安排授乳时间?

产妇分娩后，可立即让新生儿吸吮产妇的乳头。开始时母乳分泌量较少，新生儿的进食量也较少，可少量多次喂奶，不必拘于时间，也不必限制乳量，新生儿能吃多少就吃多少。这样做可保证新生儿的营养需要，也可刺激乳房多分泌乳汁，进一步满足新生儿不断增加的食量需要。

10. 为什么有些乳母不下奶?

乳汁的分泌受下列因素影响:

❶ 婴儿吸吮妈妈乳房次数过少，喝奶姿势不正确，每次吸吮时间过短等，都不利于乳母分泌催乳素，从而导致产奶少。

❷ 乳母休息不好、焦虑，易引起乳汁分泌不足。

❸ 有的乳母气血两虚，易导致乳汁分泌不足。

❹ 有少数乳母乳腺管不通畅，乳汁无法顺利被排出，从而产生乳房包块、结节，最终导致产奶少。

如果出现上述情况，可找专业医师进行对症治疗。此时不宜马上大量进补猪蹄汤、鸡汤、鱼汤等，因为无法分泌乳汁，摄入的热量只能变成脂肪存于乳母体内，造成乳母只增体重，不下奶。

11. 哺乳期妈妈应禁用、慎用哪些药物？

哺乳期母亲所服用的药物有可能进入乳汁中，其中有少部分药物可能被婴儿吸收。

处于哺乳期的母亲应尽量避免服用药物，非用不可时，应首先选用对婴儿影响较小的药物。如果必须应用对婴儿有害的药物，就应暂时停止母乳喂养。为了尽可能减少和消除药物对婴儿造成的不良影响和潜在危险，母亲应对哺乳期禁用、慎用的药物有所了解。

现已明确，对婴儿影响较大，属乳母禁用的药物有氯霉素、异烟肼、甲硝唑等。

对婴儿有显著影响、乳母应慎用的药物有镇静催眠药、抗癫痫药等。

乳母用药应有明显的指征，应充分估计用药对母婴双方的影响，尽量不用药。

12. 新生儿应怎样含接乳头？

正确的含接姿势是母乳喂养过程中的重要环节。因此，每一位乳母都应该掌握让新生儿正确含接乳头的技巧。每次喂奶时，先用乳头碰触新生儿的上嘴唇，这时新生儿会张大嘴，含住乳头及大部分乳晕，下唇向外翻，面颊鼓起，呈圆形，这样新生儿在吸吮时才能充分挤压乳窦，并能有效地刺激乳头上的感觉神经末梢，促进泌乳及排乳反射。

13. 奶水过多怎么办?

如果妈妈的奶水分泌过多,怎么办?当妈妈感到胀奶时,就可抱起婴儿哺喂,坚持夜间哺乳。如果奶水仍然过剩,妈妈就可挤出部分乳汁,以保证乳汁持续分泌。

14. 在哪些情况下,新生儿需要人工喂养?

在哪些情况下,新生儿需要人工喂养?

❶母亲患病。如果母亲患有严重的心脏病、精神病、癫痫等疾病,无照料婴儿的能力,或者有严重的肾功能不全,产后哺乳将加重母亲肾脏的负担,就不能进行母乳喂养,应进行人工喂养。

除严重疾病外,大多数疾病并不影响母乳喂养,如甲状腺功能异常等。患病的母亲可在医生的指导下选择用药,做到既治疗自身的疾病,又不影响婴儿的健康。

❷母亲用药。母亲接受放疗、化疗期间,或服用氯霉素、磺胺制剂等药物期间,应暂时中断母乳喂养。

❸母亲乳汁少。如果母亲分泌的乳汁极少,甚至完全不能泌乳,为确保婴儿营养,就应采用人工喂养。

❹婴儿因素。经筛查,如果婴儿患有半乳糖血症或苯丙酮尿症,就不宜进行母乳喂养。

15. 在哪些情况下,新生儿需要混合喂养?

母亲分泌乳汁不足,出现"孩子总像吃不饱,每次需要喝1个多小时""体重增长慢"等情况,就需要添加代乳品,以满足孩子生长发育的营养需要,这就是混合喂养。

混合喂养的方法有两种:一种是每次喂母乳后补充代乳品(补授法);另一种是每天喂养数次代乳品(代替法),其余时间喂母乳。

混合喂养以补授法为好,可防止母乳越来越少。母亲每天哺乳的次数同以前一样,这样就能维持乳汁的分泌。如果母亲分泌的乳汁增多,足够满足婴儿所需的营养,就可停止添加代乳品。

16. 如何为早产儿选择乳品？

面对早早出世的孩子，妈妈该怎样选择乳品呢？

❶早产儿出生后的生长速度比足月儿快得多，对各种营养物质的需要量较大，但是早产儿的消化能力弱。因此，为早产儿选择合适的乳品就显得相当重要。

❷母乳是早产儿最理想的食物。

❸如果母乳确实不足，就应添加早产儿配方奶粉，以保证早产儿的生长发育。

17.如何为新生儿补充维生素D？

中华医学会儿童保健分会建议：无论是采用母乳喂养，还是采用配方奶粉喂养，新生儿出生后数天就应开始例行补充维生素 D，每天补充 400 国际单位，直至 2 岁。

◎ 新生儿的特殊生理情况

1. 怎样识别新生儿皮肤斑疹？

新生儿的皮肤常常出现一些斑疹，应如何识别呢？

❶红斑。新生儿常在出生后 1~2 天出现红斑，原因不明。红斑大小不等，边缘不清，散布于头面部、躯干及四肢，婴儿无不适感。红斑多在 1~2 天内迅速消退。

❷青斑。很多新生儿在背部及臀部常有蓝绿色色斑，俗称胎记，原因不明，不影响新生儿的身体健康，一般在 2~3 年内消失。

❸粟粒疹。新生儿的面部出现略带黄色的粟粒样的小白点，被称为粟粒疹。新生儿的皮脂腺功能活跃，当两颊部及鼻尖部的皮脂腺被阻塞时，容易出现粟粒疹，数周后会自行消失。家长千万不要挤压或用针挑破粟粒疹，以免发生感染。

2. 新生儿的乳房为什么会肿大？

母亲在孕期及临产时，雌激素、孕激素、催乳素和催产素的分泌量比较多，这几种激素能够促进乳腺的发育和乳汁的分泌。这些激素进入胎儿体内，就会使胎儿出现乳房肿胀和泌乳的现象。当宝宝出生以后，这些激素的来源中断，乳房肿大与泌乳的现象会自行消失，不需要做任何处理。大人千万不要挤压新生儿的乳房。若强力挤出乳汁，很有可能损伤新生儿的皮肤，引起感染。

3. 女婴的阴道为什么会流血?

女婴的阴道里有牛乳样类似白带的黏液，并带有血，把白色的尿布都染红了。经检查发现，婴儿的阴道流血量很少，其他部位没有出血，婴儿的两侧乳房肿得像蚕豆一样大，这是女婴的特殊生理现象。为什么会这样呢?

原来，在妊娠后期，母亲体内的雌激素进入胎儿体内，胎儿出生后该激素的来源突然中断，增生的阴道上皮及子宫内膜脱落，便形成类似月经的出血，流血量很少，一般2~3天就会自行消失，不需要处理。若女婴的阴道出血量过多，或伴有身体其他部位的出血，则应及时带女婴就医。

4. 什么是"马牙"与"螳螂子"?

"马牙"是指长在新生儿牙龈黏膜上的白色带韧性的小颗粒，类似马齿的组织，在医学上称其为上皮珠。它是由上皮细胞堆积或黏液腺分泌物潴留肿胀所致，数周或数月后会自行消失，不需要做任何处理。

"螳螂子"是指新生儿口腔两侧

面颊黏膜下层的脂肪垫。每个宝宝都会出现这种现象。这种结构便于婴儿把奶头裹住。随着婴儿的长大，"螳螂子"会慢慢消失。

"马牙"和"螳螂子"都不需要处理，千万不要挑破或割开，因为新生儿的口腔黏膜娇嫩，血管丰富，容易受到损伤，从而引起感染或出血。一旦伤口被感染，细菌很容易从破损的黏膜处侵入血液，引起新生儿败血症或颌骨骨髓炎。

◎ 新生儿常见不适症状

1. 新生儿的呼吸功能有什么特点?

新生儿由于呼吸系统发育不够成熟，带动胸腔扩张的肋间肌肉比较薄弱，主要依靠胸廓与腹部之间的升降形成呼吸运动，因此呈腹式呼吸。

新生儿呼吸运动比较浅，频率比较快，出生后2小时内，每分钟呼吸约60次;出生后2~6小时内每分钟呼吸约50次;出生后6小时后每分钟呼吸约40次。出生后2周内，新生儿的呼吸频率为每分钟35~60次。由于新生儿呼吸中枢调节功能差，呼吸节律不均匀，有时两次呼吸间隔可达 5~10 秒。只要新生儿安静如常，面色红润，家长就不必惊慌，也不需要特殊处理。

2. 新生儿为什么会出现呼吸暂停？

呼吸暂停是指呼吸停止时间超过 20 秒，甚至更久，并伴有心动过缓、全身青紫以及肌张力减低等表现。呼吸暂停有可能导致脑损害，应迅速对患者进行有效治疗，并积极寻找病因。

新生儿呼吸暂停的常见原因包括以下几种：呼吸系统疾病，如新生儿窒息、肺炎、肺透明膜病、气胸和呼吸道畸形等；代谢紊乱，如高血糖或低血糖、酸中毒等；中枢神经系统疾病，如颅内出血或颅内感染、脑水肿、核黄疸等；呼吸中枢功能不成熟，尤其多见于胎龄小于 30 周的早产儿。

3. 新生儿为什么会出现青紫现象？

新生儿皮肤、黏膜出现青紫现象的原因有很多。家长首先要注意青紫的部位是局部还是全身；其次要注意观察在皮肤青紫的同时，新生儿是否有烦躁、气急等症状。

若局部青紫出现于娩出的先露部位，如面部、臀部等，一般是胎儿经过产道时受到挤压引起的。青紫部位有淤血，多伴有水肿，这种青紫现象一般不需要进行特殊的治疗，经过一段时间，淤血被吸收后，就会逐渐消失。

另外，早产儿发育不成熟，在吃奶、啼哭时皮肤容易出现一阵阵青紫。新生儿如果患肺炎、肺不张等疾病，也容易出现青紫现象。若新生儿出生后，全身皮肤黏膜持续青紫，多是先天性畸形的表现，如严重的先天性心脏病等。另外，膈疝、后鼻孔闭锁、颅内出血等也有可能引起新生儿皮肤青紫。如果新生儿全身皮肤青紫的情况较为严重，就应马上到医院就诊。

4. 新生儿为什么易呕吐、溢乳、打嗝？

新生儿易呕吐、溢乳、打嗝，与其消化系统的生理特点有关。

新生儿的胃容量很小，胃呈水平位，胃入口处（贲门）的括约肌发育不完善，关闭不严实。胃出口处（幽门）的括约肌发育相对较好，关闭较紧。喂奶量过多、喂奶过快或喂奶后搬动孩子，都可能引起溢乳。

对于经常溢乳的孩子，妈妈一定要保证喂奶量适中，不要让孩子吃得太快。每次喂奶过后，要把孩子竖抱起来，轻拍孩子的背部，使胃里的空气通过打嗝排出来。新生儿在睡觉的时候，要将其头部垫高一点儿，或让其右侧睡，以免溢乳时奶液呛入气管，引起窒息。如果每次溢乳前婴儿出现痛苦的表情，吐出的奶量很多，吐的时候不是溢出奶水，而是将奶喷得很远，而且体重不增，甚至体重有下降的情况，就应及时就医。

新生儿的心智发育

1. 怎样促进新生儿视力的发展？

新生儿出生后只能看清距离自己15~20厘米的物体，相当于母亲抱新生儿喂奶时，母亲的脸与新生儿的脸之间的距离。物体距离新生儿太近或太远，新生儿都看不清。因此，要促进新生儿视觉的发展，最好将物体放在距新生儿眼部15~20厘米处。可将颜色鲜艳的玩具挂在婴儿床边适当的位置，以刺激婴儿的视觉发育。另外，新生儿喜欢看人脸，父母应在新生儿安静时，经常与新生儿对视、微笑，这样不仅能促进其视觉发育，还有利

于亲子关系的发展。

2. 怎样促进新生儿听力的发展？

新生儿喜欢听音调柔和的声音和人说话的声音。为了促进新生儿听力的发展，可在新生儿安静、清醒时，给他听轻音乐，或跟他说话，声音要柔和，嗓门不能太高。妈妈要经常与新生儿说话，进行语言交流。新生儿所在的房间不要太安静。

3. 怎样促进新生儿行为的发展？

要想促进新生儿行为的发展，可以从听觉、视觉、触觉的刺激开始。妈妈的爱抚、亲吻、拥抱以及其他直接的皮肤接触有助于新生儿的触觉发育。妈妈的爱抚会使哭闹的宝宝安静下来，也就是说，爱抚有利于宝宝的身心发育。同时，要特别重视新生儿模仿能力的发展。当新生儿处在安静、清醒的状态时，妈妈应与新生儿进行目光、语言的交流，让新生儿多看、多听、多模仿发音等。另外，不要把孩子包成传统的"蜡烛包"，要让孩子的四肢自由地活动，这样能促进孩子躯体运动的发展。

4. 怎样促进新生儿智力的发展？

❶应经常变换新生儿躺卧的姿势，经常更换玩具摆放的位置。要用

色彩鲜艳的玩具逗引新生儿，使其视线集中，促进视力的发展。

❷可在新生儿清醒时播放轻音乐，或对其讲话。新生儿最喜欢听妈妈的声音。妈妈应经常与新生儿说话、逗笑，以促进新生儿视力、听力、语言功能的发展。

❸为了促进新生儿触觉及感知觉的发展，应进行母乳喂养，让新生儿充分吸吮，以满足新生儿对食物的需求和心理的需求。要经常给新生儿洗澡，做抚触，刺激新生儿的皮肤。

5. 影响新生儿智力发展的因素有哪些？

除遗传因素以外，影响新生儿智力发育的因素还包括以下几个方面：

❶母亲孕期的健康状况。对于高危妊娠孕妇所生的新生儿来说，其智力发育有可能受到一定的影响。

❷母亲分娩时的情况。宫内窘迫、难产、窒息等因素有可能影响新生儿的智力发育。

❸新生儿的健康状况。患遗传性疾病、先天性内分泌疾病、颅内出血、缺氧缺血性脑病等疾病都可能影响新生儿的智力发育。

❹养育环境。新生儿所处的环境过于安静，受到视觉、听觉、触觉等的刺激太少，被父母忽视，养育方式不科学等，都能影响新生儿的智力发育。

🌀 新生儿常见疾病

💜 新生儿低血糖

1. 什么是新生儿低血糖？

新生儿低血糖是由血糖浓度降低而引起的一系列症状，如多汗、苍白、哭声弱、尖叫、心动过速、嗜睡等，也可能出现呼吸暂停、阵发性青紫、无力、惊厥、昏迷等症状。如不及时为新生儿治疗，上述症状有可能反复出现，引起永久性的脑损伤，严重者可能导致死亡。如果新生儿的血清葡萄糖水平低于2.2毫摩尔/升，即可诊断为新生儿低血糖。

窒息、缺氧、严重感染、饥饿、寒冷、母亲患有糖尿病以及一些少见的遗传代谢疾病均可引起新生儿低血糖。

2. 怎样防治新生儿低血糖？

对于有可能出现低血糖的新生儿，应在出生24小时内对其进行监测。若新生儿的血糖值偏低，即使没有其他症状，也应对其静脉注射葡萄糖。对于出现过低血糖的新生儿，儿保科医师应对其进行追踪检查，以便及早发现发育异常。

🩷 新生儿硬肿病

1. 什么是新生儿硬肿病？

新生儿的周身或局部皮肤有时会发冷，皮肤和皮下脂肪变硬，并伴有水肿、反应低下、吸吮能力降低、活动减少等表现，被称为新生儿硬肿病，该病的诱因是寒冷或其他疾病。新生儿，特别是早产儿，对体温的调节能力差，而且皮下脂肪比较薄，血管比较丰富，很容易散失热量，体温降低。

新生儿硬肿病多发生于寒冷的严冬，在新生儿出生后不久或7~10天出现症状，如皮肤发青、变暗、变硬，出现水肿；硬肿现象从四肢开始，向臀部、面部、腹部和胸部发展，直至全身；皮肤无弹性，变得冰凉；不吃奶，也不哭，体温不升。病情严重者可因胸腹壁硬肿而使呼吸变浅，最终导致呼吸、循环功能不全，并发感染或肺出血而死亡。

2. 怎样预防新生儿硬肿病？

为防止新生儿硬肿病，需要注意以下几点：

❶ 做好孕期保健工作。母亲在孕期应按时接受产前检查，及早发现胎儿发育异常或胎位异常，提高妊娠质量，避免早产、窒息及产伤等。

❷ 注意保暖。产房及婴儿室的温度不宜低于24℃，早产儿的室温应达到25~27℃。新生儿娩出后，应擦干其身上的羊水，用温暖的毛毯、包被包裹保暖。为新生儿更换尿布、衣物时动作要快。分娩后半小时即进行母乳喂养，以便为新生儿补充热量。经常检查新生儿的保暖情况。

❸ 预防感染。对新生儿的皮肤、脐带要加强护理，以防感染。一旦新生儿发生感染，要积极对其进行治疗。对于早产儿来说，应注意预防疾病，以减少机体的额外消耗。

❤ 新生儿脓疱病

1. 什么是新生儿脓疱病？

新生儿脓疱病是由金黄色葡萄球菌或溶血性链球菌感染引起的一种急性化脓性皮肤病，有少数病例是由白色葡萄球菌或大肠杆菌引起。病变出现在皮肤的表层，主要发生在新生儿的皮肤皱褶处、包尿布的区域及头部。

最初，皮肤上出现分散的如小米粒或绿豆粒大小的红色丘疹，它的中心隆起，形成脓疱，疱内有黄色分泌物。这种小脓疱就叫脓疱疮。

脓疱疮的壁很薄，容易破损，破损后露出鲜红色糜烂面。如果得不到及时治疗，脓疱疮就会很快增大，被称为天疱疮。脓疱疮内的液体透亮或略有浑浊。脓疱疮增大到一定程度时会自行破裂，表皮大片脱落。严重时，外表看起来正常或稍微发红的皮肤也会一擦就破，或大片脱落，形成剥脱性皮炎。病情发展到天疱疮或剥脱性皮炎时，感染会向全身进一步扩散，容易引发败血症，患儿出现发热、呕吐、腹胀等全身中毒症状，病情严重者还可能并发脑膜炎或发生休克，危及生命。

2. 为什么新生儿容易患脓疱病？

新生儿的皮肤非常细嫩，角质层薄，防御能力比较差。如果母亲、保育人员或医务人员接触孩子的时候动作不够轻柔，或孩子的内衣、尿布比较硬，很容易损伤孩子的皮肤，使细菌侵入引起感染。

新生儿脓疱病通过接触传播，传染性很强。感染源常来自母亲、保育人员或医务人员不洁净的手，被污染的婴儿衣物、尿布、包被等也会引起感染。新生儿的皮肤皱褶处，如颈部、腋下、大腿根部、外阴以及肛门等，容易残留污渍、汗液或大小便，使致病菌繁殖。特别是在室温过高时，或炎热的夏天，这些皮肤褶皱部位更容易滋生致病菌。

3. 怎样治疗新生儿脓疱病？

新生儿得了脓疱病，可以用浓度为75%的酒精消毒，再用消过毒的针头把脓疱疮挑破，抽出脓液后，再次用浓度为75%的酒精消毒，每隔2~3小时用消毒酒精棉球擦拭脓疱疮周围的皮肤，以减少自身皮肤接触感染的机会。感染严重的、形成天疱疮或表皮大片脱落的患儿，应尽早就医，应用敏感抗生素。

4. 怎样预防新生儿脓疱病？

为了预防新生儿脓疱病，应注意以下几点：

❶ 要保持新生儿的皮肤清洁，经

常给新生儿洗澡，每天给新生儿更换衣服，用柔软的纯棉布制作内衣、尿布及包被，以免磨损新生儿的皮肤。当新生儿大便后，要及时为新生儿清洁外阴与肛门。注意保持新生儿皮肤皱褶处的清洁与干燥，室内温度不宜过高，新生儿的衣着不宜过多、过厚。

❷ 母亲或其他家人的皮肤有感染时，应避免接触新生儿。接触新生儿之前，应用香皂和清水洗净双手，护理新生儿时，动作要轻柔。

❸ 严格执行产房、新生儿居室的消毒隔离制度，每天进行空气消毒和床单、衣服的消毒。医护人员要勤洗手、洗净手。

新生儿呼吸困难综合征

1. 什么是新生儿呼吸困难综合征？

正常新生儿一出生，在大哭的同时进行深呼吸，肺泡全部张开。但也有少数新生儿会出现呼吸困难。新生儿呼吸困难综合征是指新生儿建立正常呼吸后，由各种原因引起的进行性呼吸困难、青紫、呼气性呻吟、吸气性三凹征及呼吸衰竭。

足月新生儿安静时的呼吸频率约为40次/分，但波动很大，哭闹时可达80次/分。如果新生儿的呼吸频率持续超过60次/分，被称为呼吸急促，

这通常是呼吸困难的早期症状。如果新生儿的呼吸频率低于20次/分，被称为呼吸减慢，是严重呼吸衰竭的症状之一，也是病情凶险的征兆。出现这种情况时，妈妈应迅速带孩子到医院就医。

小儿刚出生时发生呼吸困难的主要原因是缺氧。孕妇患有妊娠糖尿病、妊娠高血压疾病、严重贫血，以及先兆流产、过期妊娠、难产均可造成胎儿缺氧。

母亲在分娩时使用了镇静剂也可能影响新生儿的呼吸，从而造成新生儿呼吸困难。早产儿、多胎产儿常常因为肺发育不全而发生呼吸困难。新生儿呼吸道、肺部的感染以及先天性心脏病等其他疾病会影响气体交换，引起缺氧，从而造成呼吸困难。

2. 新生儿呼吸困难有哪些症状表现？

新生儿呼吸困难的表现有呼吸浅表、呼吸频率增快、呼吸节律不整及呼吸暂停等。患儿口周及面色发青，严重时全身青紫或苍白、四肢发凉、皮肤发花，病死率很高。

新生儿肺炎

1. 什么是新生儿肺炎？

新生儿肺炎是新生儿常见的呼吸

道疾病，分为吸入性肺炎和感染性肺炎两大类。吸入性肺炎是由新生儿吸入被污染的羊水或母亲宫颈分泌物引起的，多发生在出生后3天以内。感染性肺炎是由新生儿接触病人或带菌者，使细菌或病毒侵入新生儿呼吸道引起的，多发生在出生3天之后。引起新生儿感染性肺炎的病原菌，以大肠埃希菌和金黄色葡萄球菌多见，变形杆菌也可引起此病。各种呼吸道病毒也可能引起新生儿肺炎。

2. 新生儿肺炎有哪些症状表现？

新生儿肺炎的症状与婴幼儿肺炎及儿童肺炎不同，往往缺乏发热、咳嗽、气促等典型表现。新生儿患肺炎后多表现为吃奶不好、拒奶或呛奶，哭声低微或不哭，口吐白沫，等等，常无发热、低热、咳嗽等表现。2周以上的新生儿患肺炎后才会表现为咳嗽。患儿会出现精神萎靡、四肢很少活动、烦躁不安、呕吐、腹胀、阵发性青紫、面色青灰或苍白、鼻翼扇动、呼吸频率增快、呼吸节律不规则、点头样呼吸、呼吸暂停等症状。如果新生儿有上述症状，父母就应立即送其去医院治疗。

3. 怎样护理患肺炎的新生儿？

家长要精心护理、密切观察患肺

炎的新生儿，防止发生脓胸、败血症及心力衰竭等并发症。家长应从以下几个方面进行护理：

❶ 保持通风，新生儿居室的温度和湿度要适宜。要经常开窗通气，保证室内空气的流通，空气不宜太干燥。在给新生儿换衣服、尿布时动作要快，尽量减少新生儿身体暴露的时间。

❷ 预防交叉感染。为了防止交叉感染，谢绝亲友频繁的探视。除必要的看护人员以外，无关人员不要进入新生儿居室。母亲如果患呼吸道感染，在喂奶或护理孩子之前应洗净双手，穿隔离衣，戴好口罩。其他患各种感染性疾病的人不要接近新生儿。

❸ 保持呼吸道通畅。新生儿鼻腔黏膜血管丰富，鼻腔狭窄，鼻孔易被鼻腔分泌物或鼻痂堵塞，引起呼吸不畅，从而妨碍正常吸吮。家长可用棉棒蘸温水把新生儿的鼻痂软化，然后轻轻将鼻痂取出。

❹ 合理喂养。要少量多次喂奶，

如果一次喂奶过多，就会妨碍患儿的膈肌运动，影响呼吸运动，进而使缺氧症状加重。喂奶时，一旦发现新生儿脸色发青，就应暂停喂奶。

🐾 其他新生儿疾病

1. 男婴睾丸未降，怎么办？

凡未降入阴囊的睾丸被统称为隐睾，包括睾丸下降不全或异位等情况。隐睾症是小儿常见的先天性发育异常。睾丸位置异常容易导致睾丸发育不全或萎缩，主要影响 6 岁以上的患儿。隐睾患儿发生肿瘤的概率较正常人高。

在新生儿的阴囊内摸不到睾丸的现象并不罕见。出生 1 个月之后，有 60% 的孩子睾丸会降入阴囊。1 岁以内，还会有 30% 的孩子睾丸会降入阴囊。因此，不要急于治疗隐睾症。隐睾症适宜的手术年龄一般为 1~2 岁。

2. 新生儿斜颈，怎么办？

某些新生儿的头部时常歪向一侧，经医生诊断后确诊为先天性斜颈，这是由颈部一侧的胸锁乳突肌纤维化和短缩引起的。如果新生儿出现斜颈，可在每次哺乳时，由母亲按摩患侧胸锁乳突肌，使新生儿的头部扭向健侧，下巴尽量旋向患病侧，头枕部旋向健侧。婴儿睡眠时也应让其保持上述矫正位，矫正 2~3 个月。有些患儿能够得到治愈。如不见效，则应手术治疗。无论属于何种情况，都要及时带患儿到医院就诊，接受医生指导。

3. 新生儿容易遇到哪些意外事故？

意外事故是指由意想不到的情况造成损伤或死亡的事件。新生儿容易遇到的意外事故包括以下几种：

❶窒息。新生儿的消化系统发育不完善，喂奶后易引起呛奶或食道反流，奶水容易进入气管，从而引起窒息。如果被子盖住新生儿的头部，就容易导致新生儿窒息。喂奶时，如果乳房堵住新生儿的口鼻，也容易导致新生儿窒息。

❷跌落。放置不当容易让新生儿从床上跌落到地上，一般会造成轻伤，曾出现过新生儿跌落导致重伤死亡的情况。

❸溺水。新生儿在洗浴时滑落水中，引起呛水，导致窒息。

综上所述，应加强对新生儿的护理，防止意外事故的发生。

4. 为什么要预防新生儿破伤风？

破伤风杆菌广泛分布于自然界，如土壤、尘埃、人畜粪便中，生存能力极强。如果用未经消毒的剪刀剪断脐带，破伤风杆菌就容易侵入新生儿体内。新生儿破伤风是由破伤风杆菌引起的，主要表现为新生儿抽搐、呼吸困难、青紫和窒息等，危及生命，死亡率很高。因此要严格执行无菌操作，注意脐带的消毒，预防新生儿破伤风。

5. 新生儿出现臀红、尿布疹怎么办？

如果新生儿出现臀红或尿布疹，家长应改用柔软的尿布，勤换尿布，以减少机械刺激。新生儿每次排大便后，家长应用温水清洗新生儿臀部，使新生儿的皮肤保持干燥、清洁。可为新生儿涂抹护臀霜，能起到隔离尿液、大便的作用。

6. 什么是新生儿毒性红斑？

新生儿毒性红斑是指宝宝臀部、背部皮肤毛囊周围出现的红斑，为良

性，能自愈。本病多在新生儿出生后2~3天出现，开始时为丘疹，第二天逐渐加重，成为红斑，第7~10天消失。病变以红斑、丘疹及脓疱为特征，脓疱为无菌性。此红斑缺乏固定的形态，好发部位为背部、臀部及受压的皮肤。新生儿毒性红斑病因不明，一般由胃肠道吸收过敏原或母体内激素经胎盘或乳汁进入新生儿体内引起变态反应所致。

7. 什么是缺氧缺血性脑病？

缺氧缺血性脑病是指产前、生产过程中或产后新生儿窒息缺氧导致的脑损伤，出现一系列类似颅内出血的脑病表现。头颅CT对本病有确诊价值。一旦确诊，应立即让患儿住院接受治疗。经正规治疗，轻、中度缺氧缺血性脑病患儿预后良好，重度缺氧缺血性脑患儿如能存活，多留有后遗症。

8.什么是新生儿化脓性脑膜炎?

新生儿化脓性脑膜炎(简称新生儿化脑)多继发于新生儿败血症,早期的症状与败血症比较相似,如患儿反应差、拒乳少吃、体温不升或发热等,逐渐出现呕吐、嗜睡、惊厥。值得注意的是,患儿的惊厥症状并不典型,多表现为呼吸暂停、面色发紫,有时口角或手脚抖动,不仔细观察,不易被发现。晚期患儿前囟门隆起、四肢僵直。腰椎穿刺对本病有确诊价值。本病病情危重,并发症多,应尽早送患儿到医院治疗。本病的预防与护理同新生儿败血症相似。患儿的预后情况因治疗早晚、症状轻重及并发症的不同而异。

9. 什么是新生儿肺透明膜病?

新生儿肺透明膜病(又称新生儿呼吸窘迫综合征),是指新生儿出生后不久即出现进行性呼吸困难、青紫、呼气性呻吟、吸气性三凹征和呼吸衰竭。新生儿肺透明膜病多见于早产儿、窒息儿、产程未开始的剖宫产儿。主要采用纠正缺氧、酸中毒、水和电解质紊乱,应用肺表面活性物质的疗法。本病早期治疗效果好,存活72小时以上的新生儿如无严重并发症,病情可以逐渐好转。

Part2

婴儿篇（1～12个月）

宝贝，到爸爸这边来！

婴儿的特点

1. 如何判断婴儿的体格发育是否正常?

父母都希望自己的小宝宝健康成长。判断小宝宝的生长发育是否正常,通常测量身长和体重。

宝宝出生时平均身长约50厘米,出生后第1年身长增长约25厘米,即宝宝1周岁时的平均身长约为75厘米。宝宝出生后前半年身长增长较快,平均每月增长约2.5厘米,后半年增长速度略减慢,平均每月增长1~1.5厘米。

体重是判断宝宝生长发育和营养状况的一项重要指标。父母充分了解宝宝的体重增长规律是合理喂养宝宝的重要前提。

一般正常男婴的出生体重为3.3千克±0.4千克,一般正常女婴的出生体重为3.2千克±0.4千克。宝宝出生后头3个月体重增长较快,平均每周增长200~250克;出生4~6个月后,平均每周增长150~180克,5个月宝宝的体重约为出生体重的两倍;出生7~9个月后,平均每周增长90~120克;出生10~11个月后,平均每周增长50~120克;1岁宝宝的体重约为出生体重的3倍。

父母应每个月为宝宝测量体重。若宝宝连续两个月未增重,排除疾病的影响,通常是由护理或喂养不当造成的,家长应及时请儿童保健医生诊治。

2. 为什么要测量婴儿的体重?

体重是直接反映婴儿营养状况的指标。若近期婴儿患有某种疾病,首先影响的是婴儿的体重,可能引起体重不增长,甚至减轻;其次才会影响身长;最后影响大脑发育。所以测量体重是了解婴儿生长发育情况的重要途径,应经常测量婴儿的体重。

3. 正常小儿体重的增长有什么规律?

0~6个月小儿体重每月增加约0.6千克,6~12个月小儿每月增加约0.5千克。1~10岁小儿体重可按以下公式估算:

体重(千克)=实足年龄×2+8

一般4~5个月小儿的体重约为出生体重的2倍,1周岁小儿的体重约为出生体重的3倍,2岁小儿的体重约为出生体重的4倍。2岁以后小儿的体重增长速度放缓。

4. 怎样测量婴儿的体重?

婴儿期是宝宝生长发育的高峰

期，体重是判断宝宝生长发育状况的重要指标。定期测量宝宝的体重，有助于早期发现宝宝潜在的生长发育问题，并予以早期干预，确保宝宝健康成长。

一般来讲，可用家中的台秤测量6个月内的婴儿体重。台秤的最大载重一般为10千克。对于再大一些的婴儿，可用台式体重计称量。台式体重计的最大载重一般为50千克。

给宝宝称量体重时，应注意以下几个问题：

❶ 每次测体重要在宝宝吃奶（饭）以前，排空大小便后进行。

❷ 在春、夏季节称量时，宝宝可只穿背心、裤衩；在秋、冬季节称量时，可先连同宝宝和衣被一起称，再减去衣被的重量。

❸ 称量时，注意宝宝的安全。为半岁内的宝宝测量体重时，可让其平躺在秤盘中或包袱内。可让半岁以上的宝宝坐在体重计的秤盘中进行称重。

5. 为什么要测量身长？怎样测量？

身长也是监测小儿生长发育的一个重要指标，它反映了骨骼，尤其是长骨增长的情况。身长增长的快慢也反映了小儿的健康状况、营养状况。身长也是遗传背景的敏感指标。侏儒症、克汀病、软骨发育不良、先天性卵巢发育不良、宫内发育迟缓等疾病均可使身长不增。

家长应对孩子的身长进行定期监测，学会识别生长发育过程中出现的问题，帮助孩子及时得到正确、合理的指导和治疗。

一般选用标准的量床或便携式量板测量。测量前脱去小儿的鞋袜、帽子，让小儿仰卧于量床或量板的中线上，头接触头板，脸朝正上方。测量者位于小儿的右侧，左手捏住小儿两膝，使小儿两下肢并拢、伸直并紧贴量床或量板，移动足板，使其接触小儿脚跟，读取身长刻度。

6. 影响身长的因素有哪些？如何估算成年身高？

身长（身高）同样受先天遗传和后天环境等因素的影响。父母的身高和孩子的身高密切相关。营养、体育锻炼、疾病、气候等后天环境因素也会影响孩子的身长。

通常情况下，可根据父母的平均身高，即遗传潜力来确定儿童成年身高，也称靶身高。其计算方法如下：

男孩成年身高（厘米）=45.99+0.78×（父身高＋母身高）÷2±5.29

女孩成年身高（厘米）=37.85+0.75×（父身高＋母身高）÷2±5.29

父母需要注意的是：

①计算公式是经过统计学处理后得出，只有约95%的正常人在此范围内，不一定人人能达到；

②计算出的中间值后面还有 ±5.29，也就是说可能高于或低于中间值；

③遗传身高只是完全正常人应该达到的成年身高范围，不代表所有孩子都能达到。千万不要因计算出的靶身高尚可而忽视孩子的生长发育情况。

7. 各年龄组儿童的平均身长是多少?

正常新生儿出生时平均身长约为50厘米，0~3个月婴儿身长增长速度最快，平均每月增长3~3.55厘米；4~6个月婴儿身长平均每月增长约2厘米；6~12个月婴儿平均每月增长1.0~1.5厘米。正常1岁小儿身长约75厘米。1~2岁小儿身长全年增加约10厘米，2岁小儿身长约为85厘米。2岁后小儿身长平均每年增长5~7厘米，2~10岁儿童的一般身长（厘米）= 70+年龄 ×7。

8. 怎样才能使孩子长得高?

除去决定身高的遗传因素，父母应为孩子创造良好的生长环境，充分激发孩子的生长潜能，达到理想的身高。

❶合理膳食。饮食摄入蛋白质、脂肪、碳水化合物三大营养素的重量比应接近1:1:4.5。在保证营养足量供给的同时，要注意食材搭配和多样化，即荤素搭配、粗细搭配，均衡摄入机体所必需的各种营养素，以达到平衡膳食的目的。不要让孩子吃过多零食，以免影响重要营养物质的摄入。

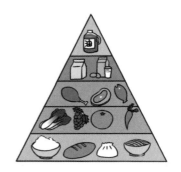

要适当地补充含钙、铁、锌等矿物质较多的食物。

含钙较多的食物有奶制品、鸡蛋、豆制品等。

含铁量比较高的食物有动物肝脏、红肉类（牛肉、羊肉等）等。富含锌的食物有牡蛎、动物肝脏等。锌与性腺以及促性腺激素的分泌有关，有助于青少年的生长发育。

蔬菜、瓜果要新鲜，水分供应要充足。让孩子远离高档补品。因为一些高档补品含有激素类成分，孩子经常食用这类补品可导致肥胖、性早熟，阻碍身体生长。

❷户外运动。运动可以使体内的

能量消耗增加，使胃肠道蠕动增强，从而促进食欲，纠正挑食、偏食等不良进食习惯。运动时耗氧量增加，心排血量、肺气体交换等均增强，锻炼心肺功能。

经常进行体育锻炼可改善人体的血液循环，增强人体对营养物质的吸收，有利于钙、磷代谢，提高骨细胞的生长能力，因而能使骨骼生长得更快，并使骨密度增加，骨骼变得更加粗壮和结实。这样，孩子自然能长高。经常运动还能使肌纤维变粗，肌力、耐受力增强，体质增强。运动还可消耗多余的脂肪，预防肥胖。根据医学专家调查研究发现，同年龄和同性别的少年儿童，经常参加体育锻炼的比不爱运动者的平均身高高出几厘米。

没有足够的运动量，不利于孩子长高。跑跑跳跳有助于长高。介绍几种有助于孩子长高的锻炼方式：

★跳远。立定跳远或助跑跳远均可，踏跳要有力，在空中挺膝展髋，两臂上伸，充分展体，落下时前脚掌落地，屈膝缓冲。每天可跳远7~10次，中间适当休息。

★拉腰背。孩子坐在床上或垫子上，两腿前伸，双脚并拢，收腹含胸，躯干尽量前屈，低头、伸颈，两臂前伸触摸脚。每组运动做8~12次。动作幅度由小到大，速度由慢到快，循序渐进，以防韧带被拉伤。

★摸高。原地或助跑3~5步起跳，膝关节、髋关节充分挺直，立腰挺胸，两臂上伸，触摸悬吊在空中的物体。物体高度以尽力方可触及为宜。5次为一组，每天做3~5组摸高运动，组间休息。最好在宽阔、平坦、软硬适度的场地上锻炼。

以上运动能使膝、肘、脊柱、颈椎等关节充分活动，刺激脑垂体的分泌功能，促进骨骼的快速生长。单杠、游泳、引体向上、打篮球等其他运动项目，也可促进儿童长高。

❸ **充足的睡眠。**中小学生的睡眠时间应保证每天不少于9小时。人在睡中长。睡眠可使大脑神经、肌肉等得以松弛，解除疲劳。另外，在睡眠状态下，生长激素的分泌量是清醒状态下的3倍左右。所以，保证充足的睡眠有利于长高。

❹ **防治疾病。**各种急性和慢性疾病容易引起生理功能紊乱，对儿童的生长发育产生不利的影响。积极防治疾病，对生长期的儿童有重要的意义。

❺ **精神愉快。**儿童精神愉快可促进长高，精神压抑可抑制生长激素的分泌，不利于长高。因此，家长应努力为孩子营造温馨、和睦的家庭氛围，让孩子健康成长。

9. 为什么要测量头围?

头围是指从小儿头部眉弓上缘处,经过枕后最高处绕头部一周的长度,它可以反映出大脑的发育情况。所以家长应定期测量小儿的头围。通过测量头围,医生可以发现狭颅症、小头畸形、脑积水等疾病,使疾病得到及时诊治。

正常小儿出生时头围为 32~34 厘米。1 岁时小儿平均头围约为 46 厘米,2 岁时小儿平均头围约为 48 厘米,5 岁时小儿平均头围约为 50 厘米,10 岁时小儿平均头围约为 52 厘米,15 岁时小儿平均头围与成人相近,约为 54~58 厘米。

10. 头大的孩子智商一定高吗?

一些人认为头大的小孩聪明。其实不然。研究证实:头的大小与智力的高低不成正比。头围可以反映出脑

的发育过程,头过大或过小都是某些疾病的重要标志。头围过大往往是脑积水、脑肿瘤、巨脑症等疾病的表现。这类孩子不但不聪明,反而会有智力方面的问题。反之,头围过小也是不正常的,多见于小头畸形、大脑发育不全、脑萎缩等疾病。所以,家长不仅要注意孩子的身高、体重,还应注意孩子的头围,及早发现问题,并带孩子到医院检查。

11. 智力低下的婴儿有哪些早期表现?

如果能在早期发现婴儿智力低下,尽早找出病因,加强训练教育,婴儿的智力水平有可能得到改善,甚至能恢复到正常水平或接近正常水平。智力低下的婴儿有哪些早期表现呢?

❶ 智力低下的孩子常有吃奶困难,不会吸吮,特别容易吐奶等现象。

❷ 智力低下的孩子睡眠时间一般很长,非常安静,很少哭闹。

❸ 正常孩子出生后 4~6 周就能对妈妈微笑,智力低下的孩子在 3 个月大时还不会笑。

❹ 智力低下的孩子掌握坐、站、行走、拿东西等各种动作的时间比正常孩子晚。

❺ 智力低下的孩子对周围事物不感兴趣,不看周围环境,对周围的声

音没有反应，对玩具不感兴趣，不会玩玩具。

❻ 智力低下的孩子在 6 个月以后依然常把两只手放在眼前玩弄。

❼ 正常的婴儿在 6 个月时会咀嚼食物，不管出牙或没出牙都会有咀嚼的动作。智力低下的婴儿迟迟不会咀嚼。

❽ 正常婴儿 6~10 个月大时常把物品放在嘴里，1 岁以后这种习惯逐渐消失。智力低下的孩子 2~3 岁时仍会把积木等其他玩具放在口中，常流口水。

❾ 正常孩子入睡后才磨牙，智力低下儿清醒时也常磨牙。

❿ 智力低下的孩子哭声尖锐或无力，音调缺乏变化。当外界刺激引起智力低下儿啼哭时，从刺激开始到出现啼哭这段时间较长，有时反复多次刺激才会引起啼哭。

⓫ 从小时候整天嗜睡、不动转变为整天不停地无目的活动。

不是每个智力低下的小孩在早期都具备以上表现，也不能说符合其中一种或几种表现就是智力低下。确诊小儿是否智力低下还须做其他相关检查。

12. 牙齿萌发有什么规律？

人的一生有两副牙。第一副牙被称为乳牙，乳牙从正中向两侧依次为中切牙、侧切牙、尖牙、第一乳磨牙、第二乳磨牙。乳牙萌出的时间一般是 4~10 个月。

出牙顺序：先出下面的 2 颗正中切牙，再出上面的 2 颗正中切牙，然后是上面的 2 颗侧切牙，接着是下面的 2 颗侧切牙。小儿到 1 岁时一般能出全这 8 颗乳牙。小儿 1 岁之后，再出下面的 2 颗第一乳磨牙，紧接着是上面的 2 颗第一乳磨牙，而后出下面的 2 颗尖牙，再出上面的 2 颗尖牙，最后是下面的 2 颗第二乳磨牙和上面的 2 颗第二乳磨牙。总共 20 颗乳牙，全部出齐大约在 2~2.5 岁。

第二副牙为恒牙，恒牙从正中向两侧依次为中切牙、侧切牙、尖牙、第一双尖牙、第二双尖牙、第一磨牙、第二磨牙、第三磨牙。儿童换牙期间的顺序是：6~7 岁，开始在第二乳磨牙后方长出第一磨牙；乳下中切牙脱落，恒下中切牙长出；7~8 岁，乳上中切牙脱落，恒上中切牙长出；乳下侧切牙长出；8~9 岁，乳上侧切牙脱落，恒上侧切牙长出；9~12 岁，第一乳磨牙、第二乳磨牙脱落，第一双尖牙、第二双尖牙长出；10~12 岁，乳尖牙脱落，恒尖牙长出；12~13 岁，长出第二磨牙；17~21 岁，萌出第三磨牙（智齿）。有的人终生不萌出第三磨牙。

共 28~32 颗恒牙。

13. 为什么有的婴儿出牙过早？

一般来说，小儿在 3 个月以前萌出乳牙的现象被称为出牙过早。有的小儿甚至在出生时就已有 1~2 个乳牙萌出。出生时就已萌出的乳牙被称为诞生牙。最常见的诞生牙是下牙正中的两个门牙（中切牙）。过早萌出的乳牙，牙根大多没有发育好，缺少牙槽骨的支持，只是长在牙龈上。所以，诞生牙常常易松动，容易脱落。乳牙过早萌出有时可影响小儿吃奶，使小儿常发生咬奶头的现象。又因为舌头的运动，舌系带常被这些过早萌出的乳牙摩擦而引起溃烂、溃疡，影响婴儿的吸吮和口腔健康。

14. 为什么有的婴儿出牙过晚？

婴儿的乳牙牙胚自胎龄 2~3 个月开始发育、钙化，婴儿出生时虽然口腔中没有牙，但颌骨中已有 20 枚乳牙及 6 枚恒牙的牙胚。婴儿在 6~7 月龄时开始萌出乳牙，3~12 月龄之间萌出第一颗乳牙都是正常的。出牙早晚与遗传、后天营养等因素有关。由于每个孩子的发育情况不同，有的孩子出牙可能晚一些。但如果 1 岁大的孩子还没有出牙，父母就得注意了。

婴儿出牙迟，常见于孕期营养不全、母亲患病；患佝偻病，机体缺钙，影响牙齿钙化，导致出牙日期推迟；患先天性疾病，如克汀病，影响乳牙萌出；脑发育不全、先天愚型等遗传病都可导致乳牙迟萌。

15. 婴儿出牙时有什么症状表现？

大多数孩子出牙时无明显异常表现。但有些孩子可出现烦躁，喜欢咬东西，流口水较多等现象。有的孩子可出现低热，甚至轻微腹泻，令家长担忧。其实，上述种种表现都是出牙期间的正常现象，家长不必担心。

乳牙初萌时刺激到三叉神经末梢，使唾液腺分泌过多的唾液，而婴儿又不会及时吞咽过多的唾液，故出现流口水增多的现象。出牙时，牙龈受到刺激而产生不适感，故宝宝在吃奶时会咬妈妈的乳头，有时宝宝也会通过吃手来消除不适。当宝宝出牙不适时，父母不必担心，可适当给宝宝吃些硬食，如面包干、磨牙饼干等。

16. 怎样护理婴儿的牙齿？

婴儿期为乳牙初萌期，个别孩子会有低热、烦躁、流涎、喜欢咬东西等现象。故此期乳牙保健的重点为精心准备宝宝的饮食，让宝宝养成良好的口腔卫生习惯，使宝宝安然度过出牙期，让宝宝拥有一副洁白、整齐的乳牙。

对于宝宝在出牙期的一些不适症状，可对症处理，如给宝宝一些稍硬一点儿的小点心来减轻牙龈的不适感，或母亲戴手指牙刷按摩宝宝的牙床，以缓解牙龈不适，促使乳牙尽快萌出。由于出牙期的宝宝口水较多，家长应注意宝宝口周皮肤的清洁、干燥，同时注意宝宝的衣物及小手的清洁，防止出牙期宝宝咬衣物、吃小手或咬玩具导致的细菌感染。

17. 婴儿的囟门是如何变化的?

囟门是婴儿颅骨衔接处尚未完全骨化的部分。两块额骨与顶骨之间形成的只有头皮及脑膜的菱形空间，被称为前囟门。两块顶骨与枕骨之间形成的三角形空间，被称为后囟门，一般于婴儿出生后3个月左右闭合。我们常说的囟门是指婴儿的前囟门，一般于婴儿出生后18个月左右闭合。

囟门是反映小儿疾病的窗口，在1岁内尤为重要。正常没有闭合的囟门，外观平坦或稍微凹陷，有时可随小儿的脉搏频率而搏动。囟门关闭延迟，常提示小儿骨骼发育及钙化存在障碍，可能患佝偻病、呆小病或脑积水。囟门关闭过早，多数情况下为正常现象，个别提示小儿脑发育不良、小头畸形，需结合头围及小儿的智能

发育情况综合判断。

若囟门饱满隆起，提示颅内压增高，多见于脑积水、颅内感染或药物中毒（如服用过量维生素A）。囟门凹陷常见于严重脱水的腹泻患儿。

18. 为什么婴儿常流口水?

所谓口水，是指唾液腺分泌的唾液。唾液可使口腔黏膜湿润，是口腔黏膜及牙体表面的润滑剂，对食物起软化、湿润作用。另外，唾液中还含有能帮助消化的淀粉酶。

小儿流口水一般属于正常生理性流涎。宝宝长到3~4个月时，唾液分泌量渐增。同时，6个月以后的小儿已开始吃辅食，萌出乳牙，这些都能刺激唾液腺分泌唾液。但此阶段小儿吞咽唾液的能力不强，不能及时被吞咽的唾液，便形成口水。

由疾病引起的病理性流涎，常见于口腔黏膜、牙龈炎症，以及神经麻痹、脑炎后遗症、脑发育不全等疾病。虽然患儿的唾液分泌正常，但是吞咽能力降低，因而口水外流。对于这类患儿，只有为其医治原发病，才能减少其流口水。

19. 为什么婴儿的心率较成人快?

细心的妈妈会发现宝宝的脉搏跳得特别快，每分钟竟能跳100多次。

脉搏反映心率。脉搏快，说明婴儿心率快。这是为什么呢？

心率快是婴儿旺盛的新陈代谢所必需的。婴儿在飞速生长，需要血液循环输送大量的营养，这就需要心脏快速跳动，才能加快血液循环。另外，心跳速度还与交感神经、迷走神经的调节功能有关。交感神经兴奋时可使心跳加快，而迷走神经兴奋时可使心跳减慢。小儿迷走神经发育不完善，交感神经占优势，故对心脏的兴奋作用较强，表现为小儿年龄越小，心率越快。

婴儿的心率容易受多种因素的影响，如剧烈活动、发热、哭闹等，均可使婴儿心率加快。因此，妈妈发现宝宝脉搏快时，不要惊慌，应仔细分析原因，辨别是正常反应还是疾病表现。

20. 婴儿的脊柱是怎样发育的？

正常成年人的脊柱有颈椎的前凸、胸椎的后凸、腰椎的前凸这3个生理性弯曲。但新生儿的脊柱几乎呈直线形。随着月龄的增长和运动机能的发展，婴儿才逐渐由上至下出现上述生理性脊柱弯曲。3月龄婴儿会抬头时，脊柱出现第1个向前的弯曲，被称为颈曲。6月龄婴儿会坐时，脊柱出现第2个向后的弯曲，被称为胸曲。1岁婴儿会站立、行走时，脊柱出现第3个向前的弯曲，被称为腰曲。这样就逐渐形成了脊柱的自然弯曲。

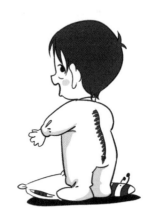

21. 为什么婴儿的浅表淋巴结易肿大？

在儿童保健门诊，一些父母咨询：小宝宝的头颈部有黄豆大小的小疙瘩，是否正常？

所谓小疙瘩十有八九是淋巴结。对于正常的婴幼儿，家长在其头枕部、颈旁、腋下及腹股沟等处均可摸到黄豆大小、活动、光滑的小疙瘩，即淋巴结。淋巴结是保护人体健康的"防御站"，它们是淋巴细胞的聚集地，能抵御细菌、病毒等病原体。婴儿的耳后、枕部淋巴结肿大，多与湿疹、痱子、疖肿有关；颈部淋巴结肿大，多由鼻咽部感染所致，如鼻炎、扁桃体炎等；腹股沟部淋巴结肿大则多由双下肢、臀部感染引起。

触摸到宝宝的浅表淋巴结时，父母不要惊慌，应注意淋巴结的大小、活动程度及有无压痛。若淋巴结像米粒、绿豆或黄豆大小，质地柔软，滑动，表面光滑且无压痛，宝宝全身情况良好，可视为正常淋巴结，反之则为异常淋巴结，应带宝宝到医院诊治。

22. 为什么婴儿容易咳嗽、鼻塞？

在儿童保健门诊，医生常遇到这样的咨询问题："为什么精心护理的小宝宝还是经常咳嗽、鼻塞？该如何预防呼吸道感染呢？"

咳嗽、鼻塞都属于呼吸道感染症状，在婴儿6~12个月期间尤其多见。因为鼻咽部是呼吸道的起始部位，婴儿的面部骨骼发育不完善，鼻腔小、鼻黏膜柔嫩、血管丰富。受刺激时，婴儿的鼻黏膜易充血、肿胀导致鼻塞。婴儿的鼻纤毛未发育，空气与鼻黏膜直接接触，调节温度、湿度及阻截异物的能力差，再加上婴儿扁桃体的屏障功能差，病原体容易向下呼吸道深入，引发感染，导致咳嗽。

鉴于婴儿鼻咽部的发育特点，科学护理是降低呼吸道感染的重要措施。加强婴幼儿的体格锻炼，多做户外活动，衣被要适宜，居室要经常开窗通风。冬季是呼吸道疾病流行的季节，应少带婴儿到商场、影院等人多、拥挤的公共场所，防止交叉感染。此外，要加强婴儿的营养，增强机体的抗病能力，减少呼吸道疾病的发生率。

23. 为什么半岁内的婴儿很少患病？

宝宝在6个月内很少生病，6个月以后却经常生病，这是为什么？

原来，这与婴儿的免疫功能特点有关。宝宝在6个月内，由于体内有胎儿期储存的抗体，再加上母乳中抗体的作用，因此很少患病。6个月以后，宝宝体内的抗体逐渐被消耗减少，自身产生的抗体又不足，机体的抵抗力降低，患各种感染性疾病的机会就多了。

24. 婴儿头发稀少，是病吗？

孩子头发稀少，色泽发黄，是病吗？一小部分孩子头发稀少与缺乏营养素有关，如缺乏蛋白质，可导致头发稀少枯黄；贫血时，头发也长得不好；缺乏钙、磷、维生素D也会影响头发的生长。

大部分婴儿头发稀少是正常生理现象，家长不必过分担心。一般在两岁左右，宝宝的胎发毛囊萎缩，取而代之的是新生的毛囊，头发会由稀到密，由黄到黑，恢复到正常发量和色泽。

25. 婴儿为什么会出现"地图舌"？

一些婴儿舌头上出现不规则的环状病变，即人们常说的"地图舌"。其实"地图舌"是一种发生在舌黏膜浅层的慢性边缘剥脱性舌炎，目前病因尚不明确。该病在临床上无明显症状，不痛、不痒，部分孩子可伴有食欲缺乏、厌食等表现，一般不影响生长发育。

针对"地图舌"，目前尚无特效疗法，可应用碱性漱口水漱口，必要时服用 B 族维生素、维生素 A、微量元素锌等。

26. 婴儿不会爬就学走路，这样好吗？

常有家长颇自豪地对医生说："我们家宝宝不用爬，会坐后直接学站、学走了。"他们误认为这是一种进步，

其实不然。

在宝宝生长发育的过程中，任何一个动作的出现、发展都有其内在的生理基础。爬行是婴儿从坐位至站位之间的一座桥梁，它是一种在大脑指挥下协调上下肢的运动。爬行能够锻炼宝宝的身体感觉，提高大脑感觉综合能力。

宝宝不会爬或爬行时间短会产生一些不良后果，由于上半身和下半身动作不协调，产生感觉统合失调，导致注意力不集中，多动、胆小、情绪不稳定等。不会爬的宝宝动作比较迟缓，走路姿势不协调，手指的力量比较弱，脊柱和语言发育比较迟缓。

27. 为什么要鼓励婴儿爬行？

现代医学研究表明：爬行对身体发育和心理发展都有重要的现实意义。因此，提倡婴儿多练习爬行。

爬行时，婴儿需要学习俯卧抬头、翻身、撑手、屈膝、抬胸，腹肌收缩使腹部抬离床面等动作，这样就使婴儿的颈、胸、腰、四肢等各处肌肉及其关节得到了良好的锻炼。所以，爬行是一种全身性运动，能增强婴儿的体质。

爬行有助于婴儿的心理发展。爬行扩大了婴儿的活动空间和视野，使婴儿接触的事物、刺激的数量和次数

大大增多，感知、寻找目标等能力得以提前发展。爬着寻找玩具，使婴儿慢慢意识到有些东西虽然暂时看不见，但它还是存在的，还可以找到它，使婴儿了解物质是永存的，有助于婴儿建立对周围世界的信任。

婴儿期是大脑与小脑迅速发育的时期。爬行可以促进身体平衡动作的发展。在婴儿期，脑、运动神经、肌肉、骨骼的统一发育都依赖爬行创造良好的条件。研究表明，不会爬行就会走路的孩子前庭功能发育不良，常有跌跌撞撞的不平衡倾向。

爬行可使婴儿与成人的游戏范围扩大，游戏内容增多，婴儿因获得快乐而发出声音，使语言能力得到发展。婴儿学会爬行以后，就有了初步的独立行动能力，能够随意地爬，去获取他喜欢的物品。因此，越早教婴儿爬行越好。

婴儿学爬前，可以先练习趴，即俯卧抬头的动作。家长应为婴儿爬行创造良好的条件，保证婴儿有足够的爬行空间。最好不要在床上训练爬行，以免婴儿摔伤，可以在屋子中间铺上毛毯或垫子，让婴儿在上面随意翻滚、爬行。同时准备一些色泽鲜艳、有响声的玩具逗引婴儿爬行。

家长可以扶着婴儿的足底，当婴儿伸腿时，稍用力顶住婴儿足底，使婴儿身体自然向前推进。婴儿对爬行产生兴趣后，反复重复这些动作，就能协调、熟练地向前爬行了。当婴儿学会爬行后，家长可以与婴儿做寻找玩具的游戏，逗引婴儿向前爬、向侧面爬、向后爬，扩大爬行范围，训练婴儿全身动作的灵活性。

练习爬行可以使婴儿的身体发育得更健美。如果让婴儿过早站立或行走，腰肌和腿肌过早承重，会导致"O"形腿或"X"形腿、腰部后凸等畸形。所以在婴儿会走前，应尽量鼓励婴儿多练习爬行。

28. 婴儿最好在什么时候开始学走路？

等婴儿学会俯卧抬头、坐、爬行、站立等动作之后，方可对婴儿进行走路的训练。

当宝宝会自行扶栏杆站立时，家长就可设法让宝宝迈步走。家长可在床栏另一端用玩具逗引宝宝，引导他迈步。此时要注意安全，不要急于追求让宝宝独走，先领着宝宝走，再逐渐放手，鼓励宝宝独走。即使宝宝跌倒了，家长也要鼓励宝宝站起来再走。如此训练，宝宝就能独立行走。

29. 婴儿能用学步车吗？

婴儿使用学步车，不但不能促进婴儿的发育，还可能影响大脑平衡功能的发育，导致运动发育迟缓。

另外，婴儿过早地在学步车内站立，会使细软的下肢负重过多，很容易形成"O"形腿或"X"形腿。在学步车内前行时，婴儿基本上是脚尖用力，脚后跟易外翻，导致扁平足。因此，婴儿最好不要使用学步车。

30. 婴儿应学会哪些动作？

小儿的动作发育有一定的规律性，其发育好坏与神经功能的成熟及后天的训练有关。

一般来说，正常小儿3个月会抬头；4~5个月小儿会翻身；5~6个月小儿会主动伸手抓物；6~7个月小儿会坐；把6个月的小儿扶成直立的姿势，他的下肢可以支持体重；扶着7个月小儿的腋窝让他直立时，他能欢快地又蹦又跳；8~9个月小儿会爬；9个月小儿能扶站；10个月小儿扶床

站立时，能抬起一只脚；11个月小儿能扶走；1周岁的小儿大多会单独站一会儿，部分小儿已能独立行走几步，听到音乐或节拍会双手举起，做出跳舞的姿势。大部分小儿经过训练，会双手捧着敞口杯子喝水、喝奶，会与小朋友或父母玩球，用手掷球或用脚踢，部分小儿会模仿父母的举动，如拿抹布擦桌子、拿扫帚扫地等。

但同龄孩子的动作发育还是有个体差异的。有的婴儿动作发育早一些，有的晚一些，这与他们所处的环境或抚养方式有关，也与季节有一定关系。比如在严冬季节，婴儿的动作发育，尤其是爬、站、走等大动作发育较其他季节晚一些，因为在冬季，婴儿穿的衣服较多，活动不方便，从而使大动作发育相对滞后。

31. 婴儿的注意力、记忆力与思维能力是怎样发展的？

细心的父母会发现，宝宝一来到这个世界就开始注意周围的世界了，如注视红球等。此时的注意是一种无条件的定向反射。2个月后婴儿的注意力就有了明显的意识，比如看到色彩鲜明的玩具，就会出现喜悦的表情。5~6个月的婴儿能注意到周围人说话的声音，并能在短时间内集中注意力。7~12个月婴儿的注意对象不断增多，

对色彩鲜明、活动的事物产生了较为稳定的注意。这是婴儿注意力发展的基础。

2~3个月的婴儿已有短时记忆，当他面前的玩具消失时，他就会转头寻找。4~6个月的婴儿已能记住妈妈，但这种记忆是短暂的。1岁的婴儿记忆力相对增强。如在婴儿面前用一块布盖住一个玩具，8个月的婴儿1秒钟后就找不到这个玩具了，而12个月的婴儿在3~7秒内就能将玩具找到。

因为思维能力是大脑对客观事物概括的间接反应，属于人类的一种高级认知能力，所以，婴儿的思维能力发育较晚，且多为低级的具体形象思维。

32. 婴儿动作发育的一般规律是什么？

婴儿动作发育的一般规律是：

❶上下规律：婴儿动作发育的顺序是自上而下，即婴儿先能抬头，逐渐才能用手取物、独坐、站立、行走。

❷集中规律：运动由泛化趋向集中，例如3~4个月婴儿看见东西时只会全身手舞足蹈地乱动，而9~10个月婴儿才会用拇指与食指对指取物。

❸协调规律：身体各部分在做动作过程中逐渐相互协调，如婴儿7个月时才会弯腰来缩短手与物间的距离。

❹正反动作规律：有积极意义的动作优先于相反方面的动作发育，例如婴儿的手先会握东西，后会放东西；先会向前走，后会倒退着走。

33. 小儿的大动作是怎样发育的？怎样训练小儿的大动作？

❶抬头：仰卧时，新生儿颈肌完全无力，从仰卧位扶至坐位时颈肌仅有短暂的张力增高。在婴儿出生6周左右，握着婴儿双手，把婴儿从床上提起来时，婴儿的头可与身体的其余部分成一条直线，这种状态可持续约1分钟。当握着4个月左右的婴儿双手，把他从躺着的姿势拉起来时，他的头和身体其余部分会成一条直线。6个月左右的婴儿头部和颈部已十分强壮，可控制自如，他的头能从床上抬起来并看着他的脚趾。

训练抬头时，家人应有意识地从婴儿出生后就开始俯卧训练，加强婴儿颈部肌肉的力量。

❷翻身：随着头的运动发育，3~4个月的婴儿可把双腿抬离床面，前臂已能支撑自己的胸部，有些灵巧的婴儿此时已能翻身。但也有些孩子要到5~6个月时双手才能支撑头部、双肩和躯干的重量，并能从仰卧位翻转到俯卧的姿势。

❸坐：新生儿的腰肌完全无力，扶坐时头完全下垂，自颈部至腰会弯成半圆形。3~4个月的婴儿扶坐时腰呈弧形，可抬头数秒钟。5个月的婴儿靠着坐时能直起腰部。6个月的婴儿能用手向前支撑着坐。这时可让婴儿在婴儿车或有围栏的椅子上稍坐一会儿，但时间不能过长，过早学坐对婴儿来说是不利的。因为婴儿的骨骼中含钙盐较少，脊柱的柔韧性大，6个月以下的婴儿脊柱、背部骨骼、肌肉缺乏支撑能力。如果让6个月以下的婴儿坐得太久，脊柱容易发生变形，背部肌肉也会变得松弛，日后坐、站都会无力。那么什么时间学坐最好呢？

婴儿在7个月时可独坐片刻。这时婴儿可以在家长的帮助下开始学坐。8个月的婴儿已能不用手支撑而独坐，9个月的婴儿能坐稳，转身不倒。11个月的婴儿能自己从仰卧位或俯卧位坐起。

❹爬：爬是一种极好的全身运动。孩子在爬行的过程中，头颈抬起，胸腹离地，用四肢支撑身体的重量，可以锻炼胸、腹、背与四肢的肌肉，并可促进骨骼的生长，为日后的站立与行走创造良好的基础。此外，爬行对孩子的心理发展与智力潜能的开发也有较大的促进作用。

当孩子爬行时，姿态由静到动，范围由点到面，视觉、听觉、思维、语言与想象能力都相应地得到发展与提高。1个月的婴儿在俯卧位时会伸手试图抓取手不能及的物体，这是匍匐动作的开始；2个月的婴儿能在俯卧位交替踢腿；3~4个月的婴儿能用肘部支撑上身达数分钟。正确的爬行训练可从婴儿6个月开始。8个月左右的婴儿可以用双手支撑身体向后退或转圈。9个月的婴儿开始会向前爬。家长可拿着玩具，逗引婴儿向前爬。

❺站立和行走：2~3个月婴儿的髋、膝关节始终弯曲着，根本不能支撑身体的重量。6个月婴儿的下肢可支撑其体重。家长扶7个月的婴儿站时，婴儿能高兴地蹦跳。9个月的婴儿可以独立扶物站稳。11个月的婴儿可扶栏独脚站，家长挽着他的两手时，他能向前走。13个月的小儿能独立行走，但每步的距离、大小、方向不一致。15个月的小儿能爬楼梯，可自己站起，跪得很稳，行走时不能突然止步。2岁的小儿会跑，但不能迅速起步及止步，上台阶时一步一个台阶，能独脚站立数秒钟。2.5岁的小儿会两只脚交替上下台阶。

❻跳：在2岁时，孩子先能并脚跳下一阶台阶。在3岁时，孩子能用一只脚跳过低障碍物。在4岁时，孩

子会一只脚跳。在 5 岁时，孩子会双脚并拢起跳。

34. 小儿的精细动作是怎样发育的？怎样训练小儿的精细动作？

下面介绍一下小儿精细动作的发育进程：

1~4 周：手常常握得很紧，抱坐时，可挥手臂，试着去碰眼能看到的物体。

1~3 个月：能看眼前或手中的物体。3 个月时婴儿的手经常呈张开姿势，可用手握住长棒达数秒钟。

2~4 个月：看见物体时全身乱动，并企图抓住，但判断不准物体的距离，手常常越过物体，会玩弄双手。

4~5 个月：能将手伸向物体，主动握住物体，但还抓不准物体，常用双手去抓。

5~8 个月：能用手掌准确地抓握物体。

8 个月：婴儿会用两手传递抓到的物体。

9 个月：可用拇指、食指取物，能用手指捏大米花之类的小东西。

12~15 个月：这时孩子开始握笔乱画，可用汤匙取食。

18 个月：能搭 3~4 块积木。

2 岁：能搭 5~6 块积木，能用杯子喝水，可用筷子吃饭，能脱去已解开纽扣的外衣，会一页一页地翻书。

2.5 岁：会穿短袜或便鞋，能搭 8 块积木。

3 岁：会解纽扣，能用木块"搭桥"。

为训练孩子精细动作的发育，家长可以这样做：

❶ 可给孩子买一些操作性玩具，如积木、插板，让孩子反复练习。

❷ 可给 1 岁左右的孩子准备画笔，让他握笔画画。这是训练幼儿手眼协调的基本项目。乱涂乱画既发展了孩子手的精细动作，画出的图案又能进一步激发孩子的兴趣。

❸ 让孩子自己拿勺子吃饭，这是一个提高手眼协调能力的方法。

◉ 婴儿护理

1. 为什么女婴易患泌尿系统感染？

盛夏时节，7 个月的小珊珊排小便时哭闹得厉害。年轻的妈妈顿时慌了手脚，带着珊珊去医院检查。儿科医生诊断珊珊得了急性尿路感染。妈妈很不解："医生，我的孩子怎么会得这个病呢？"

因为女婴的尿道短而宽，尿道口与阴道、肛门距离近，细菌容易侵入，所以，女婴尿路感染的发病率要比男婴高得多。在炎热的季节，如果不注意女婴外阴的卫生清洁，女婴就更容易患尿路感染。

2. 如何预防婴儿泌尿系统感染？

尿裤、尿布应清洁卫生、质地柔软、透气性好。每天晚上婴儿睡觉前和每次大便后，父母都要帮婴儿清洗外阴。为婴儿清洗时，要注意从尿道口向肛门的方向擦拭。若方向相反，肛门周围的细菌可能感染阴道或尿道。

3. 应为婴儿营造什么样的生活环境？

婴儿期是生长发育最为迅速的时期。在此期间，为婴儿营造良好的生活环境，有助于婴儿的体格发育和早期的智力开发。

良好的生活环境包括以下几个方面：

❶居住条件：婴儿居室应阳光充足，空气新鲜，室温以 18~24℃为宜，湿度为50%~60%；远离药物、锐器、火炉等危险物品；睡床应设栏杆以防

婴儿坠床，床垫软硬适宜，以免影响婴儿脊柱发育。婴儿居室应避免病人进入，防止交叉感染。

❷衣着卫生：婴儿的皮肤娇嫩，衣被应柔软、吸水性好、清洁卫生、无刺激性。婴儿的衣服接缝要平整，以浅色为主，要勤洗、勤换，单独洗涤，漂洗干净，防止洗涤剂残留。

❸玩具的选择：玩具要符合婴儿的年龄特点。针对6个月以内的婴儿，父母应选择颜色鲜艳（如红色）、体积较大、有响声的玩具，以促进婴儿视觉、听觉的发育，锻炼婴儿手、眼的协调能力。针对6~12个月的婴儿，需要选择有响声的、活动的玩具，如会啄米的小鸡等，以吸引婴儿的注意，引导婴儿模仿玩具的声音与动作，进行爬行等动作的训练。

❹一日生活安排：吃、喝、拉、撒、睡、玩是婴儿生活的主要内容，应根据其月龄、生理特点，合理安排这些内容。

4. 怎样给婴儿选择玩具？

玩具是孩子的良师益友，它不仅能促进孩子的智力发育，还会使孩子感到愉快。选择玩具时既要根据孩子的年龄、性别、性格特点，又要考虑孩子的安全和健康。不合适的玩具会给孩子造成意想不到的伤害。

婴儿的玩具，应无毒、易清洗、易消毒，表面光滑无棱角，色泽鲜艳，较轻，最好能发出声响。这类玩具色彩鲜艳，能刺激婴儿的视觉；发出的响声能刺激婴儿的听觉，使婴儿对外界环境产生兴趣。

不要给婴儿玩易破碎或易被婴儿吞服的玩具，以免发生意外。

有时家中的小塑料瓶、碎布经过精心加工，就可以成为婴儿喜爱的玩具。

5. 怎样培养婴儿良好的生活习惯？

❶睡眠：睡眠有助于大脑发育，应保证婴儿有足够的睡眠。首先，婴儿要有正确的睡姿，即仰卧或侧卧，并适时变换体位。1岁以内的婴儿一般不用枕头，以免影响呼吸及脊柱发育。被子不要过厚、过重，勤换尿布或尿不湿，以保证婴儿温暖、舒适。睡前洗浴、解大小便，勿让婴儿过于兴奋。

❷饮食：要从小培养婴儿良好的进食习惯。训练婴儿自己抱奶瓶喝奶，用勺进餐，进餐要专注，不能边吃边玩。

❸大小便：由于婴儿泌尿系统发育不完善，膀胱黏膜肌层和弹力纤维发育都不成熟，输尿管短而直，易发生膀胱输尿管反流，因此，给婴儿把尿是错误的育儿方法，应予摒弃。随着宝宝的泌尿系统发育成熟，在宝宝18个月时，就可以开始对宝宝进行如厕训练了。

6. 怎样给婴儿洗澡？

给婴儿洗澡时，需要室温适中（26℃左右），水温适宜（40℃左右），以手背感觉不烫不凉为宜。用刺激性小的婴儿香皂或沐浴露，洗澡时间不宜过长。洗澡前先用温水洗净婴儿头发并擦干，然后把婴儿放在洗澡盆里。冲洗时，要用手臂扶住婴儿上半身，小心不要让水溅入婴儿眼或耳朵里。清洗完毕，用柔软的毛巾将婴儿全身擦干，然后在婴儿颈部、腋下、大腿内侧等部位涂上适量的婴儿润肤露，给婴儿穿上衣服。

7. 婴儿为什么哭？

父母应了解婴儿哭的原因，及时地给予婴儿恰当的回应，使婴儿健康成长。

新生儿呱呱坠地时大声地啼哭，哭声洪亮，常表明新生儿呼吸功能良好。如果新生儿在出生后不久，哭声无力，或突然出现尖叫样的啼哭，又突然停止，这往往是疾病的表现，家长应请医生查明原因，及时为新生儿治疗。

有节律地啼哭，同时，婴儿的小嘴左右觅食或吸吮手指，这是饥饿性啼哭。这时，如果不给婴儿吃奶，他会一直哭下去。如果妈妈把奶头送到婴儿的嘴上，他会立即停止啼哭，含住奶头，急切地吸吮着乳汁。如果从一个奶头换到另一个奶头的时间稍长，一些婴儿也会啼哭。如果没吃饱，婴儿一样会啼哭。

排大小便之后，婴儿会感到不舒服，这时的啼哭多是哼哼唧唧的，声音不是太大，一会儿哭的时间长一些，一会儿哭的时间短一些。这种时长时短的哭声可能就是为了引起妈妈的注意。给婴儿清洗臀部，换过尿布或尿不湿之后，婴儿的啼哭就停止了。

过冷、过热都会使婴儿感到不舒服。这时婴儿易大声地哭，好像处在大怒状态。根据室内的温度及时给婴儿增减衣物，调整好冷热，婴儿会感到心满意足，很快地停止啼哭。

当小宝宝正处于甜甜的睡梦中时，突然被惊醒，小宝宝会很不高兴，本能地做出受到惊吓的动作。这时小宝宝往往只有哭的表情和声音，没有眼泪，也就是"光打雷，不下雨"。如果妈妈及时地安抚小宝宝一下，他就会停止啼哭。

有时宝宝突然高声大哭并流泪，接着便是较长时间的屏气，好像喘不过气来似的，这种哭常是因为疼痛（如打针时、碰到尖硬物时）、胃肠不适等。这时家长应仔细检查小宝宝的床上和衣物上有没有缝衣针、别针等其他硬物。如果宝宝是因为身体不适，感到疼痛而哭，就要想办法解除疼痛。只有这样，小宝宝才会安静下来。

如果婴儿的哭声不同于平常，并持续10分钟以上，应引起父母的注意。在由疾病引起的婴儿啼哭中，腹痛是最常见的原因。以下常见疾病可能引起婴儿哭闹不止。

❶ 肠痉挛：由胃肠功能失调引起，

好发于1~3个月的婴儿，发作时，婴儿持续地哭闹，难以被安抚，哭时面部潮红，腹部胀。

❷肠套叠：多发于4~10个月婴儿，表现为阵发性哭闹、尖叫，哭闹时双拳紧握、两腿弯曲蜷缩，表情非常痛苦，持续时间为几分钟到十几分钟，常伴频繁呕吐，可摸到腹部有较柔软的腊肠样肿物，并排出果酱样粪便，应立即带婴儿去医院就诊。

❸中耳炎：婴儿大声、尖锐地哭啼，并用手抓耳朵。

❹湿疹：可引起剧烈的皮肤瘙痒，夜间较重。婴儿会经常哭闹，哭声平缓而持续。分散婴儿的注意力之后，常可使婴儿安静下来。

8. 如何选择婴儿的衣服？

因为婴儿的头部相对较大，颈部短，所以要避免为婴儿穿套头的衣服，否则不仅穿脱麻烦，且容易把婴儿的皮肤擦伤。尽量不选带纽扣的衣服，最好以系带的衣服为主，且系带不宜过长，最好能系在腰的两侧，以免硌着婴儿。

婴儿衣服的颜色以浅色为宜，便于家长发现异常，及时更换。婴儿的衣服应大小合适，舒适，有利于婴儿手脚活动和动作发育。

9. 婴儿睡眠障碍有什么症状表现？

新生儿每日睡眠时间应为17~20小时，且昼夜无区别。母乳喂养儿的每日睡眠时间会比配方奶喂养儿稍短。婴儿通常在出生6~8周后，开始分泌褪黑素，形成生理性睡眠节律。

夜间惊醒是最常见的婴儿睡眠障碍。与婴儿夜间惊醒相关的因素有入睡困难，不具备自我抚慰的能力，需要父母干预睡眠。

婴儿睡眠质量差，会出现认知（如记忆力、注意力）和行为障碍（如过度活跃、不顺从）等问题，应引起家长的重视。

10. 怎样才能让婴儿睡得好？

❶室内光线要柔和，温度要适宜。睡觉时，婴儿居室温度适宜，光线微弱，舒适，宁静，衣服、被褥厚薄适中，

不能使婴儿身上出汗，也不能让婴儿手脚冰凉。

❷体位舒适。应使婴儿仰卧或侧卧，头与躯体保持水平位或头略高于躯体，以防呕吐引起窒息。不要使婴儿的脖子弯曲，防止引起呼吸困难。

❸单独睡。为了睡得好，最好让婴儿单独睡在婴儿床上，以免与大人同睡引起窒息。

❹睡前喂完奶，轻拍婴儿背部。婴儿喝完奶，入睡前，妈妈应先轻拍婴儿背部，使婴儿打嗝后再入睡，以防溢奶。

11. 怎样护理不易入睡的婴儿？

婴儿一般要到2~3个月大时才能养成比较规律的睡眠习惯。婴儿的气质也与其睡眠有一定关系。如果婴儿不易入睡，父母应注意以下几点：

❶制订有规律的作息计划，保证婴儿有足够的睡眠时间。

❷要了解婴儿的睡眠信号。一旦婴儿打哈欠、揉眼睛，父母就要引导婴儿独自入睡。

❸如果婴儿晚上不易入睡，父母应在白天减少婴儿的睡眠时间，注意让婴儿多玩耍、多活动。

❹如果条件允许，父母应在睡前给婴儿洗温水澡、按摩。因为婴儿洗浴后感觉舒适，容易入睡。父母还可

以搂抱婴儿，给婴儿讲故事。

❺当婴儿半夜醒来时，父母可以不开灯或在较暗的灯光下给婴儿换尿布、喂奶等，让婴儿再次入睡。

12. 该如何为婴儿选择保姆？

有的家庭需要请保姆照顾婴儿。该如何选择保姆呢？选择保姆的条件是：

❶身体健康：保姆要经过体检，出具健康证明，确保没有肺结核、乙肝等传染病。

❷文化素质高：文化水平高的保姆容易接受先进、科学的育儿知识，并能科学育儿。这样的保姆也善于启发婴儿，有利于婴儿的早期教育。

❸卫生习惯好：保姆要有良好的卫生习惯，能保证婴儿的清洁卫生和饮食卫生，随时保持居室、厨房的整洁，能做到饭前、便后洗手，不随地吐痰等。

❹性格、品质好：保姆应性格开朗、聪明机灵，对婴儿有耐心、爱心，有强烈的责任感，办事不拖拉，诚实、坦率，能与婴儿建立亲密的关系。

选好保姆后，首先要明确保姆的工作内容，告知婴儿的生活情况，带着保姆做有关护理婴儿的工作，待保姆熟练后，可放手由保姆来做。

保姆上岗前，还应与保姆签订合

同，明确责任及薪酬等。另外，应根据当地政府的规定，到有关劳动部门进行登记。

要与保姆相互信任。只要保姆工作做得好，就不要对保姆多加指责或挑剔。若保姆工作做得不好，可与保姆谈心，了解困难，并给予指导。尊重保姆，使保姆心情愉快，有利于提高保姆的积极性。

13. 带婴儿看病时，家长应注意什么？

如果婴儿病了，家长应及时带婴儿到医院看医生，以便尽早得到正确的诊断和治疗。当婴儿出现高热、惊厥等急症时，家长应立即带婴儿看急诊。因小儿病情发展变化快，晚了会贻误病情。家长带婴儿看病时应注意以下几点。

❶选择合适的医院：婴儿的常见病主要是上呼吸道感染、腹泻等，应尽量就近就医。如果婴儿患一般的疾病，家长就尽量不带婴儿去大医院就医。因为大医院的患儿多，候诊时间长，容易发生交叉感染，使婴儿病程延长，增加痛苦。如果婴儿得的病比较难治，病程较长，如血液病、肾病综合征、癫痫等，家长应带婴儿去大医院的专科门诊就诊。

❷带齐病历资料：以往的病历可供医生参考，并可避免不必要的重复检查、化验等。有的家长不愿意接受以往的诊断结论（如血液病、癫痫等），故意隐瞒原来的诊断和检查报告，这样做不仅会延误病情，让婴儿痛苦（常需重新取标本化验），还增加医疗费用。有时，家长需要带着婴儿新排出的大便或新鲜尿液，以便及早化验。

❸候诊时避免交叉感染：候诊室是病人集中的地方，应在指定区域候诊，不要随意走动，也不要将患儿集中在一起。不要让腹泻患儿的粪便排在地上，以免传染其他孩子。

❹详述病情：要把婴儿的主要症状、各症状发生的时间、用药情况以及其他相关情况告诉医生，以协助医生做出正确的诊断和治疗。

❺遵守医嘱：家长应按照医生要求护理患儿，给患儿服药，观察病情。对于暂时诊断不清或病情不稳定的患儿，医生需要将患儿留在门诊观察，家长应予以配合，等病情允许后，再带患儿离院回家。

14. 怎样护送患重病的婴儿去医院？

当婴儿患急症或重病时，家长常在惊慌之中将婴儿送往医院。但如果就医途中护理婴儿不当，会使婴儿病情加重，不利于医生诊治疾病。在婴儿因患急症或重病被送往医院时，家长应注意以下几点：

❶ 家长要沉着、冷静：如果在送婴儿去医院的途中，家长不能控制好自己的情绪，惊慌失措，会使婴儿更加惊恐不安、哭闹不止。有的患儿还会因此加重病情，这会妨碍医生诊断与治疗。家长护送患儿时应沉着、冷静，准备好患儿的病历资料，并回顾病史，准备好向医生详细介绍病情。

❷ 患儿穿戴要适宜：在寒冷的季节，患儿应戴帽子、口罩，不要用毛毯、棉被或大衣把患儿的嘴、鼻子等都捂起来。有的家长带婴儿看急诊时，抱起婴儿就走，来不及给婴儿穿衣服和鞋袜。这样会使婴儿受凉，加重病情或引发其他疾病。婴儿的穿戴要保暖适中。

❸ 护送就医途中仔细观察患儿。3~4个月以内的婴儿，特别是体质弱的婴儿患病后，病情常较重且发展变化快，症状体征常不明显。家长若不仔细观察患儿，容易延误病情，发生意外。如果患儿面部颜色由红润变为苍白、青紫；呼吸节律由均匀变得快慢不一，甚至暂停；精神、反应变差，闭目不理人，呼之不应，触之也无反应；手足冰凉或发烫，肢体发紧或时有小抽搐，肌肉松弛等，常意味着患儿病情危重，应及时到附近医院抢救，不要弃近求远，贻误治疗。

15. 如何判断婴儿的大便是否正常？

婴儿满月查体时，常有父母问："我家孩子一天大便五六次，给他喂了药也不见好，但孩子体重增长很好，这是怎么回事呢？"

新生儿出生后1~2天内排出墨绿色膏样大便，为正常胎便。婴儿喝奶后大便逐渐由墨绿色转为黄色，喝母乳者大便为金黄色，略稀，粪质均匀，略带臭味；喝奶粉者，大便呈淡黄色，略干。由于新生儿的消化功能不完善，奶汁不能完全被消化，有时大便中会有奶瓣，家长对此不必过分惊慌。

在婴儿期，只观察大便的次数、性状与颜色不能判断婴儿的身体是否正常，还要结合喂养、睡眠、精神状态及体重增长等情况来综合分析。不能随便给婴儿服用抗生素，以免影响婴儿体内正常的菌群分布。如果婴儿的大便异常，精神状态差，家长应及时带婴儿去医院就诊。

16. 怎样护理腹泻的婴儿？

❶当婴儿腹泻时，家长应先带婴儿到医院就诊。详细地记录婴儿的奶量、大便次数、大便性状等，以供医生诊断时参考。

❷做好消毒隔离工作。

★将患儿的奶瓶、奶嘴煮沸消毒。

★勤给患儿换尿布或尿不湿，便后为患儿冲洗臀部，擦干后在肛门周围涂护臀膏，预防尿布疹。

❸做好饮食护理。由于婴儿腹泻时，消化功能弱，因此，家长应给婴儿吃清淡、易消化的食物，忌生、冷、硬的食物。

★较小的婴儿最好喝母乳。喝配方奶的婴儿，应较平日多喝一些水，适当补充丢失的水分。

★较大的婴儿以母乳、稀粥、米汤为主，不要吃油腻、不易消化的食物。

★在医生的指导下服用口服补液盐。

❹观察婴儿有无脱水现象。婴儿脱水的表现有烦躁、口渴、多饮，前囟或眼窝凹陷，皮肤弹性差，尿少等。当婴儿出现脱水症状时，家长应立即将婴儿送医治疗。

❺预防感染。由于腹泻的婴儿机体抵抗力差，因此，家长要注意为婴儿保暖，避免风寒，预防感染。

17. 怎样护理生皮疹的婴儿？

皮疹是儿科常见疾病症状之一。家长一旦发现婴儿起皮疹，不能盲目给婴儿用药，一定要请医生诊治，并注意以下几点：

❶患儿衣服要干净、柔软、宽松、舒适，勤为患儿换衣服。

❷保持患儿皮肤、口腔、眼睛等部位的清洁，遵守医嘱，为患儿涂抹药物。

❸如果患儿发生皮疹伴发热，家长应多给患儿喂温开水，让患儿吃清淡、易消化、富有营养的食物。

❹若属传染病，应立即隔离患儿，防止传染，直至传染期结束。

18. 怎样护理患传染病的婴儿？

❶注意隔离、消毒：一旦患儿得

了传染病，就应立即隔离患儿。患儿和护理者应勤洗手，居室要定时开窗通风。餐具、水杯可在锅内煮沸10分钟，被褥、衣服、玩具可在阳光下晒1~2小时，以达到消毒目的。

❷休息：患儿应卧床休息，室内保持清洁、卫生，空气新鲜湿润，温度适宜，光线柔和。

❸饮食：要给患儿吃易消化、清淡的食物。在病情恢复期，主要为患儿补充营养丰富、易消化的食物，以促进患儿的体力恢复。

❹对症处理：在患儿发病期间，家长应在医生的指导下给患儿适当用药，对症处理。如患儿发热时，应服用退烧药；患儿咳嗽时，应服用止咳药等。

19. 怎样观察婴儿的呼吸与脉搏？

首先应了解婴儿正常的呼吸及脉搏次数。不同月龄的宝宝，呼吸和脉搏频率略有不同。新生儿每分钟呼吸40~44次，6~12个月的婴儿每分钟呼吸30~35次。婴儿脉搏每分钟跳动120~140次。

❶观察呼吸的方法：在小儿安静时，数其胸脯或肚子起伏的次数，一呼一吸为1次，以1分钟为计数单位。

应注意呼吸的次数、深浅及节律等。

❷观察脉搏的方法：在小儿安静时，用食指、中指及无名指按住小儿手腕外侧，适当用力，以摸到脉搏跳动为准，也可以将手掌放在小儿左胸部，数小儿心跳的次数。要注意小儿的脉搏跳动是否有规律，是否有力。

20. 如何给婴儿做被动操？

在婴儿出生后，就可以给婴儿做被动操，以促进婴儿的身心发育。

❶做操的时间及次数：一般在婴儿清醒、精神愉快时做操。为避免婴儿发生呕吐，婴儿刚喝完奶后不要立即做操。做被动操时，室内温度要适宜，保持室内空气新鲜，婴儿穿着轻便、宽大、利于身体活动的衣服，家长动作要轻柔。一般1天可做2~4次被动操，1次5~10分钟，做完后让婴儿休息。

❷做操的方法：做被动操时，婴儿仰卧，母亲手握婴儿的双手做肘关节屈伸运动，肩环绕运动，扩胸运动；握住婴儿小腿做下肢运动，两腿轮流屈伸运动，两腿伸直上举运动，髋关节运动，放松运动等。等孩子半岁后，逐步引导孩子做主动性运动，如引导孩子爬行、扶站、走路等。

婴儿喂养

1. 纯母乳喂养多久最好?

　　母乳营养丰富，含有人体所必需的水、蛋白质、脂肪、碳水化合物、多种维生素和矿物质，而且含有多种免疫物质，可以满足 6 个月以内婴儿的营养需要。随着婴儿的长大，母乳渐渐不能满足婴儿的生长发育需要，需开始为 4~6 个月的婴儿添加辅食，以便为婴儿供给充足的营养。适当添加辅食有利于婴儿养成良好的饮食习惯，为断奶做准备。

2. 辅食对婴儿有什么作用?

　　当婴儿长到一定的月龄时，母乳已不能满足婴儿生长发育的需要，就应适当地为婴儿添加辅食。

　　适时添加辅食，有利于充分调动婴儿的生长潜能，促进语言的发展和肠道发育。

　　4~6 个月是辅食添加的最佳时间。因为此时正是婴儿生长发育的关键时期，也是缺铁性贫血的高发期。适时添加辅食可防止婴儿贫血，减少贫血的发病率。但是，过早添加辅食易引起婴儿腹泻或过敏性湿疹等疾病；过晚添加辅食，婴儿容易拒绝吃某些食物，导致挑食、偏食，引起营养不良。

3. 怎样为婴儿添加辅食?

　　添加辅食应遵循一定的原则，由少量到多量，由细到粗，由流质逐渐过渡到半流质、软固体和固体食物，由一种到多种，每种食物尝试3~5 天。注意观察有无食物过敏或不耐受现象，比如腹泻、便秘、呕吐、皮疹等其他异常反应。如果婴儿食用某种食物后有异常反应，家长则应停止添加这种食物。

　　第一口辅食应为高铁米粉，待婴儿能够接受米粉后，可逐渐为婴儿添加菜泥、果泥、肉泥、蛋黄等。

　　辅食喂养时间为每次喂奶前，而不是两次喂奶之间，先喂辅食，后喂奶，一次吃饱，杜绝少食多餐。妈妈一定要牢记，不要给婴儿吃太多辅食，1 岁以内的婴儿还是应该以奶为主食，否则，会影响婴儿的生长发育。

　　一旦给婴儿添加辅食，婴儿大便的形状和颜色就会有所变化。吃辅食后，正常婴儿的大便要比吃母乳或奶粉时臭，放屁也有臭味，大便具有一定的形状，稍微掺杂颗粒，呈黄色泥糊状。还有一些婴儿可能接连几天拉稀便，这表明婴儿正在逐渐适应新的食物。一般适应几天后，婴儿大便形状就会恢复正常。如果添加辅食几天后，婴儿大便次数仍很频繁，甚至腹泻，但只要婴儿精神好，不发烧，尿量正常，一般没有什么大问题，此时妈妈要先停喂此种食物。

4. 怎样让婴儿接受辅食？

一些 4~6 个月的婴儿会拒绝食用某种食物。以下方法可使婴儿容易接受辅食。

❶ 母乳是婴儿接受辅食的桥梁。可以将辅食与母乳混合后食用。婴儿吃用母乳调制的辅食时，明显比吃用水调制的辅食多，并有喜欢的表现，如当小匙与婴儿有一定的距离时，婴儿就顺从地张嘴接受喂食。

❷ 让婴儿反复接触某种食物。研究显示，反复接触某种食物，能够提高婴儿对该种食物的接受程度。因此，当婴儿拒绝某种食物时，父母应坚持多次尝试，而不应该就此放弃。

❸ 同时接触不同口味的某种新食物。为了提高配方奶粉喂养儿对新食物的接受程度，可为其提供不同口味的某种新食物。

5. 怎样制作婴儿辅食？

适时添加辅食有助于婴儿正常的生长发育。下面介绍几种辅食的做法，以供家长参考。

❶ 菜泥：取新鲜蔬菜，洗净，用开水焯，切碎，放入研磨碗或辅食机中，制成泥状，放在米粉或其他食物中混合食用。

❷ 果泥：将苹果、香蕉等去皮，用小匙刮成细末，可直接给婴儿喂食。

❸ 菜蛋（或肝、肉）粥：在已煮烂的粥或面片中撒入调好的生鸡蛋（或肝末、肉末），开锅后加入菜泥，做成菜蛋粥（或菜肝粥、菜肉粥）。

❹ 枣泥粥：将枣洗净煮熟，去皮核，压成泥，加入粥中即成。

❺ 鱼粥：将鱼肉去刺后压碎成泥，加入粥中煮熟即成。

6. 制作辅食时有哪些要求？

辅食的烹调制作方法，应采取既能提高食物的色、香、味，增进婴儿食欲，又不使食物中营养素损失的方法。如在给婴儿熬制米粥时，首先，不要将米淘洗过长时间，这样可以防止一部分水溶性维生素流失；其次，熬粥时不要加碱，因为某些维生素遇到碱时就会被破坏掉。为了避免水溶性维生素等其他营养成分随蒸气挥发掉，熬粥时要把锅盖盖严，熬煮好后稍闷片刻再揭盖盛粥。

蔬菜是维生素的重要来源。处理各种蔬菜时，要趁新鲜将蔬菜洗好、切碎，不要放置过久，以防维生素流失。由于肉类、鱼类等动物性食物比蔬菜难消化，在烹调时要烧熟、烧透，但在烧熟、烧透的前提下，又要尽可能地保留其中的营养素。

在制作辅食时，不要放味精、盐等其他调味品。

7. 为什么不能过早、过多地给婴儿添加淀粉类食物?

研究发现，婴儿在3~6个月唾液腺发育完全时，才能分泌足够的淀粉酶以消化淀粉类食物。过早、过多地给婴儿添加淀粉类食物，会导致婴儿消化、吸收不良，不利于婴儿的生长发育。另外，吃过多的淀粉类食物，容易导致蛋白质等营养素摄入不足，形成"泥膏样"虚胖体质，影响生长发育。

8. 婴儿不宜吃哪些食物?

不宜给婴儿吃的食物包括：

❶ 呈颗粒状的食物，如黄豆、花生米、瓜子等，因为这类食物不易被消化，也容易呛入婴儿气管，造成呼吸道梗阻，危及婴儿生命。

❷ 带刺、带壳、未剔骨的食物，如带刺的鱼、带壳的虾，以及带骨头的肉等，都不能让婴儿独自吃。

❸ 含粗纤维的蔬菜，如芹菜、荠菜、金针菜等，应将这些食物切碎后再给婴儿吃，否则婴儿不易消化。洋葱、萝卜、豆类等食物易引起腹胀，婴儿慎食。

❹ 不宜给婴儿吃油炸、甜腻食物，因为这类食物不易被消化，且油炸食物的脂肪含量高，婴儿食用后有饱腹感，易影响食欲。另外，用油炸食物时，高温会破坏食物中的部分营养素，降低食物的营养价值。

❺ 忌让婴儿饮用刺激性的饮料，如酒、咖啡、浓茶等。如果婴儿饮用这些饮料，易不安、兴奋，甚至危及生命。

9. 怎样断奶?

添加辅食就是为以后的断奶做准备，其目的是设法让婴儿习惯母乳以外的食物。

辅食添加顺利,有助于以后的断奶。

婴儿断奶的时间应根据具体情况而定。一般来说,宝宝满1周岁后,辅食吃得好,吃母乳量较少,生长发育正常,可以考虑断奶。

另外,还要帮助宝宝提前做好断奶的心理准备:

❶ 让宝宝除了妈妈之外,有另外的依恋对象,如姥姥、奶奶、保姆等。妈妈可时常在白天离开宝宝一段时间,这样可降低断奶时宝宝"恋奶"及"恋母"的程度,减少吸吮手指、咬被角等断奶引发的行为问题。

❷ 让宝宝学会理解"不"的概念,不要不加选择地满足宝宝的所有要求。这样,宝宝能比较容易地接受断奶这件事。

断奶时孩子要不要与妈妈"隔离",应视具体情况而定。如果辅食吃得好,没有过分"恋奶",断奶时,孩子可不必离开妈妈。

10. 断奶前后怎样给宝宝喂奶粉?

断奶之前,可少量添加一些婴儿配方奶粉,让宝宝适应奶嘴及奶粉的口味,有利于断奶前后饮食的衔接。如果宝宝在断奶前拒绝喝奶粉也没关系,有的宝宝一旦断奶就立即喝奶粉。

最后,由于一些宝宝需要一定的时间才能接受奶粉,因此,妈妈要循

序渐进,耐心引导宝宝。断奶后,要注意宝宝的营养搭配,饮食均衡。

11. 断奶后,如何科学安排宝宝的饮食?

主食以谷类为主。像米粥、面条、米饭、玉米粥等食物都适合宝宝进食。除了主食以外,每天可适当给宝宝添加一些点心,如蛋糕、饼干等。另外,可以把水果切成小块,或者做成果汁、果泥等。

多吃蔬菜。蔬菜的制作要做到软烂,特别是富含纤维的蔬菜,一定要剁碎,方便宝宝咀嚼。饭菜要色、香、味俱全,以提高宝宝的进食兴趣。尽量不要放调味品。宝宝一岁以后可以食用调味品。

少吃多餐。宝宝的胃很小,对热量和营养的需求量却很大。如果宝宝一餐吃得太多,容易造成消化不良,营养吸收不好。所以最好的办法是每天吃5~6餐。

及时补充蛋白质和钙。由于蛋白

质是宝宝生长发育必不可少的物质来源，因此断奶后可以每天给宝宝补充适量的配方奶粉，保障供应充足的蛋白质。此外，还要给宝宝多吃鱼、肉、蛋等。确保食物品种丰富多样，提高宝宝的进食欲望，均衡营养。

12. 什么是过度喂养？

过度喂养是指给予婴儿的能量和其他营养素超过婴儿机体保持代谢稳态的需要。

如果母亲认为孩子吃得多有益健康，就易导致过度喂养。她们会让婴儿尽量多吃，或者把配方奶粉配制得比正常的浓度高。

婴儿具有调节能量摄入的本能，但这种本能更多地体现在母乳喂养上。对于配方奶粉喂养的婴儿，进食的多少基本取决于喂养人对婴儿应摄入奶量的判断。配方奶配制的浓度过高会导致婴儿体内细胞外液呈现高涨状态，细胞内液减少，婴儿随之出现慢性口渴，而慢性口渴又可导致喂奶次数增加，最终导致过度喂养。

13. 过度喂养有哪些害处？

过度喂养易导致消化、吸收不良。过度喂养会加重婴儿消化器官的工作负担，引起消化、吸收不良，主要表现为大量吐奶，容易腹泻，最终导致

婴儿肠道菌群失调。长期如此，婴儿的脾胃可能越来越差。

过度喂养易损伤大脑。为消化过多的食物，有限的血液和氧气聚集到消化道，脑细胞会因此暂时缺血。所以婴儿吃得越多，胃肠道需要的血液越多，脑供血越少，越容易疲劳，损伤大脑。

过度喂养可致肥胖。如果婴儿长期过度进食，摄入过多的蛋白质，容易刺激细胞增殖，最终导致肥胖。

过度喂养可提高婴儿的患病率。过度喂养会提高婴儿患糖尿病、心血管疾病、胃肠道疾病的概率。

14. 怎样进行人工喂养？

母亲由于各种原因不能亲自哺喂婴儿时，如患肝炎、活动性结核病等，就只能用配方奶或其他代乳品来哺喂婴儿，这就是人工喂养。

人工喂养时，首先要选择优质配方奶粉或其他代乳品。配方奶粉或其他代乳品的量和浓度均应根据婴儿的月龄、体重来决定，并根据婴儿食量及时调整，以满足婴儿的营养需求。还应注意喂养时间及方式。

喂奶时母亲可将婴儿抱在膝上，取半卧位，婴儿的头枕于母亲一侧肘部，母亲另一手持奶瓶，一定要使奶嘴充满乳汁，以免婴儿吸入空气。每

次喂完奶后，应将婴儿竖直抱起，拍背，让婴儿打嗝。每次喂奶时间以15~20分钟为宜。奶的温度不宜过高，也不宜过低，以奶汁滴到大人手臂内侧感到不冷也不热为宜。

15. 什么是儿童强化食品？

儿童强化食品是指额外添加了儿童易缺乏的营养素的食品，如高铁、高锌米粉，AD钙奶，等等，有利于婴儿补充易缺乏的营养素。如果有条件，提倡给孩子食用儿童强化食品，但应注意不要重复食用含相同强化成分的食品，也不可过量食用强化食品，以免引起某种营养素过量或中毒。

💮 婴儿的心智培养

1. 婴儿的视觉是怎样发育的？

新生儿的视力极差，只有光感。

满月后，婴儿的眼睛可追随吊在眼前的（20厘米左右的距离）物体。

2~3个月的婴儿双眼可追随活动的物体，视力大约为0.02；3个月的婴儿头、眼协调较好，视野范围扩大。

4~5个月的婴儿能看清自己的手，视力约为0.04；6个月的婴儿可跟随移动的物体转动，并能改变体位以协调视觉。

6~8个月的婴儿双眼可追随较大的玩具，视力接近0.1。9个月的婴儿能较长时间地看活动物体。10~12个月的婴儿双眼可追随较小的玩具。

2. 婴儿的听觉是怎样发育的？

正常足月新生儿的听觉已经发育得相当好了，可分辨不同的声音，但还不像成人那样敏感。

2~3个月的婴儿，能静静地听音乐和大人的说话声，对母亲等其他亲人的声音呈现出愉快的表情。

3~4个月的婴儿能把头转向有声响的一边。父母应经常用小铃铛、小鼓等能发出声响的玩具逗引婴儿发音和发笑，为将来婴儿学习语言打下基础。

5~6个月的婴儿能辨别亲人的声音以及温和或严厉的声调。5~9个月的婴儿可对不同的声音做出不同的反应，如听到优美的轻音乐时，就显得较愉悦；听到较强的噪声时，就表现得过度兴奋或躁动不安。所以，父母要注重为宝宝创建良好的声音环境。

10~12个月的婴儿已经具备很好的声音定位能力，能向发出声音的地方转头，也就是说婴儿有了区分声音方向的本领。

3. 如何促进婴儿感知觉的发育？

感知觉是指人类通过眼睛、鼻子、耳朵等感觉器官，对周围环境中物体的颜色、气味、味道、形状等各种特性的认识。婴儿的知觉发育较晚，在4个月左右时才出现明显的知觉活动，如妈妈用手帕遮住自己的脸，婴儿会用小手拉开手帕找妈妈。6个月时，婴儿有了深度的知觉。7个月的婴儿在爬行时，会避开看上去较危险的地方，即使父母逗引他，他也不肯爬过去，这表明婴儿已经具备深度知觉的分辨能力。因为各种感知觉发育与大脑的发育有密切的关系，所以父母应该及时给予婴儿适当的刺激，锻炼婴儿的各种感觉器官，促进婴儿智力的发展。

首先，为了促进宝宝的视觉发育，父母可为宝宝布置一个舒适的、色彩鲜艳的环境，如在婴儿床周围挂一些红、绿、黄等色彩鲜艳的玩具等，宝宝的衣服、被子等用品也可用不同颜色

的布料制成。婴儿可以通过观察这些物品来刺激视觉发育，促使视觉功能的成熟。

其次，可让婴儿多听一些悦耳的音乐，因悦耳、动听、欢快的音乐可以给婴儿快乐的刺激和满足。有些研究表明：常听音乐的婴儿与不常听音乐的同龄婴儿相比，眼神和表情要机灵得多，动作和语言也发育得较早。但给婴儿听音乐时音量不宜太大，同时音乐的声源不宜离婴儿的耳朵太近，以免损害婴儿的听力。另外，在婴儿4~5个月后，可多让婴儿触摸各种玩具，多与外界接触，多到室外呼吸新鲜空气，沐浴阳光。6个月以上的婴儿可品尝一些味道不同的食物，如酸、甜、苦、咸味，以促进其味觉的发育。

4. 婴儿的情感是怎样发育的？

人不仅仅有视觉、听觉、触觉等感知觉，还有情感，这也是人类与其

他动物的区别所在。那么婴儿的情感是怎样发育的呢？

0~4个月的婴儿用哭声来表达情感。如果看护者能对婴儿的哭声做出及时、正确的反应，如进行哺乳、抱一抱等，会使婴儿停止啼哭，让婴儿对看护者产生强烈的信任感。这个年龄段的婴儿还会有微笑的表情。

4~8个月的婴儿已经能表达多种情感，他们通过大声笑、尖叫、哭泣来表达开心、害怕、痛苦等情绪。有时，婴儿也会以某种动作来表达情感，比如挥手、踢腿等。此年龄段的婴儿开始对看护人产生依恋。

8~12个月的婴儿渐渐有了自我意识，能在镜中认出自己，感情丰富。

5. 智力与语言有什么关系？

语言的发育存在个体差异，男孩可略迟于女孩。研究表明，在正常范围内，说话早晚与智商高低无关。

语言是智力发展的工具，语言发展水平和大脑发育有着直接关系，所以，对婴儿进行语言训练和培养，有助于发展婴儿的智力。在生活中，一些孩子的嘴巴很巧，什么都会说。而有的孩子快两岁了，仍然笨嘴笨舌，要借助许多手势来表达自己的需求。那么，说话晚的孩子智力一定差吗？

在所有说话晚的孩子中，除了个别孩子有病理方面的原因外，大部分是因为家长没有足够重视对孩子语言能力的训练。有的孩子长期由不爱说话的老人抚养，缺乏适宜的外界语言刺激，语言功能的发育滞后。这类孩子的智力并不差。只要父母有耐心，有信心，这类孩子的语言功能会得到良好的发展，其智力也将得到正常发展。反之，若家长不重视对孩子语言能力的训练，也不重视其他方面的早期教育，孩子的智力发育将受到很大的影响。

6. 怎样促进婴儿心理行为的发展？

父母怎样做才有利于婴儿心理行为的发展呢？

首先，必须为婴儿营造良好的家庭环境。父母不仅要为婴儿安排一张舒适的床，一间干净、整洁、通风的居室，还要为婴儿营造和睦、温馨的家庭氛围。父母要经常逗婴儿玩，加深感情，使婴儿经常保持愉快的心情，有助于婴儿心理和个性的发展。一些父母常因为一点儿生活琐事在婴儿面前大声吵架，甚至摔东西，把婴儿吓得哇哇哭。殊不知这些强烈的噪声和不良的刺激会给婴儿心理行为的发展带来严重的影响。

其次，要注意训练婴儿的视听能

力。可以在婴儿的床头上方挂一些能晃动的玩具，如红色的气球、色彩鲜艳的床铃，让婴儿醒来时就能看到，以锻炼婴儿的视力。每天为婴儿播放一些和谐悦耳的轻音乐。或为婴儿提供一些能发出柔和声音的小玩具。经常与婴儿说话，让婴儿习惯听人的语言，并逐渐学会分辨声音，这不仅能训练婴儿的听力，而且能为婴儿语言的发展打下基础。

最后，要与婴儿有良好的互动。父母或其他亲人要多亲近婴儿，亲吻、抚摸、拥抱婴儿，与婴儿玩耍。

7. 怎样促进婴儿动作的发展？

在婴儿的成长过程中，动作的形成和发展对婴儿心理行为的发展起着非常重要的作用，也会促进大脑的发育。

在婴儿喝饱奶后，家长可适当竖抱婴儿，在给婴儿拍嗝的同时让婴儿练习将头竖起。另外，在喂奶间隙，

可以让婴儿练习俯卧抬头。使婴儿俯卧，两臂屈肘于胸前，家长在婴儿头侧逗引婴儿抬头。每次练习俯卧抬头的时间不宜过长。

4个月的婴儿可以练习俯卧抬头90度，并用双臂支撑抬起前胸。家长还可训练婴儿由仰卧到俯卧，拉手协助婴儿坐起和靠坐。

一般来说，6个月的婴儿可以独立坐稳一小会儿。直立跳跃也是6个月的婴儿动作训练的项目之一，方法是：成人取坐位，将婴儿抱起来呈直立姿势，扶着婴儿在成人腿上跳跃。

7~9个月的婴儿在独立坐稳的基础上，练习爬行。家长可在婴儿面前摆放玩具，吸引婴儿努力向前爬。在爬行的基础上，训练婴儿扶物站立，如扶着成人的手或扶着小床、小车、栏杆练习站立，每天数次，每次数分钟。

10~12个月的婴儿可逐渐练习独自站立、坐下及扶栏行走等动作。

8. 为什么婴儿常吃手指、咬东西？

吃手指、咬东西是婴儿后天产生的一种适应性行为。其实婴儿并非想吃到什么，而是从吸吮中得到某种满足。因为这时的婴儿没有形成自我意识，认识不到自己身体的存在，也分不清主体和客体之间的关系，不知道手和脚是自己身体的一部分，所以，婴儿吃手、吃脚，把自己的手、脚当物体来玩，并啃咬其他外界的物体。这一行为是婴儿认识事物的一种积极尝试，家长不必急于阻止。

但婴儿吃手、咬东西的行为很容易使病从口入，很不卫生。父母在护理婴儿时，要经常给婴儿洗手、洗脚，清洗、消毒婴儿的玩具。尽量不要让婴儿把不洁净的手和物体放入口中吸吮。妈妈可多与婴儿逗乐、交谈，引导婴儿玩玩具，以减少婴儿吸吮手指和啃咬东西的次数。随着婴儿年龄的增长，吃手指、咬东西的习惯就会逐渐消失。若孩子长到2~3岁时，仍有吸吮手指、咬东西的习惯，就属于异常行为，应在医生的指导下及时进行矫正。

9. 为什么婴儿爱抓东西、扔东西？

爱抓东西、扔东西是婴儿的正常行为表现，它说明婴儿心理行为的发展进入了一个新的阶段。

3~4个月的婴儿手与眼还不协调，一般不会抓东西；5~6个月的婴儿，抓握动作明显，看见东西时会主动伸手去抓，并能用双手玩弄。在这个时候，婴儿的手成为感知和认识世界的重要器官。家长对婴儿的这一行为不仅不能制止，反而应该为婴儿提供较多的、干净的玩具，让婴儿来抛扔，

发展婴儿的感知能力。婴儿通过这种抓、扔物体的行为，能认识到自己的存在和力量，认识到自己的作用、自己与外界物体之间的关系。这是儿童自我意识形成的重要环节。

10. 婴儿应玩哪些玩具与游戏？

玩具与游戏对婴儿的智力开发具有不可忽视的意义。玩的过程也是婴儿智力和能力不断发展与进步的过程。玩具和游戏是婴儿向社会学习的工具与方法。玩具与游戏的选择一定要根据不同月龄段婴儿发展的特点和需要。

0~3个月的婴儿基本上都躺在床上，这时可为其选择一些彩色布条、红皮球、人的脸谱、床铃等玩具。在游戏方面，家长要多与婴儿交流、拥抱、亲吻等。

可为4~6个月的婴儿选择一些较轻的、柔软的抓握玩具，或能发声的

玩具，如手握的小货郎鼓，能捏响的软塑料玩具，上发条就能启动的小动物、小汽车，不倒翁等，吸引婴儿练习抓握，给婴儿更多的良性视听刺激。在游戏方面，父母要多与婴儿一起玩玩具，如将玩具藏起来，让婴儿寻找，以引发婴儿对外界物体的兴趣。

7~12个月的婴儿，运动能力及手眼协调能力不断增强，这时可给婴儿提供各种可抓握、摆弄的玩具。在游戏方面，可与婴儿共同搭积木、画画、藏猫猫、抛球等，还可以带婴儿到户外的草地上做游戏，以锻炼婴儿的操作能力、模仿能力、交往能力。这样做能够对婴儿心理行为的健康发展起到积极的推动作用。

11. 怎样陪婴儿阅读图书？

早期阅读不仅能增长知识，使婴儿对图书和文字产生兴趣，还能培养婴儿良好的阅读习惯。阅读应是伴随婴儿一生的成长活动。早期的阅读教育，能使婴儿通过多种途径，接收各种信息，形成看、听、读、写的习惯，为今后的学习打下基础，使婴儿终身受益。

应选择适合婴儿的图书。在婴儿眼里，书和其他玩具相比没有什么区别，可以玩耍，可以啃。所以，要选不怕撕、不怕咬，对婴儿而言安全的书，如卡片式的书、布书等。

陪婴儿读书时要以婴儿为中心。婴儿越小，注意力集中的时间就越短。让1岁前的婴儿阅读图书，主要是培养婴儿对书的兴趣，帮助婴儿明白书是什么。要根据婴儿的表现来确定是继续读书还是暂停。如果婴儿能从阅读中得到满足，主动地拍书、抓书或打书，或抓住父母的手指，轻拍或蹭父母的手臂，表明婴儿对阅读有兴趣，这时父母可继续阅读或重复阅读。如果婴儿对阅读不再感兴趣，把目光从书上移开，情绪烦躁，这时父母要及时停止阅读。

只要婴儿有兴趣，什么时候都可以和婴儿一起阅读，哪怕只有短短的几分钟。坚持每天都为婴儿朗读。在光线适宜的环境中，家长用柔和的音调、适中的音量朗读，同时指着书中的文字或图画给婴儿看。

12. 如何训练婴儿手的灵巧性？

训练婴儿手的灵巧性可促进婴儿大脑的发育。

可让 1 个月左右的婴儿握环状玩具玩。可让 2~3 个月的婴儿抓握大人的手指及小玩具，促进其拇指伸展。可让 3~4 个月的婴儿尝试抓、打面前的玩具。可让 5~6 个月的婴儿抓握小块蛋糕、面包等。可让 9~10 个月的婴儿玩转盘、拨号的电话玩具。

训练孩子手指的灵活性时，注意让孩子"左右开弓"，以促进左脑、右脑同时发展。

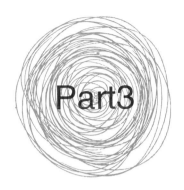

Part3

幼儿篇（1~3岁）

幼儿的特点

1. 幼儿生长发育的一般规律是什么？

小儿生长发育的过程不是杂乱无章的，而是遵循一定的规律。根据生理功能、心理发育等因素，把生长发育的过程人为地分为以下几个阶段：

❶ 胎儿期：从受孕到小儿出生。

❷ 新生儿期：自出生后脐带结扎的一瞬间起至 28 天。

❸ 婴儿期：出生后 28 天到满 1 周岁。

❹ 幼儿期：1~3 岁。

❺ 学龄前期：3~6 岁。

❻ 学龄期：从 6 岁起到青春期（12~13 岁）之前。

❼ 青春期：女孩从 11~12 岁开始到 17~18 岁；男孩从 13~14 岁开始到 18~20 岁。

以上各阶段是按顺序衔接的，是一个连续的过程，任何一阶段的发育出现障碍都会影响后一阶段的发育。

生长发育的一般规律是：由上到下，由近到远，由粗到细，由低级到高级，由简单到复杂。例如宝宝首先会抬头、转头，然后才会翻身、直坐、站立、行走，这就是由上到下的发展规律。再如：新生儿的手只会无意识地乱动。4~5 个月的婴儿可用手有意识地拿东西，但只会用整只手抓。10 个月以上的小儿才能用手指取物。这就是由粗到细的发展规律。

2. 影响幼儿生长发育的因素有哪些？

影响幼儿生长发育的因素有以下几个方面：

❶ 遗传因素

遗传是影响生长发育的重要因素。研究发现，儿童在良好的环境中成长至成年，其身高在很大程度上取决于遗传因素。

❷ 环境因素

虽然生长发育主要受遗传因素的影响，但遗传潜力的发挥则主要取决于环境因素。

★营养：在各种外界因素中，营养对生长发育的影响最大。例如，胎儿营养不良不仅会导致新生儿体重低，脑的生长发育也会受影响。婴幼儿摄取的营养不足，将严重地影响身体的发育，包括体重、身长及各个器官的发育。营养对体重的影响超过对身长的影响，年龄越小，影响越显著。

★疾病：各种疾病都可影响儿童的生长发育。婴幼儿长期患消耗性疾病会严重影响生长发育。甲状腺功能低下、佝偻病、软骨发育不良等均可影响身高的增长，也会影响小儿神经系统的发育。

★其他：某些化学、物理因素也能影响小儿的生长发育。例如孕妇服用"反应停"可引起胎儿发生海豹状畸形。孕妇吸烟、酗酒可使胎儿发育迟缓、畸形。

3. 幼儿的生长发育速度减慢是否正常？

生长发育的速度具有阶段性，年龄越小，身长、体重增长越快。小儿出生以后半年内身长、体重增长最快，体重平均每月增加约 0.6 千克，身长平均每月增长约 2.5 厘米。6~12 个月小儿生长发育速度稍微减慢，体重平均每月增长约 0.5 千克，身长平均每月增长约 1.5 厘米。1 岁以后小儿的生长发育速度继续减慢，到 2 岁时，正常小儿体重可增加至 12 千克，身长达到 85 厘米。2 岁至青春期前，小儿体重平均每年增加约 2 千克，身长平均每年增加 5~7 厘米。从以上数据可以看出，小儿周岁以后，身长、体重增长速度减慢是正常的。

4. 幼儿各系统器官的发育有什么规律？

幼儿各系统器官的生长发育不平衡，其发育顺序遵循一定的规律。如神经系统发育较早，脑在出生后 2 年内发育较快；淋巴系统在儿童期迅速发育，在青春期之前发育达到高峰；生殖系统发育较晚。

5. 幼儿身体的比例与匀称性生长有什么规律？

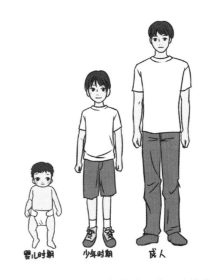

婴儿时期　少年时期　成人

幼儿在生长发育的过程中，身体的比例与匀称性生长遵循一定的规律。

❶头与身长的比例：在胎儿期和

婴幼儿期，小儿的头生长发育较早，而躯干、下肢生长发育较晚，生长时间也较长。头、躯干、下肢长度的比例在生长过程中发生变化，头长占身长的比例，在孕 2 月时为 1/2，刚出生时为 1/4，成人后则为 1/8，如图所示。

❷ 身材匀称：以坐高（头顶与臀部之间长度）与身高（长）的比例来表示，正常婴儿出生时约为 0.67，出生后数值逐渐下降，至 14 岁时约为 0.53。该数值能反映下肢的生长情况。任何影响下肢生长的疾病，如甲状腺功能低下、软骨发育不良等，都可能使坐高与身长的比例停留在幼年状态。

❸ 指距与身长：指距是指两手向两侧平伸时两中指间的距离，正常小儿的指距略小于身高，如果指距大于身高 1~2 厘米，常提示长骨的生长不正常。

6. 正常小儿的平均胸围是多少？

胸围是反映小儿胸廓、胸部肌肉、皮下脂肪及肺部发育程度的重要指标。测量胸围可了解小儿的营养状况。正常的测量方法是从小儿胸前两乳头下缘，经后背两肩胛角下缘绕胸一周的长度。

正常新生儿出生时胸围比头围小 1~2 厘米，平均约 32.4 厘米。胸围的增长同体重、身长增长一样，在出生后第 1 年增长速度最快。

7. 正常小儿在发育过程中有哪些重要标志？

正常小儿在不同年龄阶段应掌握一些技能或应有某些表现，这些技能或表现是小儿发育过程中的重要标志。

新生儿时期：两侧肢体应有相同

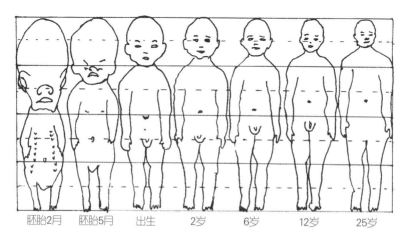

胚胎2月　　胚胎5月　　出生　　　2岁　　　6岁　　　12岁　　　25岁

身体各部比例示意图

的活动能力及活动范围，肢体的动作应该是对称的。

4~6周：会对母亲微笑。

6周：俯卧在床面时，骨盆能放平。

12~16周：头能转向声源，手会握物。

12~24周：仰卧位时，两手经常放在眼前，似乎是在反复端详自己的手指。

20周：能有意识地抓物，并用手拿。

6~7个月：会坐，坐时两手在身体前方支撑着。会咀嚼，能自己吃饼干。会将东西从一只手倒换到另一只手。

9~10个月：拇指可以和其他四个手指相对，可用食指接触物体。会爬，会拍手，做挥手的动作。

12个月：独走，弯腰拾东西。能知道眼前物品的名字，能配合穿衣，用杯喝水。

15个月：走得好，能蹲着玩，能叠一块方木。

18个月：有尿或排尿后，会告诉大人"尿"，能爬台阶，会自己进食。

2岁：能双脚跳，能说2~3个字构成的句子。

3岁：会自己穿衣、会扣扣子（肩部、背部扣子除外），会骑小三轮自行车，能跑。

幼儿护理

1. 如何保护幼儿的乳牙？

一般小儿在出生后的6~7个月开始萌出乳牙，2~2.5岁，乳牙才能全部出齐，共20颗（上牙10颗，下牙10颗）。应怎样保护小儿的乳牙呢？要从小培养孩子的口腔卫生习惯。不要让小儿养成睡觉前或蒙眬状态下喝牛奶、吃糖果、吃饼干的习惯。因为这些食物容易粘在小儿的口腔黏膜和牙面上。小儿在睡觉时唾液分泌减少，口腔内的细菌会使食物残渣发酵、产酸，腐蚀牙齿，形成龋齿。为了预防小儿龋齿，家长要注意小儿的口腔卫生。小儿每次吃完食物后，家长都要给小儿喝一些温白开水，这样可以达到冲洗小儿牙齿和口腔的目的。如果发现小儿的牙齿在颜色、形态等方面有异常变化，要及时请医生检查、治疗。

2. 幼儿患龋齿，怎么办？

龋齿对幼儿健康的不良影响是多方面的。局部危害包括牙列不齐、牙齿发育不良、牙髓炎、慢性根尖周炎等。此外，乳牙龋齿可能成为阻碍生长发育的慢性疾病之一。严重龋齿的儿童可出现贫血、白细胞增多、低热及淋巴结肿大等症状，甚至可引发肾炎、心脏病等自身免疫性疾病。因此，要防治龋齿的发生。

一旦发现小儿患龋齿，就应及时带小儿到医院就诊。对没有形成龋洞的早期龋齿，药物治疗就能达到一定的疗效。对形成龋洞的龋齿，主要的治疗方法是充填，将龋洞中坏的组织清除、消毒以后，用充填材料填补，并恢复牙齿缺损的外形，阻止龋齿的继续发展。

此外，预防新龋齿的发生是非常必要的。小儿应注意饮食卫生，少吃糖果等其他零食，平日多吃蔬菜、鱼、肉、蛋类、奶等食物，多吃粗糙食物，对牙床有按摩作用，增加牙体和牙周组织抵抗力，促进颌骨的正常发育。养成饭后漱口、刷牙的好习惯，有利于减少龋齿的发生。保证摄入足量的钙，定期用氟化物牙膏护齿，做牙齿窝沟封闭，预防龋齿。

3. 怎样为幼儿创造良好的生活环境？

可以从以下几个方面为幼儿创造良好的生活环境。

❶ 居住条件：幼儿居室应阳光充足，室内空气新鲜，室温、湿度适宜。居室内不要放置容易绊倒幼儿的东西。应将一些危险的物品，如刀、剪、针、电源、药物等，放在幼儿够不到的地方，以免发生意外。病人不宜进入幼儿的房间，以防交叉感染。居室内可摆放几盆花，或幼儿喜欢的画及各种玩具，以促进幼儿身心健康成长。

❷ 合适的衣着与被褥：幼儿的衣物以柔软、吸水性强的纯棉制品为佳，不宜用粗糙、发硬的衣料。幼儿的衣着要宽松、舒适，以不影响肢体活动为宜。冬衣要暖，夏衣要凉，并随气候的变化适当增减衣服。季节更替时，增减衣服要循序渐进，不可骤增骤减。幼儿的床要有栏杆，以防坠床。被褥要干净、舒适，与季节相适应。被子不宜太厚，以免幼儿有燥热的感觉。

❸ 经典的早教玩具：1~3 岁的幼儿，随着语言、动作的进一步发展，应选择经典的早教玩具。

促进手的动作发育和开发智力的

玩具包括：可敲打玩具，如小锣、小鼓、小铃等；可拼拆玩具，如积木、塑料拼图等；可以玩沙、玩水的玩具，如水盆、沙盒、小铲、小桶等；能开展模仿游戏的玩具，如玩具小碗、小匙、小床等。幼儿会将生活中的一些事物、活动通过玩玩具反映出来，如给娃娃洗脸、喂饭，用积木搭东西等。

另外，在给幼儿购买玩具时要注意安全性，玩具不宜有尖角。玩具体积不能太小，以免被幼儿吞食或塞入鼻腔、耳道。

❹ 培养有规律的生活习惯：幼儿的生活包括吃饭、睡眠、游戏和学习等内容，应根据幼儿的生理特点，培养幼儿有规律的生活习惯。

1.5 岁以上的幼儿，白天应有一次睡眠，时间长度为 1.5~2 小时，夜间睡眠 10 小时；进食 4~6 次。在培养幼儿的生活习惯时，还要考虑到季节。冬天白天时间短，夜间长，早晚冷，可以适当将幼儿夜间睡眠时间延长 1~2 小时，将午睡时间适当缩短，这样可以让幼儿充分进行户外活动，享受日光浴。夏天早晚凉爽，白天时间长，可适当延长午睡时间。另外，还要参考父母的上班时间，适当调整幼儿作息，使幼儿与父母之间有更多的时间交流感情，促进幼儿的心理发展。

4. 怎样培养幼儿良好的卫生习惯?

幼儿好动，小手东抓西抓，很容易接触各种细菌。要经常给幼儿洗手。2 岁的幼儿手的动作比较灵活，可以让幼儿自己洗手。吃饭前，妈妈应耐心地告诉幼儿，为什么饭前要洗手："因为手摸了许多脏东西，如果在吃饭前不把手洗干净，就会生病。"幼儿一般很容易明白这个道理，会愉快地去洗手。家长应不断督促幼儿，同时要起表率作用，使幼儿持之以恒，养成良好的卫生习惯。

及时为幼儿剪指甲。给幼儿剪指甲时，尽可能用细小的剪刀来剪，剪时注意不要伤及幼儿的皮肉。指甲要剪成圆弧状，不要留角，以防幼儿抓伤自己或他人。

洗澡可以除去皮肤上的污垢，有利于保持皮肤清洁、卫生。给幼儿洗澡时要用温水，室内温度适宜，用刺激性小的婴儿皂或沐浴液，让幼儿爱上洗澡。

在给幼儿洗头、理发时，要技术熟练、动作轻快、态度和蔼，不要让幼儿感到害怕，这样幼儿就养成了勤洗头、理发的好习惯。

5. 为什么幼儿不宜穿开裆裤？

有些家长为减少帮幼儿穿脱裤子的麻烦，给幼儿穿开裆裤。其实，这样做对幼儿并不好，因为1~2岁的幼儿最容易在地上坐、爬，如果幼儿穿开裆裤，常容易碰破、擦伤皮肤，地上的脏东西也容易粘在幼儿屁股上引起感染，如蛔虫病、蛲虫病、尿道感染等。

6. 应为幼儿安排哪些体格锻炼？

适合幼儿的体格锻炼方式主要有以下几种：

❶ 空气浴：空气浴是指将身体裸露在空气中进行锻炼的一种方法。进行空气浴要先室内、后室外，锻炼时间由2~3分钟逐渐延长。幼儿进行空气浴时可以结合体操或游戏。在进行空气浴时，如果发现幼儿出现怕冷现象，应立即让幼儿停止锻炼。若幼儿患病或气候剧变，如遇大风或温度过低，皆不宜进行空气浴。

❷ 日光浴：日光浴是指利用适当的日光照射身体裸露部分。进行日光浴时，应给幼儿戴宽檐草帽，使日光均匀地照射幼儿全身。日光浴宜在上午9~11时进行。开始时可以照射2分钟，以后逐渐延长时间，直至10~15分钟。若发现幼儿出汗过多、精神萎靡、皮肤发红、头晕、心跳加快，应立即停止日光浴。幼儿如果患病，就应暂停日光浴。

❸ 水浴：利用水温和水的机械作用来增强幼儿的体温调节能力，使机体能适应温度变化，不易感染呼吸道疾病。

通常采用冷水盥洗、冷水擦身、冷水冲淋等。冷水盥洗是一种刺激较温和、方法简便的冷水浴，如用冷水洗手、洗脸等。冷水擦身和冷水冲淋的刺激性较强，应在保健医生的指导下进行。

❹ 动作锻炼：可以引导幼儿做各种有益的游戏，还可以在日常生活中锻炼幼儿的全身动作。比如让幼儿自己上下楼；有东西掉在地上，可叫幼儿拾起来交给大人；睡觉时让幼儿自己上下床；外出时，让幼儿自己走一段路；遇到小土坡或石阶时，可以扶着幼儿跳下来；遇到较小的障碍物，可以帮助和鼓励幼儿跨过去。

7. 怎样为幼儿选择玩具？

玩具是进行早期教育的工具。应根据不同年龄儿童的特点来选择玩具。

运动类玩具可培养1~2岁孩子的走、跑、跳、攀登、投掷等能力。1~2岁是发展语言的关键时期。因此，可以为幼儿选择一些图片、画册和形象玩具，如动物、植物、生活用具、交通工具等玩具。家长在和孩子玩游戏时，告诉孩子这些玩具的名称、特征和用途，这样可以提高孩子的认知能力，并为孩子的语言发展创造有利的条件。

2~3岁的幼儿能主动接触和认识物体，初步具备了思维和想象能力。可为幼儿选择拼图、插塑、积木等玩具，这类玩具可发展幼儿的想象力、思维能力和记忆力。由于2~3岁的幼儿愿意模仿成人的动作，故可为幼儿选择生产工具、炊具、日用家具、交通工具等玩具，让幼儿模仿成人劳动，如学成人擦桌子、扫地、开汽车，学售票员售票，学成人给娃娃喂饭等。

为3~4岁的幼儿选择玩具时，应多从发展幼儿对周围世界的认知出发，给他们选择洋娃娃、餐具、家具、小动物、皮球、手推车、三轮车、汽车等玩具，以及各种简单的平面拼图、画册、积木等。

让5~6岁的幼儿玩各种娃娃、动物，以及各种运输工具等玩具，可促使幼儿肌肉系统的发育，使他们的动作更协调、准确和灵活，并在游戏中增长知识、提高智力。可以让这个年龄段的孩子玩简单的电子玩具和乐器玩具，以培养孩子对科学技术、计算和艺术的兴趣。在各种玩具中，娃娃占有重要的位置，因为娃娃不仅是玩具，还是幼儿在游戏中的伙伴，对独生子女而言更是如此。

需要注意的是，幼儿的玩具不应数量太多。国外研究人员的实验结果表明，玩具太多不利于孩子的大脑发育。专家认为，由于幼儿的脑部神经尚未发育健全，如果给幼儿太多的各式各样的玩具，容易使幼儿受到太多的外界刺激，各种兴奋灶就会相互影响，相互制约，从而引起兴奋灶弱化。这样反而会影响幼儿神经系统的发育。过多的玩具会超出幼儿心理发展的需要，从而降低幼儿的兴趣和探索欲望。此外，玩具太多不利于培养幼儿的耐性，不利于注意力的集中。

要为幼儿准备专门放置玩具的抽屉或小柜子。要保持玩具清洁，及时修理损坏的玩具。

8. 为什么说玩具是幼儿的良师益友？

玩具是幼儿的良师益友，它对幼儿的身心健康发育起到极其重要的作用。

❶玩具是游戏的物质基础，有了玩具才能开展游戏。

❷玩玩具能促进幼儿动作、语言、感觉、知觉、注意力、观察力、创造力等的发育。

❸玩玩具、游戏可以培养幼儿团结友爱、爱护公物等良好的品质。

❹玩玩具可以让幼儿获得愉快的情绪和对美的感受力。

9. 幼儿依赖性强，家长应该怎么办？

一般来说，幼儿依赖父母是一种正常现象。但是，如果幼儿时时处处依赖父母，父母就应当引起重视，并努力寻找解决的方法。

有的幼儿依赖性强是由于父母包办、代替过多，怕幼儿累着、碰着，

凡事都替幼儿代劳。这些幼儿的生活自理能力差，缺乏独立性，一旦离开父母的帮助，就事事难成、寸步难行。因此，父母应当增强这类幼儿的生活自理能力，指导幼儿做一些力所能及的事情，如让幼儿自己穿衣服、穿鞋，自己洗小手绢、袜子等。锻炼幼儿养成独立做事的习惯，克服依赖心理。

要让幼儿克服依赖性强的毛病，父母除了让幼儿自己动手，逐渐提高幼儿的生活自理能力以外，还要教会幼儿自己做决定。鼓励幼儿凡事多动脑筋，有自己的主张。锻炼幼儿的心理承受力。因为心理承受力差的幼儿更容易依赖父母。

10. 家长应怎样对待生病的幼儿？

当孩子生病时，家长悉心照料孩子是情理之中的事。但是，这种关心和照顾必须掌握一个度，千万不能对

孩子百依百顺、有求必应。否则，一些孩子就会敏感地观察到家长的这些变化，尝到生病带来的"甜头"，于是趁机提出许多无理的要求。如果家长不接受，孩子就大哭大闹、乱发脾气。家长担心哭闹会加重孩子的病情，只好无奈地答应孩子提出的种种要求。这样一来，一些孩子就会在生病期间养成许多不良习惯，变得任性、脾气暴躁、蛮横无理、自私霸道。有些孩子甚至用装病或故意延长生病时间的手段，以便获取家长更多的关注和特殊待遇。

为了避免以上情况的发生，在孩子生病期间，家长除了在生活上给予孩子尽心尽力的照料外，在教育原则上一定要与平日保持一致。对于孩子合理的要求，家长可以满足；对于孩子不合理的要求，家长坚决予以拒绝。孩子体会到家长的要求与平时一样严格，没有什么特殊，无机可乘，就会自觉地放弃无理的要求，也不会用哭闹、发脾气等手段要挟家长，更不会故意装病。家长还可以用讲故事等方法帮助孩子克服消极情绪，鼓励孩子勇敢地与疾病做斗争，早日战胜疾病。

只要家长在孩子生病时，坚持科学的教养原则，讲究教养艺术，就会有效地避免孩子养成坏习惯，促进孩子尽快康复。

11. 孩子说话晚，家长应该怎么办？

有的孩子一岁半还不会叫爸爸、妈妈，三岁的孩子仍然词不达意，说话明显晚于其他儿童，我们把这种表现称为语言发育延迟。

语言发育延迟除表现出语言发育落后外，还可伴有发音、语言质量以及交流等方面的异常。这些儿童在交往中常有如下表现：①用手势和一些无意义的声音表达意思。②用简单的字或词表达意思。③用简单的不完整的句子表达意思，像年龄较小的儿童一样。

首先，语言发育延迟的儿童，需要进行对因治疗。由舌系带过短、唇腭裂引起的语言发育延迟的儿童要进行畸形矫正治疗。由听力损害引起的语言发育延迟者要改善听力。由环境不良造成的语言发育延迟者要纠正不良的语言环境。

其次，可以进行语言训练。如让儿童倾听环境中的各种声音，在听音的基础上，模仿简单的发音，听声音指物，指物说名称，学习简单的口语对话，学习念儿歌、诵读诗歌等。

**最后，家长不能操之过急，不能对孩子提出过高的要求，应该根据孩子的水平量力而行、循序渐进。对于孩子语言上的进步，家长要及时鼓励、表扬。家长要经常与孩子聊天，给孩子讲故事，丰富孩子的语言。教孩子用语言表达自己的要求和感受，不让孩子用手势或眼神表达自己的诉求。创造和谐美满的家庭环境，语言文明，让孩子在良好的语言环境中健康成长。

12. 孩子吸吮手指，家长应该怎么办？

正常婴儿一般都有吸吮手指的行为，特别是在长牙的时候，这是正常现象。等儿童到了2~3岁以后，这种吸吮手指的现象就会自然消失。如果过了这一年龄段，孩子仍然经常吸吮手指，则属于不良习惯。

是什么原因导致儿童经常吸吮手指呢？原因如下：

❶爱的需求得不到满足。父母工作太忙，或对孩子要求过于严厉，家庭成员关系紧张等，使孩子得不到充分的爱抚和关注，尤其会使孩子缺乏母爱。

❷缺少同龄伙伴。现在的孩子多是独生子女，住在单元式的房子里，和同龄伙伴交往的机会少，经常一个人在家里看电视、玩玩具。感到孤独、寂寞、无聊时，孩子就不自觉地吸吮手指，久而久之便养成了习惯。

❸适应困难。不适应新环境，或长期处在紧张、焦虑的状态下，孩子也易产生吸吮手指的行为。

❹模仿。有的儿童是在模仿其他小伙伴吸吮手指的动作。

❺教育不当。当孩子出现吸吮手指的毛病时，家长没有及时采取合适的教育方式。

❻其他原因。儿童在饥饿、疼痛、身体不适时，通过吸吮手指来分散注意力，获得快感。如果饥饿、疾病等不良情境经常出现，就会使吸吮手指成为习惯性动作。

一些儿童几乎整天把手指放在嘴里吸吮，睡觉时也吸吮手指，甚至不吸吮手指就睡不着。通常固定吸吮某一个手指，使该手指水肿、变细、变尖。长期吸吮手指，可使牙列不整齐、牙齿闭合不良等，并易感染疾病。吸吮手指不仅影响儿童身体健康，同时也是儿童内心紧张、压抑、忧虑、自卑的情绪表现。因此，必须及早预防和矫治吸吮手指的行为。

怎样纠正孩子吸吮手指的行为？

❶ **满足孩子对爱的需求。**家长经常与孩子进行肌肤接触、情感交流，与孩子一起游戏、玩耍，睡前给孩子讲故事、亲吻孩子，使孩子平静地入睡，给孩子安全感、幸福感和满足感。

❷ **增加与同伴的交往机会。**让孩子有机会与同伴一起玩乐，给孩子一些有趣的玩具，培养孩子对游戏的兴趣。

❸ **进行负性活动练习。**让孩子不停地吸吮手指，直到孩子感到不舒服，促使其改掉这一顽习。

❹ **采用厌恶疗法。**在孩子常吸吮的指头上涂些味道苦涩、无毒性的药物，使孩子在吸吮时感到苦涩而将手指缩回，从而减少或消除这种不良习惯。

❺ **进行正确的教育与强化。**在对孩子的行为进行矫正时，家长切忌呵斥、打骂孩子。当孩子在矫正过程中取得进步时，家长要及时表扬、鼓励孩子。

13. 孩子咬指甲，家长应该怎么办？

咬指甲是指儿童反复啃指甲或甲周皮肤。男女均可发生这一行为。咬指甲一般与吮吸手指同时存在，但二者有区别。孩子吮吸手指时一般不慌不忙、从容不迫，而咬手指甲时动作较快，显得有些神经质。另外，吮吸手指一般在睡前、寂寞无聊时发生，而咬指甲则是在十分紧张，比如遭到严厉训斥或在众人面前不安时出现。因为咬指甲有缓和情绪的作用，所以这种行为会经常反复出现，久而久之便形成习惯。

那么，儿童咬指甲的原因又有哪些呢？

缺乏爱抚或受到心理创伤。儿童不被人关注，缺乏情感交流、肌肤接触，或在寂寞、无聊、饥饿、焦虑不安、身体疼痛时，会通过咬指甲来得到一定的满足。儿童经常咬指甲，便养成了顽固性习惯。

存在不适当的教育因素或环境因素。父母对孩子管教过严，经常打骂、责备孩子，或父母双方教育观念不一致，使孩子无所适从；纠正不及时，使咬指甲的行为形成习惯；一些孩子模仿别人的行为。

那么家长又该如何帮助孩子矫正这种行为呢？

❶ 找到并消除让孩子紧张的因素。调节好孩子的情绪，给孩子创造一个充满乐趣的环境。良好的生活习惯、充足的户外活动时间、有趣的游戏以及和谐的亲子关系是根治不良行为的重要措施。

❷ 用语言诱导。告诉孩子，咬指甲会使手指变得很难看，手指会发炎，会把细菌或虫卵吃到肚子里，造成肠炎或肠道寄生虫病。当孩子咬指甲时，家长要及时提醒、督促。

❸ 奖罚分明。如果孩子在一定时间内没有出现咬指甲的行为或出现的次数有所减少，那么家长应及时表扬、奖励孩子；反之，则适当处罚。

❹ 转移注意力。让孩子多动手，将孩子的注意力转移到其他方面，使孩子有事可做。

❺ 采用厌恶疗法。在儿童手指上涂苦味剂，如黄连水等。

❻ 求助心理医生。如果孩子经过上述方法矫正，依然无效时，家长需要求助心理医生。

14. 孩子不按时睡觉，家长应该怎么办？

充足的睡眠是保证孩子健康成长的条件之一。体内的生长激素在孩子睡觉的时候分泌较多，它能促进孩子全身各组织特别是骨骼的生长。可是

许多孩子不肯按时上床睡觉。面对这一情况，家长应该怎样让孩子按时睡觉呢？

❶ 规定睡觉时间。不要轻易更改孩子上床睡觉的时间。那些总对孩子让步的父母，总是遇到孩子不按时睡觉的麻烦。

❷ 让孩子获得安全感。孩子在熟悉的环境中会感到安心。他们喜欢在某种固定的程序或物品中获得安全感。

❸ 睡前不要做剧烈活动。打闹或剧烈的游戏会使孩子的神经过于兴奋，影响孩子入睡。要提前半小时让孩子安静下来。睡觉的环境应温馨、舒适，温度适宜。

❹ 适当奖励。家长在培养孩子按时睡觉的好习惯时，有必要及时给予孩子奖励。

❺ 做好睡前的清洁卫生。刷牙、洗脸、洗脚有助于睡眠。

15. 孩子为什么会失眠？

轻度失眠的主要表现是入睡困难。孩子入睡困难的常见原因是精力旺盛。孩子喜欢跑跳追逐，以促进生长发育和消耗旺盛的精力。消耗了体力，才能进入困倦状态，才能睡得着、睡得香。一些孩子活动少，旺盛的精力得不到消耗，于是到了晚上，迟迟不能入睡。有的孩子在睡前过于兴奋，如看了使人兴奋的电视节目，或听了使人兴奋的故事，或做了令人紧张、兴奋的游戏等，导致难以入睡。睡眠环境差，如灯光过强，室内有人活动、说话等，也会使孩子难以入睡。

孩子经常入睡困难，常是由没有养成规律的睡眠习惯造成的。家长应逐渐帮孩子养成规律睡眠的习惯。

当孩子出现失眠症状后，除了尽快消除环境嘈杂等不良因素以外，家长还应在睡前用温水给孩子洗脸、泡脚，给孩子讲一些轻松、愉快的故事，或听一些轻松的音乐，让孩子在睡前半小时内安静下来，以促进孩子入睡。

🌑 幼儿营养与饮食

1. 幼儿每天的营养需要量是多少？

到了幼儿期，孩子的活动范围日益扩大，活动量剧增。所以孩子需要补充足够的热能及各种营养素来满足自己生长发育的需要。

那么，幼儿每天的营养需要量应该是多少呢？

根据人体对营养物质的需求，3岁幼儿每天应摄入总热量约1200千卡，蛋白质约30克，脂肪占摄入总热量的35%，碳水化合物约占摄入总热量的60%，1~3岁幼儿每日需钙600毫克，铁9毫克，维生素A约1000国际单位。将上述营养要求折合成具体食物，一般是：主食（米饭、馒头等）100~200克，鱼、肉、蛋类食品大约100克，菜类及水果150~300克。由于奶制品中含有较丰富的营养物质，且味道鲜美，故可在正餐外，加250~500毫升奶。若小儿生长速度较快，身高超过一般小儿，那么就要相对提高其营养补充量，以满足其生长发育的需要。

由于幼儿的胃容量较小，消化能力较弱，而各种营养物质的需要量又相对成人多，因此幼儿需要少量多次进餐。一般每日需安排"3餐1点"，于晚间睡前1~2小时加1次配方奶或牛奶，以保证幼儿每日的营养需求。

2. 幼儿需要常吃哪些食物？

提供热能的主要食物还是谷类。1~3岁的幼儿已经可以消化、吸收谷类，因此幼儿可以吃米饭、馒头等主食。带馅的包子、饺子、馄饨等食物也比较受幼儿欢迎。幼儿应避免吃油炸类食品。海产品、奶制品、肉类、蛋类等能够提供较优质的蛋白质、脂溶性维生素及微量元素。尤其是鸡蛋，营养价值高，易于消化，是幼儿首选的副食品。豆制品是我国的传统食品，营养丰富，是优质蛋白质的来源之一。

蔬菜富含维生素和无机盐，尤其是橙色或绿色蔬菜，如小白菜、冬瓜、胡萝卜等都具有较高的营养价值。水果（如西瓜、苹果、橘子、香蕉、葡萄、枣）和干果不仅营养价值高，且很受幼儿欢迎。

有些幼儿极喜爱吃糖或巧克力，这是不可取的。巧克力的主要成分是糖和脂肪。脂肪在胃内停留时间较长，可使幼儿产生饱腹感，进而影响食欲，妨碍正常进食，久而久之会使幼儿的生长发育受到一定的影响。

3. 烹调幼儿食物时应注意什么?

食物烹调制作的方法应适应幼儿的生理特点，这样才有利于食物的消化及营养的吸收，有利于幼儿的生长发育。那么，怎样才能做到合理烹调食物呢?

❶要注意小和巧。无论是做馒头，还是做包子，一定要做得小巧。因为幼儿食量比成人小，如果做得馒头大，幼儿势必吃不完，小一些就可减少剩食的问题。巧，就是让幼儿好奇，引起食欲。米饭要做得烂、软，粗粮要做成糊状，以适应幼儿的咀嚼能力。蔬菜和肉类要切成细丝、小片、小丁，以防幼儿嚼不烂就咽下，造成恶心、呕吐。鱼类要去刺、去骨，谨防鱼刺卡在幼儿喉咙处。不宜给幼儿进食油炸、刺激性大或粗纤维较多的食物。

❷注意食物的色、香、味。色，即蔬菜、肉类的本色或调料的色彩，如做腐乳烧肉时，腐乳会使肉变成红色；不加调料时，应尽量保持食物的本色。香，即在保持食物本身的香味基础上，再加上调料的作用，使鱼、肉、蛋、菜各具其香。味，幼儿喜欢美味、可口的菜肴，如糖醋、红烧的菜肴等。

❸保存营养素。烹制新鲜蔬菜时应急火快炒，少放盐，尽量避免维生素 C 被破坏。蛋类要热食，有利于蛋

白质的消化和营养素的吸收。对富含脂溶性维生素的蔬菜，炒时应适量多放油，如炒胡萝卜比生吃胡萝卜更能提高对胡萝卜素的吸收率。

4. 如何安排幼儿的饮食？

幼儿期是宝宝生长发育的关键时期。膳食营养一定要平衡，比例要合适，要合理安排吃饭的时间和进餐的次数。下面是2~3岁幼儿的食谱表，可酌情参考：

方案一：

早餐：大米粥，鸡蛋面饼。

午餐：软米饭，肉末炒胡萝卜，虾皮紫菜汤。

加餐：奶，饼干。

晚餐：肉末碎青菜面。

方案二：

早餐：玉米面粥，小烧饼，蒸蛋羹。

午餐：软米饭，红烧鱼，炒青菜，西红柿鸡蛋汤。

加餐：豆浆，饼干。

晚餐：馒头，炒绿豆芽，青菜肉丸汤。

方案三：

早餐：奶，面包夹果酱。

午餐：豆沙包，小米粥，猪肝炒黄瓜。

加餐：水果，小蛋糕。

晚餐：软米饭，油菜炒香菇，海米冬瓜汤。

5. 如何培养幼儿良好的进食习惯？

一些幼儿不好好吃饭，甚至需要家长端着饭碗到处追着喂。造成这种情况的一个主要原因就是幼儿没有养成良好的饮食习惯。那么，如何培养幼儿良好的进餐习惯呢？

❶ 适时训练幼儿自己使用杯、勺、筷子。

❷ 做好饭前准备工作，如上厕所、洗手。不要让幼儿边吃边玩，为幼儿营造安静、愉悦的进餐环境。

❸ 饮食要定时、定量，每日除3餐外，可有2次加餐，不要随意给幼儿糖果、冷饮等零食。

❹ 每次不要给幼儿太多食物，吃完后再添，避免幼儿养成剩饭菜的不良习惯。幼儿模仿性强，吃饭时成人要做好榜样，不要在幼儿面前谈论某种食物的优劣，以免让幼儿养成挑剔饭菜的不良习惯。

❺ 不要在吃饭前或吃饭时责备孩子。如果孩子过了进食时间（一般每次进食时间为20~30分钟）还没有吃完饭，经家长多次耐心劝导后，孩子还是故意拖延吃饭时间，此时家长可将饭菜拿走。不要因为孩子这顿没吃饱，就给孩子吃零食，否则会让孩子养成不好好吃正餐，专吃零食的坏习惯。

6. 如何提高幼儿的食欲?

目前,幼儿偏食、挑食、厌食的情况较为普遍。长期下去,这样势必影响幼儿的正常生长发育。那么,家长怎样做才能提高幼儿的食欲呢?

❶ 不要在幼儿面前谈论哪种食物好吃,哪种食物不好吃。家长应当着孩子的面,大口大口地吃孩子平时不爱吃的食物,给孩子起到表率的作用。

❷ 创造良好的饮食环境。可让孩子与家人一起吃饭,或者与食欲好的孩子一起吃饭,并鼓励孩子向其他孩子学习。

❸ 改善烹调方法,注意食物的色、香、味、形,常变换花样,注意食物的多样化。

❹ 控制两餐间零食的量及加餐的数量。

❺ 多带孩子外出游玩,增加孩子的户外活动量,让孩子有饥饿感,这样孩子吃起饭来会格外香甜。

❻ 补充铁、锌等微量元素,并可采用中医疗法提高孩子的食欲。

7. 幼儿与成人的营养需求有什么不同?

幼儿的生长发育速度迅速,对各种营养物质的需求量较多,而消化功能尚未成熟,消化、吸收能力差。幼儿与成人营养需求的不同之处是既要满足幼儿生长发育的需要,又要适应幼儿的消化能力。

8. 幼儿的能量需求有什么特点?

幼儿的能量需求包括五个方面,即基础代谢、生长发育、运动、食物的特殊动力、排泄所丢失的热量。

❶ 基础代谢:小儿基础代谢旺盛。年龄越小,基础代谢越旺盛,所需的热量越高。

❷ 生长发育:生长发育也需要热量。

❸ 运动:活动量大的幼儿需要的热量多些,活动量小的幼儿需要的热量少些。

❹ 食物的特殊动力:是指摄食后,食物经胃肠道消化、吸收、转运所需要的热量。年龄越小,食物的特殊动力需要的热量越多。

❺ 排泄所丢失的热量:人们解大小便时都会丢失热量。

9. 蛋白质有什么作用?

蛋白质的作用是维持生命的基础,修补新生组织,促进生长发育,调节生理功能,供给能量。幼儿对蛋白质的需要量较成人多。

各年龄组小儿每日所需蛋白质的量为:0~6个月9克,7~12个月20克,

1~2岁25克，3~5岁30克，6岁35克，7~8岁40克，9岁45克。蛋白质的来源主要有动物蛋白，如鸡、鸭、鱼、肉、奶类；植物蛋白，如大豆等各种豆制品。

10. 脂肪有什么作用？

脂肪的主要功能是供给机体能量，维持机体的各种机能。幼儿对脂肪的需要量占每天所需总热量的25%~35%，每天每千克体重需要4~6克脂肪。脂肪补充不能过多或过少，过多易导致幼儿腹泻、胃口不佳、食欲缺乏、消化不良；过少可影响幼儿生长发育，使幼儿体重减轻、消瘦、皮肤干燥、感染等。

11. 植物油与动物油有什么不同？

一般认为植物油的营养价值比动物油高，因为植物油中必需脂肪酸的含量高，而必需脂肪酸不能在身体内合成，只能从食物中摄取；必需脂肪酸的熔点低，常温下呈液态，容易被消化、吸收。植物油中脂溶性维生素的含量较低。动物油以饱和脂肪酸为主，含胆固醇较高，脂溶性维生素的含量较高。

12. 糖具有什么作用？

糖（碳水化合物）的主要作用是供给机体能量，是机体能量的主要来源，可以促进生长发育，是人体主要器官（如心、脑、肝）的养料，还可以帮助脂肪充分氧化。幼儿每日对糖的需要量占每天所需总热量的50%~65%。糖主要来源于乳类、谷类、水果等。

13. 为什么不宜吃过多的甜食？

吃过多的甜食可使体重迅速增长，日久可致肌肉松弛、面色苍白、虚胖，呈泥膏型体质。

另外，经常吃甜食，易使血糖浓度一直处于高水平，缺乏饥饿感，影响其他食物的摄入，时间长了会造成营养不均衡。

吃过多的甜食可引起肥胖，成年后易患高血压、糖尿病、冠心病等。

甜食中的糖过多，容易在口腔中滞留，被细菌发酵产酸后，腐蚀牙齿的珐琅质，引起龋齿。

14. 维生素有什么作用?

维生素是维持人体正常生理功能所必需的一类营养素,它既不是构成身体组织的原料,也不是能量的来源,而是调节人体新陈代谢的重要物质。因为维生素在人体内不能被合成或合成的数量不足,所以尽管人体对维生素的需要量很少,也必须经常从食物中摄取维生素。那么维生素的摄入量是不是越多越好呢?答案是否定的。因为有些维生素(脂溶性维生素,如维生素 A、维生素 D 等)在体内蓄积过多可产生有害的影响,甚至导致人体出现中毒症状,所以千万不能过量服用这类维生素。

15. 维生素A有什么作用?

维生素 A 的作用是在视网膜上的杆体细胞中与视蛋白结合成视紫质和视蓝质,这两种物质是人在暗光中视物所必需的。维生素 A 还可维持上皮组织的完整,增加皮肤黏膜的抵抗力。

缺乏维生素 A 可引起夜盲症。此病的症状是人在黑暗中看不清东西。维生素 A 主要来源于动物肝脏、牛奶、奶油、蛋黄等动物性食品中,还存在于绿色蔬菜和黄色水果中。

16. 过量摄入维生素A有什么害处?

过量摄入维生素 A 会引起中毒。

❶ 急性中毒:成人摄入过量维生素 A 可引起中毒,主要有头痛、呕吐、烦躁、嗜睡等症状。小儿维生素 A 急性中毒时,有前囟隆起、头围增大、视神经乳头水肿等症状。

❷ 慢性中毒:长期摄入过量维生素 A 可引起慢性中毒。中毒症状轻重与摄入量多少不成正比,其临床表现有:皮肤粗糙、瘙痒、脱屑,毛发干枯易脱落,口唇破裂易出血。指甲易碎,甚至出现颅内压升高。儿童可有厌食,体重不增加,骨头肿胀、疼痛等症状。

17. 维生素B₁有什么作用?

维生素 B_1,又称硫胺素,它的主要作用是参与人体中碳水化合物的代谢。人体缺乏维生素 B_1 时,容易导致消化不良,气色不佳,手脚不灵活,多发性神经炎。富含维生素 B_1 的食物有谷类、坚果、豆类、动物内脏、瘦肉等。如果长期吃精大米或精白面,很少吃其他食物的话,就可能引起维生素 B_1 缺乏。因此,幼儿的饮食应注意粗细搭配(粗粮和精米搭配),不要常吃精米、精面。另外,不要过分浸泡、淘洗大米,采用蒸或煮的烹调方法,都有助于减少对维生素 B_1 的破坏。

18.维生素C有什么作用？

维生素 C 参与人体内的多种代谢过程，包括细胞、组织的形成和修复；保持牙龈健康，强壮血管，控制感染，促进伤口愈合；增强人体免疫系统的功能，抵御病毒的侵袭；促进吸收食物中的铁和钙。

19.维生素D有什么作用？

维生素 D 能促进钙、磷的吸收，促进牙齿和骨骼的发育，防止佝偻病的发生。维生素 D 不仅与人体对钙的吸收利用和骨骼健康有关，还与部分肿瘤、糖尿病、高血压等疾病有关。

维生素 D 可经阳光照射，由人体自身合成。所以幼儿要适当晒太阳，以促进自身合成维生素 D。维生素 D 还可来自动物性食物，如动物肝脏，尤其是从深海鱼肝中提炼的鱼肝油。蛋黄、奶、酵母和干香菇中也含有少量的维生素 D。

20.维生素E有什么作用？

维生素 E 具有抗氧化功能。儿童缺乏维生素 E，可能会造成肌肉薄弱、视网膜病变、溶血性贫血、神经退行性病变、小脑共济性失调等。早产儿更应该注意补充维生素 E。维生素 E 广泛存在于植物油、小麦胚芽、坚果、豆类及其他谷类。肉类、鱼类、水果及蔬菜中维生素 E 的含量较少。维生素 E 不稳定，在储存及烹调过程中均会有损失。每天食用的烹调用油和坚果基本就可以满足幼儿对维生素 E 的需求。

21.锌有什么作用？

锌是维持人体健康所必需的微量元素，它参与人体的各种生命活动。由锌构成的各种酶，在参与能量代谢及抗氧化的过程中发挥着重要作用。

如果处于生长发育期的儿童、青少年缺锌，易导致发育不良。锌缺乏严重时，将会使儿童智力受损。

缺锌易导致味觉失常，出现厌食、偏食，甚至异食癖。一般缺锌的孩子会出现咬玩具、衣襟、书本、指甲等物品的情况，但极少吞食。有的孩子吞食异物并形成习惯后，即形成异食癖。如果不让其吞食异物，孩子就会情绪忧郁，焦躁不安。

锌元素是胸腺发育的必需营养素。只有锌充足才能有效保证胸腺发育，正常分化 T 细胞，促进机体的免疫功能。

缺锌易使性成熟推迟，性器官发育不全，日后第二性征发育不全，女性月经不正常或停止。

锌对眼睛有益。人体对维生素 A 的吸收离不开锌的作用。维生素 A 平时储存在肝脏中，当人体需要时，它就由肝脏转移到血液中，这个过程是靠锌来完成"动员"工作的。

缺锌可影响皮肤健康，使皮肤出现粗糙、干燥等现象。缺锌还会导致伤口愈合速度变慢，容易发生感染。

锌是维持脑功能正常所必需的微量元素。人的神经活动受各种递质的调节，许多递质与锌有关。

22. 铁有什么作用？

在人体内，铁的作用可不小，它是制造血红蛋白不可缺少的原料，堪称"造血功臣"。缺铁容易导致细胞免疫功能缺陷，宝宝抵抗力差，容易生病；影响组织、器官功能，易使宝宝食欲降低；稍一运动就会呼吸急促、心跳加速，甚至诱发贫血性心力衰竭；身体摄氧能力下降，造成脑组织缺氧，易疲劳、注意力不集中、记忆力减退、烦躁不安，对周围环境不感兴趣。

富含铁的食物主要有红肉及动物肝脏，比如牛肉、羊肉、猪肉，猪肝、牛肝、鸡肝等。绿叶菜中也含有铁元素，比如菠菜、紫菜等。

23. 铜有什么作用？

铜可参与机体的氧化还原过程；与组织的呼吸、铁的利用有关；与红细胞的生成及皮肤、毛发的正常色泽有关。缺铜能引起贫血、中性粒细胞减少、骨质疏松、生长发育缓慢等。缺铜的原因主要有铜供应不足、吸收障碍。含铜的食物有动物肝、肉、鱼、核桃、黄豆等。

24. 碘有什么作用？

碘的作用是参与合成甲状腺素。甲状腺素能加速细胞内的氧化过程，使人的基础代谢率提高；促进蛋白质的合成和肠道对糖的吸收；促进脂肪的分解利用；促进骨细胞、软骨细胞的分化发育；促进钙、磷在骨中沉积；增加心肌收缩力及肠蠕动。

碘缺乏易影响幼儿的生长发育，导致幼儿长骨发育障碍，身材矮小，智力低下，所以缺碘的幼儿易患呆小症。碘缺乏的人易得单纯性甲状腺肿大，即通常所说的"大脖子病"。为了孩子的健康，家长一定要注意给孩子补充碘。

含碘丰富的食物主要有海藻类，例如海带、紫菜等。

25. 什么是牛奶过敏？

牛奶过敏是指个别人喝牛奶以后会出现较严重的过敏反应，如严重的湿疹、荨麻疹、腹泻等，甚至过敏性休克。因为牛奶中含有的异体蛋白，可引发过敏反应。遇到这类情况，应停止喝牛奶，换用其他代乳品，如专为过敏体质幼儿准备的配方奶粉等。

26. 什么是平衡膳食？

所谓平衡膳食是指根据不同年龄段的生理需要，对各类食物进行合理的调配，力求使各种营养素的供给满足机体的需求，并符合适当的比例，不致发生某些营养素过多或过少的情况，也就是指膳食的搭配要满足和适合人体对各种营养素的需要。

27. 怎样给幼儿加餐？

幼儿的乳牙已陆续萌出，消化功能也日趋成熟，但咀嚼能力及消化吸收能力仍较弱。所以幼儿的饮食仍不能同成人的饮食完全一样，应有其特性。幼儿饮食正从以乳类为主逐渐转变为以谷物为主，加上鱼、肉、蔬菜等。由于幼儿的活动量逐渐增大，生长发育快，因此一日三餐不能满足幼儿需要，必须在三餐之间加两次餐。加餐的量不必太大，但食物要精一些，

可以在上午加配方奶，下午加水果、饼干、蛋糕等，食物品种可以多样化。

28. 孩子为什么不爱吃饭？

孩子为什么不爱吃饭呢？家长应了解一下孩子不爱吃饭的原因。先请医生仔细检查一下，看孩子是否患有慢性疾病，例如肝炎、结核病、肠道寄生虫病等。排除疾病的因素，就应从以下方面寻找原因：

❶孩子有不良的饮食习惯，不能按时、定量进餐，吃过多零食。孩子的胃容量是有限的。若孩子不断地吃零食，胃总是不能完全排空，总处于半充盈状态，孩子总没有饥饿感，也就没有食欲。即使强迫孩子吃饭，也只能事与愿违，甚至形成恶性循环，让孩子更加不爱吃饭。因此，家长一定要注意，在餐前不能给孩子吃太多零食。

❷微量元素缺乏也可引起孩子厌食、偏食，不爱吃饭。缺锌可引起孩子厌食，缺铁也会导致孩子食欲缺乏。

❸孩子在室外活动的时间少。有

些孩子一天不出门，或一出门就被抱着或坐车，这使孩子的活动量很小。孩子的活动量小，食物消耗就少，孩子没有饥饿感，吃起饭来也不会觉得香甜。

29. 幼儿不爱吃青菜，家长应该怎么办？

幼儿不爱吃青菜，尤其是含维生素较多的绿叶菜，如油菜、芹菜等，家长应该怎么办？

幼儿不爱吃青菜，是因为青菜不易被嚼烂，再加上烹调后味道不佳，就很难引起幼儿的食欲。所以家长要考虑到幼儿的口腔咀嚼习惯及胃肠道消化、吸收功能的特点，为幼儿精心准备膳食。蔬菜要切成细丝、小片、小丁，以防幼儿嚼不烂。烹调时，急火快炒，注意保持蔬菜的色、香、味，引起幼儿的食欲，使幼儿愿意吃蔬菜。

有的家长问：孩子爱吃水果，水果能否取代蔬菜？答案是否定的。蔬菜中所含的微量元素、维生素，尤其是丰富的纤维素，是一些水果不能取代的。所以，家长务必采用多种办法，激发孩子吃蔬菜的兴趣，使孩子养成良好的饮食习惯。

30. 如何补充DHA？

DHA，二十二碳六烯酸，是一种不饱和脂肪酸。人体自身不能合成DHA，必须从外界获取。DHA是大脑和视网膜的重要组成成分，它的主要作用是促进大脑和视力的发育。

虽然DHA对人体的作用很大，但是并非多多益善！因为人体对于DHA的需求量特别少。如果长期、大量补充DHA，还会增加肾脏的代谢负担，反而不利于健康。

纯母乳喂养的宝宝不需要额外补充DHA。建议提供母乳的妈妈保证足够的DHA摄入量。纯奶粉喂养的宝宝也基本不需要额外补充DHA，因为配方奶粉中含有强化的DHA，宝宝能摄入充足的DHA。宝宝开始添加辅食后，可以通过调整膳食补充DHA。富含DHA的食物有鱼类、藻类、贝类、蛋黄等。若宝宝吃不到富含DHA的食物，再考虑DHA的补充剂。

31. 蛋类有哪些营养价值？

可供食用的蛋类有鸡蛋、鸭蛋、鹅蛋、鸽子蛋等，经常食用的是鸡蛋。蛋类的结构基本相似，营养成分大致相同。鸡蛋是优质蛋白质的来源，其蛋白质含量为13%左右，脂肪含量约10%~15%，碳水化合物含量较低；维生素含量丰富，种类较为齐全，包括所有的B族维生素、维生素A、维生素D、维生素E、维生素K、维生素C；矿物质含量为1%~1.5%，其中以磷、钙、铁、锌含量较高。鸡蛋所含的脂肪、维生素和矿物质主要集中在蛋黄。

蛋类蛋白质的营养价值很高，优于其他动物性蛋白。蛋黄中的脂肪组成以单不饱和脂肪酸为主，磷脂含量也较高，胆固醇集中在蛋黄。蛋黄中含有卵黄高磷蛋白，对铁的吸收有干扰作用，故蛋黄中铁的生物利用率较低。

32. 幼儿该喝什么水？

市场上，各种各样的水：矿泉水、纯净水、蒸馏水、离子水……那么幼儿究竟该喝什么水？

❶白开水。白开水是烧沸的水。水开后，继续加热30~60秒，就能达到较好的消毒目的，供人饮用。

水是人体必需的营养素之一，是良好的润滑剂和溶剂。白开水进入人体后容易透过细胞膜，参与新陈代谢，具有调节体温、输送营养、清洁内脏、

护肤等作用，可增强免疫功能，提高机体的抗病能力。习惯喝白开水的人，体内的乳酸堆积较少，不容易产生疲劳感。

❷喝阴阳水、老化水有害健康。阴阳水有两种：一种是指将生水与开水混合后的水；另一种是指将这种混合后的水重新烧开的水，也称回锅水。阴阳水可能含有各种病原微生物，被人饮用后可能引起各种肠道疾病。回锅水中亚硝酸盐含量比较高。经常饮用回锅水会使亚硝酸盐在体内积聚，引起肝、肾和神经系统慢性中毒。亚硝酸盐还是一种公认的致癌物。常饮用含亚硝酸盐的水有致癌危险。

老化水包括千滚水和死水。千滚水是指沸腾了很长时间的水，包括反复煮沸的水。千滚水中亚硝酸盐等成分的含量很高。久饮千滚水会干扰人的胃肠功能，造成机体缺氧，并有致癌的危险。死水是指长时间贮存不动的水，其中的有毒物质会随着水的贮存时间延长而增加。常饮死水会使儿童的新陈代谢速度明显减慢，影响生长发育。

❸不宜喝含酒精或咖啡因的饮料。酒精是在肝脏中被分解代谢的。幼儿的肝脏发育尚不健全，饮用含酒精的饮料对肝脏有害。酒精对大脑、神经系统也有害，可抑制大脑的兴奋

性，使记忆力、注意力和理解能力减弱，使儿童的生长发育受到影响。

咖啡因，有利尿作用，会造成体液丢失；对儿童的记忆力有干扰作用。经常饮用含咖啡因的饮料还可引起心悸和心律不齐。

❹不宜过量饮用果汁、碳酸饮料。果汁、碳酸饮料的含糖量较高。幼儿经常喝这类饮料会影响食欲，增加患龋齿的危险，还可能导致糖摄入过多，引起肥胖。果汁富含维生素，但不能过量饮用，更不能用果汁代替水。过量饮用果汁可引起幼儿慢性非特异性腹泻。

33. 幼儿吃冷饮时应注意什么？

在炎热的夏季，冷饮成了孩子们消暑、降温的最爱。冷饮不仅能消暑解渴，还可减轻孩子因暑热产生的烦躁情绪，保持良好的精神状态。但是，幼儿经常大量地吃冷饮会影响食欲，对健康不利。

❶过多地食用冷饮有害健康。冷饮中含有大量的油脂和白糖。过量食用冷饮会使血糖升高，刺激下丘脑饱食中枢，产生饱腹感，从而引起食欲缺乏，影响正常进餐。吃大量的冷饮还会冲淡胃液，影响消化与吸收。冷饮的温度一般比人体胃的温度至少要低30℃。这么大的温差会使胃黏膜下

的血管急剧收缩，导致胃黏液层变薄，使胃失去天然的保护屏障，导致胃的防卫能力下降。

长此以往，幼儿容易患慢性胃炎，出现胃痛、呕吐等消化道症状。食欲缺乏，进食减少，会引起各种营养物质的吸收障碍，从而导致营养不良，影响幼儿生长发育。

❷婴儿应禁食冷饮，幼儿少吃冷饮。冷饮中含有稳定剂、食用香料等化学物质。婴儿过早地接触这些化学物质，会导致过敏。冷饮的低温可损伤婴儿稚嫩的胃黏膜。此外，婴幼儿喉部血管表浅，大量食用冷饮后可刺激喉部血管，使之充血、水肿。严重的喉头水肿可导致喉痉挛，阻塞气道，引起呼吸困难，甚至窒息。所以，幼儿应少吃冷饮，最好不要吃冷饮。

❸饭后不能马上吃冷饮。最好等饭后一段时间再吃冷饮，以避免忽冷忽热对胃肠道造成的刺激。患消化道疾病时，幼儿最好不要进食冷饮，以免加重消化道疾病的症状。

34. 什么是饮食金字塔？

所谓的饮食金字塔是指进食各种食物的比例由多到少依次为谷类食物（馒头、米饭、面条、面包等），蔬菜和水果，奶、鱼、肉、豆制品，油、盐、糖，从下到上排列呈金字塔形。膳食

对健康的影响是长期的结果。幼儿需要养成良好的饮食习惯，并坚持不懈，才能充分体现饮食金字塔的作用。

幼儿的早期教育

1. 什么是早期教育？

早期教育是指小儿从出生到入学之前接受的有计划、有目的的教育。早期教育对一个人未来的发展至关重要。专家认为，0~6岁是小儿智力变化最大的一个时期。一个人后一阶段的智力水平，取决于前一个阶段的智力潜能发展情况。因此，适时、合理的早期教育能使大脑的潜力得到充分的发展，为小儿将来德、智、体、美全面发展打下良好的基础。

2. 早期教育的主要内容有哪些？

早期教育的内容包括智力的训练、思想行为的培养、道德情操的培育、良好习惯的培养等。根据小儿的心理发展规律和年龄特征，早期教育能促进小儿的智力发育，培养小儿良好的个性品质。孩子出生后就需要接受教育。年龄越小的孩子越需要结合生活的教育，也就是结合吃、喝、拉、撒、睡对孩子进行教育。寓教育于生活、游戏之中，就是早期教育的内容。

3. 在早期教育中，家长应该注意哪些关键期？

婴幼儿的心理发育遵循一定的规律。在某一特定的时期，幼儿的心理会在短期内发生急剧的、巨大的变化，幼儿在智力、行为或自我意识等方面也都有质的飞跃。这个特定的时期在心理学上被称为关键年龄。在早期教育中，究竟有哪些关键期呢？

★ 1岁是开始听故事的最佳年龄。

★ 2~3岁是学习口头计数的关键年龄，也是学习口头语言的第一个关键期。

★ 2.5~3.5岁是学习培养各种良好习惯的关键年龄。

★ 3岁是培养独立性的关键年龄。

★ 4岁以前是形象视觉发展的关键年龄。

★ 3~5岁是音乐能力发展的关键年龄。

★4~5岁是学习书面语言的关键年龄。

★5岁左右是掌握数的概念的关键年龄，也是口头语言发展的第二个关键期。

★5~6岁是掌握汉语词汇能力的关键年龄。

★3~8岁是学习外语的关键年龄。

如果家长能根据以上关键年龄，对幼儿进行科学合理的早期教育，必将取得事半功倍的效果。相反，如果幼儿在关键年龄得不到良好的教育训练，那么某种机能的获得和行为的学习就会变得十分困难，往往会事倍功半。

4. 有哪些常见的早期教育误区？

目前，早期教育存在以下几种误区。

误区一：过分呵护孩子。

许多家长认为孩子太小，对孩子过分呵护：孩子吃饭，有人喂、有人哄；孩子流鼻涕，有人擦。许多有关

孩子的事情由家长包办。在一些游玩活动中，遇到稍有危险的活动，家长们便挺身而出。事实上，0~3岁的孩子并不像人们想象的那样脆弱，他们有惊人的适应能力。孩子的成长需要运动，需要交流，有时甚至需要一点儿冒险，以激发自身的各种潜能。如果家长过于小心翼翼地照顾、呵护孩子，会在无意中剥夺孩子模仿、学习、参与的机会。像擦鼻涕之类的事情，2~3岁的幼儿经过家长指导完全可以自己做。吃饭时，让孩子和家长同桌，孩子可以通过观察和模仿，学会吃饭。

误区二：父母不必亲自带孩子。

调查发现，由老人、保姆带的孩子在生活能力和语言发展方面，通常不如那些由父母带的孩子。父母在婴幼儿早期教育中占有不可替代的地位。老人或保姆带宝宝时，往往偏重于满足宝宝吃饱、穿暖之类的生理需求及避免发生意外伤害，而忽视宝宝的心理需求。父母经常与宝宝交流、做游戏，可以让宝宝开心。开心方能开口，进而开窍。专家认为，在孩子的早期教育中，父亲的作用也是非常重要的。父亲参与早期教育，能使宝宝形成性别角色认识，在自我控制、自信心、语言等方面发展得更好。

误区三：早学、多学。

不少家长把早期教育混同于早期

学科教育，让孩子1岁以内学认字，3岁以内学外语。专家认为，早期教育不能仅局限于学习知识。会识字、会背诗只是简单的记忆模仿，并不能代表孩子真正的智力和能力。0~3岁是孩子情绪、情感和语言发展的关键时期。家长和老师不能一下子给孩子灌输大量的学科类知识，不能揠苗助长。

5. 怎样发展婴幼儿的语言表达能力和理解能力？

在早期教育中，家长要发展婴幼儿对语言的理解、模仿和运用能力。为了发展婴幼儿的语言和表达能力，家长应多跟婴幼儿接触，经常对婴儿说话，引导他们发声。教婴幼儿辨别各种声音，如风、雷、雨、海浪、流水等自然界的声音，鸡、鸭、猪、狗、猫等常见动物的声音。多与婴幼儿讲行语言交流，不仅使婴幼儿的语言表达能力和理解能力得到发展，同时也能促进婴幼儿的身心健康发展。

那么，家长应该怎样对婴幼儿进行语言教育呢？

面对2个月的婴儿，父母应经常和他说话，给他唱歌，让他听音乐，逗他微笑。这样不仅会让婴儿快乐，而且可以为婴儿以后的发音和模仿发音打下基础。

3个月的婴儿会笑出声音，4个月的婴儿会大声笑，能发出咿语声。这时父母应引导婴儿牙牙学语，培养婴儿对声音的反应能力和能及时把头转向发音方向的能力，并逗引婴儿发音。

5个月的婴儿会拉长音调发出声音，以便引人注意。成人与婴儿说话时，婴儿有手脚不断活动的反应。6个月的婴儿能发出单音(如"爸""妈")的音节，但这是无意识的。婴儿已经对语言有了最初的理解，如问他物品在哪里时，他会用眼睛寻找，能分辨和蔼或严肃的表情、声音。因此，家长应少用严厉的语调对婴儿说话，以提高婴儿学习语言的积极性。

妈妈的爱抚和笑声最能鼓励婴儿做出咿呀的反应。但应注意婴儿有时以代用音来表示某种事物，如用"那"代替"奶"。这时大人应用正确的发音予以纠正，不要重复婴儿不正确的代用音。

面对8个月的婴儿，父母应培养他理解简单语言的能力，教他怎样用眼寻找大人所问的东西，并做简单的回答动作。例如：问孩子"灯在哪儿？"，让他寻找灯所在的位置。

9~11个月的婴儿，已能够理解一些简单的话语。父母应通过日常生活中所接触到的物品和动作教婴儿理解词的意义，教婴儿模仿发音，从发单音到发一些音节。

12~14个月的小儿能逐渐理解成人的语言，能指出自己身体的某些部位，会用词来表达要求，会主动叫"爸爸""妈妈"。

15~18个月的小儿会说一些简单的词，如"再见""谢谢""不要"等。这时要多给小儿看一些实物图片，让他观察周围的事物，教他说更多的词，逐渐要求他不再用手势代替讲话。

1.5~2岁小儿的语言能力逐渐发展，会说三四个字组成的短句，会说出常见物品的名称，喜欢向成人学话、学唱歌。教小儿学说话时，必须用正规的语言代替简化的单词，如说"饼干"，而不说"干干"等。要鼓励小儿主动讲话，向成人提要求，并充实和丰富小儿的生活，使他对周围的环境和事物感兴趣，从而引导他说话。

2~3岁小儿会说比较完整的语句，能提问，爱听故事，会唱简单的儿歌，词汇比较丰富。这时要扩大小儿的眼界，使他多听、多看、多说、多问、多想。

6. 怎样通过游戏开发幼儿的智力？

游戏既能给幼儿带来乐趣，又能寓教于乐，使幼儿增长一定的知识，开发智力。游戏的种类很多，家长不妨有计划地选择以下几种游戏来训练孩子：

❶ 活动性游戏：如以发展走、跑、跳、攀登、投掷、钻爬、平衡等基本动作为主要内容的游戏，最好在室外进行。

❷ 安静的桌面游戏：如搭积木、拼图等游戏，主要训练幼儿的微小、精细动作，以及手眼协调、思维、想象等能力。

❸ 音乐游戏：让幼儿听音乐、唱歌、跳舞，培养幼儿对音乐的爱好，还可以伴着歌曲教幼儿拍手、打拍子、招手等。

❹ 计算、语言游戏：让幼儿算

一些简单的加减法或教幼儿唱一些儿歌，发展幼儿的智力，丰富语言知识。

❺ **模仿游戏**：让幼儿模仿成人做一些简单的游戏，如模仿医生给玩具娃娃看病、打针，或给玩具娃娃穿衣、盖被等。

❻ **娱乐性游戏**：让幼儿玩一些有趣的玩具，如吹肥皂泡等。这些游戏能使幼儿身心愉快，有助于幼儿养成乐观、豁达的性格。

7. 什么是想象？

想象是在客观事物的影响下，通过语言的调节，在头脑中创造出过去未曾遇到的事物形象。想象是人脑对已储存的事物形象进行加工改造，形成新形象的心理活动。想象中出现的形象是新的，不是过去遇到的事物简单再现。想象的内容有时似乎是超现实的。有目的的创造想象与创造性思维关系密切。创造常发端于想象，想象给创造提供了自由翱翔的空间。

8. 想象是怎样发展的？

新生儿没有想象。1~2岁的孩子由于生活经验少，语言尚未充分发展，仅有想象的萌芽。3岁左右的孩子，想象活动的内容比以前多，开始玩想象性游戏，比如把方凳想象为公共汽车，人坐在方凳上，假装在坐汽车。

但总的来说，3岁左右孩子的想象内容贫乏、简单，缺乏明确的目的性，多数是片段、零散的。

学龄前儿童的想象以无意想象及再造想象为主。无意想象是没有特定目的的、不自觉的想象。再造想象是根据语言或图样的提示在人脑中形成新形象的过程。

孩子的有意想象和创造想象正在逐步发展。有意想象是有目的性的、自觉性的想象，表现为想象的主题多变，如在画图时一会儿画自己登上月球，一会儿画自己沉入海底。一些孩子无法区分想象与现实。比如，孩子想有一个大的布娃娃，就可能对别人说他家有个大的布娃娃，让家长以为孩子在说谎。想象具有特殊的夸大性，比如问孩子将来要长多高，孩子会说，长得像天那样高。孩子常因想象而满足，如家长给孩子讲以后的美好生活，即使有些内容不切实际，孩子听了以后也会很高兴，感到满意。

再造想象表现为各种游戏活动。孩子在年龄较小时做的游戏往往是在重复生活中的活动，而很少有创造性的内容，例如玩"看病"的游戏时，模仿医生用听诊器看病、护士用注射器打针。随着生活经验和知识的增长，许多在想象中才能获得满足的东西已经成为现实，因此如过家家之类的游戏逐渐被竞争性的游戏取代。

培养孩子想象力的关键是培养想象的基本技能，例如绘画、唱歌等。也可以通过继续讲故事（故事讲到一半，后半段故事情节的发展由孩子来完成），补画面（例如画的主题是春天，原先的图画上仅有一些图案，但是不完整，让孩子补充）来培养想象力。

9. 什么是记忆?

人们在生活中感知过的事物、思考过的问题、体验过的情绪、经历过的事件，都可以成为人的个体经验而保持在头脑中。我们能够记住它们，在以后的日子里能回想起来或识别它们，这就是记忆。记忆是指人们在生活实践中经历过的事物在大脑中遗留的印迹，印迹的保持和再现表示记忆的存在。人们如果没有记忆，就不可能累积经验、增长知识。记忆是复杂的心理过程。

10. 婴幼儿的记忆是怎样发展的?

5~6个月的婴儿已能认识妈妈，1岁小儿能认出10多天前见过的事物，3岁幼儿可记得几个月以前的事，4岁幼儿可记得1年以前的事情，4岁以上的幼儿可记得更久的往事。

记忆和注意的关系密切。培养婴幼儿的记忆力可从以下几方面着手：

要明确记忆的目的性，启发主动记忆；帮助婴幼儿采用多种方式进行记忆；培养婴幼儿在积极思考的过程中进行记忆；培养婴幼儿在情绪良好的情况下记忆；等等。

11. 如何指导幼儿看电视?

当今社会，电视已经成为传递信息和传授知识的重要渠道，是开启儿童智慧的一种有效的教育工具。但是，如果幼儿过度地看电视，就会减少阅读、交流、游戏的时间，损害视力和健康。那么，家长应如何科学地指导幼儿看电视呢？

❶ 控制看电视的时间。幼儿的眼睛和躯体正处于生长发育的重要时期，不宜长时间看电视。幼儿看电视的时间每次不超过20分钟，每天不得超过1小时。父母可为孩子规定看电视的固定时段，让孩子明确知道何时是看电视的时间。

❷ 注意节目的选择。父母应选择一些适合幼儿相应年龄段，容易被幼儿理解、接受的电视节目，如动画片、儿童文艺节目、木偶剧等。这些节目的内容简单、色彩鲜艳、对比度好。过分离奇、惊险的武打片和爱情片都不宜让幼儿看。

❸ 父母与幼儿一起看电视。家长与孩子一起看电视时，可以随时跟孩

子交流，随时解答孩子的疑惑。这样不仅能加深孩子的理解能力，而且可以根据电视节目内容因势利导。电视在孩子心目中往往具有比家长更高的"权威性"，他对电视节目的内容深信不疑，有时能达到事半功倍的效果。另外，与孩子一起看电视，了解孩子喜欢的内容，才能与孩子有共同语言。父母与孩子一起讨论节目内容，不仅能让孩子获得分享的快乐，而且能增强孩子的记忆力和语言表达能力。

❹家长应丰富孩子的日常生活。用转移注意力的方法来终止孩子对电视的过分关注，让孩子多接触体育运动或游戏活动等。

❺注意电视的位置和光线。座椅与电视机的距离不要太近；电视机的摆放高度应与眼睛的水平线等高；最好有弱光灯泡照明，避免室内光线过暗，电视亮度过强刺激眼睛。另外，看完电视后，最好让孩子闭上眼睛，用手轻轻按摩眼眶，帮助眼睛消除疲劳，保护视力。

12. 隔代教育有什么负面效应？

一些父母将孩子交给爷爷、奶奶（姥爷、姥姥），或者年龄较大的保姆抚养，由他们来承担料孩子生活和教育的责任，这被称为隔代教育。一些老人在衣食住行方面对孩子关怀备至，在生活中处处溺爱、过分保护、迁就孩子，而忽视对孩子的教育。而且，幼儿期是孩子性格形成的重要时期。如果孩子一直与老人生活在一起，就会缺少与父母交流和培养感情的机会。这一切会对孩子的成长造成很强的负面效应。

首先，隔代教育使孩子得到的爱是不完整的。 无论老人的爱是多么细致、体贴，都不能替代父母的爱。孩子都希望父母陪在自己的身边。

其次，隔代教育的理念落后，不利于孩子的全面发展。 一些老人仅对孩子的衣食住行关怀备至，保护孩子不受伤害。而父母则通过讲故事、榜样示范、惩罚等方式教育孩子，比起老人单纯的关怀，这些方式更能使孩子受到全面的教育。

最后，隔代教育不利于孩子个性的完善，不利于孩子三观的形成，不利于培养孩子的生活能力。 与老人相处时，多数孩子会形成以自我为中心、任性、娇气的性格，习惯饭来张口，衣来伸手。

13. 老人带孩子时应该注意什么？

❶不要溺爱、依从孩子，不要使孩子感到事事都以他为中心。需要让孩子接受一些挫折教育，以便更好地适应未来的社会生活。

❷不要过度呵护孩子，以防孩子失去翻滚、爬行、跑、跳的机会，影响大脑的功能发育。注意培养孩子的独立能力，促进孩子自信心的发展。不要包办孩子生活中的一切事情，放手让孩子自己去做。鼓励孩子创新，不要扼杀孩子的创造性。

❸应多学习科学育儿知识，以免经常与孩子的父母发生育儿冲突。发生冲突时应避开孩子，以免孩子不知所措，产生矛盾心理。

❹不要剥夺母爱。一有机会，尽量让孩子多与妈妈接触。母爱有利于孩子的心理发育。

如果孩子的妈妈长期不在孩子身边，要像妈妈那样多与孩子进行目光、语言交流及皮肤接触，多拥抱亲吻孩子，以免孩子因情感饥饿导致心理发育不良。

❺注意培养孩子的优良品质。帮助孩子养成爱劳动、谦让、助人等优秀品质。避免孩子形成任性、自私、自利的性格。

14.幼儿的心理发展会表现出哪些特征?

幼儿期是儿童生长发育过程中的一个关键期。只有了解幼儿的心理特征，家长才能科学地选择相应的教育方法，使幼儿的心理朝着健康的方向发展。那么，幼儿的心理到底有哪些特征呢?

❶心理活动及行为的无意性：幼儿的心理和行为往往没有目的性和计划性，而是直接受外部环境的影响和支配。在整个幼儿时期，无意注意明显占优势。因此，幼儿容易对一些色泽鲜艳夺目、能动会响、新鲜奇特的事物产生浓厚的兴趣。家长应抓住幼儿的这一心理特点，找准幼儿的兴趣点，创造条件培养幼儿。

❷认识活动的具体形象性：幼儿以具体形象思维为主。他们很容易记住那些生动形象的物体、图片等，而较难理解抽象的数字、词语等。家长在教幼儿学习数字、词语时，如果配上相应的实物或图片，会取得事半功倍的效果。教育幼儿时，家长应避免乏味空洞的说教，忌成人化、公式化的教育。

❸情绪、情感的不稳定性与外露性：幼儿的情绪非常不稳定，他们时而喜笑颜开，时而又为了一点儿小事

而泪流满面。他们丝毫不会掩饰自己的情绪，喜、怒、哀、乐全部写在脸上，这充分显示了幼儿情绪的外露性。当幼儿大哭大闹、不服管教时，说服教育是徒劳的。家长可用一些幼儿感兴趣的事情或物体转移他的注意力。等幼儿平静下来后，家长再用讲故事等方法帮助幼儿明白其中的道理，逐步培养幼儿对情绪、情感的自我控制能力。

❹ **行动缺乏自我控制性**：幼儿对行动的自我控制能力较差，易受外界环境的干扰，注意力不持久，常易中断正在进行的活动，并将注意力转移到另一个活动中。家长应采取各种方法集中幼儿的注意力，并用奖励机制增强幼儿的自我控制能力。

❺ **个性逐步形成**：个性在幼儿期逐渐形成，表现在幼儿的性格、气质、能力、爱好等方面各不相同。有的孩子外向活泼，有的孩子内向腼腆；有的孩子反应敏捷、易冲动，有的孩子反应较慢、有耐性；有的孩子语言表达能力很强；有的孩子在音乐方面显示出非凡的才能。家长应根据幼儿的特点因材施教，培养幼儿良好的性格与品质。

15. 怎样处理孩子之间的纠纷？

首先，要正确看待孩子之间的纠纷。孩子之间产生纠纷是一件很正常的事情。幼儿已经懂得交朋友的乐趣，即使相互之间吵架，过一段时间也会和好如初。孩子之间之所以吵架，只不过是因为想直率地表达自己的看法，坚持自己的主张，不会结下深怨。如果吵架的方式对孩子没有危险，家长不要马上干预，可以让孩子们自己解决彼此之间的分歧。这样可以使孩子了解对方的想法，克服以自我为中心的心理，学会宽容与忍耐，逐步积累与同伴交往的技巧。但是，当孩子无法解决纠纷并动手打架时，家长千万不可袖手旁观，而应及时制止，避免矛盾激化造成不必要的伤害。

其次，家长在处理纠纷时千万不可偏袒自己的孩子。有的家长看到自己的孩子与小伙伴发生争执时，为了避免自己的孩子吃亏或被人欺负，不分青红皂白，就把责任全部推到别人的孩子身上，甚至训斥或辱骂别人的孩子，这是极其不应该的。这样做容易使自己的孩子滋长以自我为中心、蛮横无理的不良习气，不利于孩子的健康成长。还有一些家长则恰恰相反，为了表明自己的大度和宽以待人，当孩子之间产生矛盾时，不查明缘由，就把责任全部归咎于自己的孩子，这种做法也是极其不恰当的。这样会使自己的孩子受委屈，对家长缺乏信任感，继而产生逆反心理。因此，家长在处理纠纷时，要弄清楚事发缘由，明辨是非，分清责任，公正合理地解决纠纷。

最后，**家长在处理纠纷时要讲究方式、方法。**不可动辄训斥、打骂孩子，否则收效甚微，而且容易使孩子效仿家长的不理智做法。发生纠纷时，双方都在气头上，都觉得自己有理，这时让孩子承认错误是一件很困难的事情，即使孩子勉强承认了错误，也是口服心不服。家长应当等孩子心情平静下来以后，再进行说服教育，告诉孩子错在什么地方，今后再遇到类似事件时应当如何处理。如果自己的孩子有责任，就引导孩子向对方道歉。帮助孩子树立团结友爱、相互谦让、相互爱护的思想观念，掌握处理纠纷和协调关系的能力。

16. 怎样培养孩子的分享行为?

一些孩子显得比较自私，不允许别人碰自己的东西。这主要是因为孩子不懂得与他人分享自己的东西。那么，家长应当怎样培养孩子的分享行为呢?

首先，要在日常生活中引导孩子分享自己的物品。比如，家里有什么好吃的，可以让孩子给爷爷、奶奶、爸爸、妈妈、兄妹等家庭成员每人分

一份，不让孩子吃独食。家长给孩子新买了一件玩具，可以请小伙伴一起来玩，也可以让小伙伴也拿一件玩具来，两个孩子互相交换玩玩具。如果幼儿园里有图书馆，可以鼓励孩子把自己的图书拿到图书馆去，让大家一起看。通过这些事情，孩子渐渐认识到：好东西不仅自己喜欢，大家都喜欢。好东西不能独占，要与大家分享。

其次，要及时表扬孩子的分享行为。孩子一旦把自己的东西与他人分享，家长就要及时给予表扬，进行正面强化，使孩子对自己的分享行为产生自豪感。如果孩子在分享过程中体验到快乐，分享行为与孩子愉快的情感体验联系在一起，孩子就更愿意与他人分享。如果家长对孩子的分享行为视而不见，不给予赞赏，那么孩子以后出现分享行为的可能性就会大大降低。孩子的分享行为不是一朝一夕培养出来的。家长要耐心地启发和引导孩子，及时表扬和鼓励孩子。

17. 怎样为孩子选择读物？

研究表明，孩子开始阅读的时间越早，智力发展越迅速，将来成才的可能性越大。面对市场上种类繁多的少儿读物，很多家长不知道该如何为孩子选择。

由于3岁以下的幼儿主要以具体形象思维为主，因此，家长应为他们购买以图画为主、色彩鲜艳、图像逼真、文字生动活泼的读物。这样的读物往往能够吸引幼儿的注意，使幼儿对阅读产生浓厚的兴趣。

3~4岁的儿童思维能力进一步发展，可以为他们选择一些图文并茂、情节生动有趣、语言简单明了、内容浅显易懂的读物。另外，一些富有节奏和韵律的儿歌及一些语言优美的小诗，由于朗朗上口、便于记忆，也深受孩子们喜欢。阅读可以丰富孩子的词汇量，扩大知识面，增强孩子的理解力和记忆力，激发孩子阅读的兴趣。

随着理解力的增强，抽象逻辑思维能力的发展，儿童对那些情节过于简单、语言过于幼稚的读物已不再感兴趣。这时家长应为孩子选择一些篇幅较长、故事情节较为复杂、语言丰富优美、人物较多、寓意较深的读物，如《世界著名童话》《民间故事》等。阅读这些读物，不但可以锻炼儿童的思维能力、想象力和创造力，还可以教儿童分辨是非、区分善恶，增强儿童的正义感和同情心，让儿童从中学会一些做人的道理，初步积累处世经验。此外，家长还可以给儿童选购一些有关智力游戏和猜谜语之类的读物，培养儿童开动脑筋、勤于思考的优良习惯，促进其智力的发展。

3~6岁是培养儿童读书习惯的最佳年龄，因为这个年龄段是儿童语言能力发展的关键期，也是儿童快速积累词汇的时期。因此，家长应抓住这一黄金时期，科学地为孩子选择读物，为孩子的健康成长打下坚实的基础。

18. 为什么不能欺骗孩子？

一些父母为了激励孩子做好一件有难度的事而向孩子许诺。面对孩子提出的这样或那样的要求，一些父母一时不能满足又拗不过孩子时，只好先许诺。但是，如果家长许诺后不兑现，就会伤害孩子的感情，让孩子感受到父母的欺骗。

孩子虽小，但当他一再被哄骗后，就会怀疑父母讲话的真实性。父母的威信也会因此降低。孩子不会再信任父母。以后，即使父母是真的许诺，孩子也会感到不可信，认为父母是在骗他。不仅如此，孩子也会从父母的哄骗中，掌握哄骗的方法，去欺骗别的小朋友，甚至学会对父母说谎话。

言必信，行必果，是中华民族的传统美德。千百年来，我们的祖祖辈辈、世世代代都恪守着这样一条准则：一个人应当言而有信，言行一致。言行一致，是一种良好的道德品质，需要在日常生活中从点滴小事做起。为此，家长既要做到"言有分寸"，又要做到"言而守信"。要区分孩子的要求哪些是正当的，哪些是不合理的。如果孩子的要求是正当的，而且有条件办得到，家长一旦答应了就要做到。如果孩子的要求是不合理的，家长就要说服、教育孩子，坚决拒绝孩子。父母要用自己遵守诺言的实际行动来培养孩子言行一致的高尚品质。

幼儿的心智培养

1. 怎样帮助孩子形成数的概念？

有的孩子虽然数数很流利，但是弄不清 1 和 2 哪个多，也不明白 3 个苹果到底是多少。这说明孩子并不理解每一个数字所代表的真正含义，只是死记硬背而已。家长应当想办法帮助孩子建立数的概念，为今后的学习奠定基础。

首先，帮助孩子积累丰富的感性知识。面对年龄较小的孩子，直接教他数数及形成数的概念具有一定的困难。家长可以在日常生活中，利用多种感觉器官，通过各种游戏和活动，让孩子积累一些关于大和小、多与少等概念的感性经验。比如家长可以利用一堆糖和一块糖，帮助孩子建立"多"和"少"的概念；用 1 个大球和 1 个小球，帮助孩子形成"大"与"小"的概念。

其次，从实物到数字，从具体到抽象，帮助孩子逐步形成数的概念。由于孩子的思维以具体形象思维为主，因此，家长应先利用实物让孩子理解数的含义。比如盘子里盛了 3 个苹果，让孩子给爸爸 1 个，给妈妈 1 个，他自己吃 1 个，教孩子理解"1"的含义。用 1 个苹果和 2 个苹果帮助孩子学习 1 比 2 少，2 比 1 多，2 是由 2 个 1 组成的等概念。然后再把实物和数字卡片结合起来学习，由具体逐渐过渡到抽象，指导孩子真正形成数的概念。在学习数的概念的过程中，家长要不断变换形式和教具，使孩子明白，不论是什么东西，只要个数相同就是一样多；个数不相同就是不一样多。让孩子活学活用，真正掌握数的概念。

总之，家长要利用日常生活中的一切机会，根据孩子的自身特点，引导孩子认识数之间的辩证关系，真正形成数的概念。

2. 怎样培养孩子读书的兴趣？

书是孩子的良师益友。通过阅读书籍，孩子可以增长知识，开阔眼界。家长应当从哪些方面入手培养孩子读书的兴趣呢？

❶家长与孩子朝夕相处，家长的一言一行时刻影响着孩子。因此，家长要以身作则，养成爱读书的好习惯，闲暇时多与书为伴，在家庭中营造一种浓郁的读书氛围，让孩子觉得读书是生活中必不可少的一件事情。

❷家中多储备书籍，便于孩子随时取阅。

❸家长要经常带孩子去书店。根据孩子的年龄特点、兴趣和爱好选择适宜孩子阅读的书籍。同时鼓励孩子自己选择书籍，为孩子建立一个属于自己的小书库。

❹每天定时给孩子读书。家长读书时要抑扬顿挫，富有感情，培养孩子对书籍的兴趣。在读书的过程中，家长可以和孩子一起讨论书中的人物、故事情节、图画等，也可以向孩子提一些简单的问题，让孩子动脑去思考。

❺孩子在听故事的过程中，逐渐培养阅读能力。家长切不可因为孩子已经可以自己读书而就此放手不管。父母应该继续为孩子读故事。

❻增添孩子阅读的乐趣，帮助孩子树立自信心。家长要经常鼓励和赞赏孩子读书的良好行为，使孩子坚持读书。

❼孩子具有强烈的好奇心和探索心理。家长可以让孩子通过读书解答一些疑问，让孩子在书的海洋中畅游，养成热爱读书的好习惯。

3. 怎样培养幼儿的思维能力？

思维是高级的认知活动。幼儿思维能力的发展是学习、掌握和运用知识的关键。家长可以通过以下方式培养幼儿的思维能力。

❶ 丰富幼儿的感性知识。思维是在感知的基础上产生和发展的。人们对客观世界的认识，不是由主观臆造或凭空虚构得来的，而是通过感知觉获得大量具体、生动的材料后，经过大脑的分析、综合、比较、抽象、概括等思维过程才形成的。因此，感性知识越丰富，思维就越深刻。感性知识丰富与否，制约着思维的发展。成人要根据幼儿以具体形象思维为主的特点，有目的、有计划地组织各项活动，发展幼儿的观察力，丰富幼儿的感性知识。等幼儿积累了较为丰富的知识经验后，指导幼儿进行分类、概括，形成最初的概念，再教幼儿运用概念进行判断、推理，以促进幼儿思维能力的发展。

❷ 发展幼儿的语言。语言是思维的武器和工具。由于词汇量还不丰富，幼儿难以理解一些抽象性、概括性较强的词汇。研究显示，幼儿的概括水平较低，既与缺乏感性经验有关，也与缺乏相应的概括性词语有关。因此，我们应该在日常生活及教育过程中，不断丰富幼儿的词汇量，让幼儿在广泛的语言交流中扩大词汇量，并且帮助幼儿正确理解和运用各种概念，逐步准确、完整地表达思想。

❸ 思维训练与日常生活相结合。在家庭生活中，幼儿经常会碰到自己解决不了的问题，需要家长给予指导和协助。家长应该允许幼儿按自己的意愿进行各项有意义的活动。当幼儿具备一定的手眼协调能力，他想自己用勺子吃饭、用杯子喝水时，父母应当鼓励幼儿这样做，不要怕幼儿弄脏衣服而加以制止。

❹ 充分利用游戏、实验等发展幼儿的思维能力。在玩游戏的过程中，幼儿会遇到各种问题，他必须解决问题才能使游戏继续下去。因此，利用游戏训练幼儿的思维能力既具体又有趣。游戏可以在轻松愉快的气氛中，促使幼儿利用已有的知识经验，进行分析、比较、判断、推理等一系列逻辑思维活动，从而促进幼儿抽象思维的发展。如看图改错、走迷宫等游戏，有助于培养幼儿的思维能力。家长也可以和幼儿一起进行一些简单的科学小实验，如磁铁吸引、物体滑落、种子发芽等，让幼儿在实验中发现问题，积极思考。

❺ 激发求知欲，保护好奇心。提出问题、解决问题的过程，就是思维活动的过程。思维总是由问题开始。我们应该在日常生活中培养幼儿好问的习惯，鼓励幼儿多问，并且主动、热情、耐心地回答幼儿提出的问题。也可以经常向幼儿提出问题。这样做能促使幼儿的思维处于积极的活动状

态之中，有助于思维的发展。

❻防止思维定式的束缚。任何事物都有其特异性，可以利用特异性把事物进行归类、比较。在此基础上，我们应当引导幼儿从多个角度去考察事物的特性。如面对一只碗，我们可以先让幼儿了解它的基本功能，它可以盛饭、盛菜。如果幼儿正在乱涂乱画，家长可以拿一只碗，把碗口朝下，用笔沿着碗边描出一个圆形。幼儿会发现碗除了能用于吃饭之外，还可以用作画圆的工具。家长也可以在碗底涂上颜料，在纸上印出一个小的圆形。幼儿的思维又会得到进一步的拓展。这就是所谓的发散思维或求异思维。

4. 怎样才能有效地培养幼儿的想象力?

想象力是智慧活动的翅膀，是一种创造性的认知能力。家长应该怎样培养幼儿的想象力呢?

❶扩大幼儿的眼界，丰富幼儿的感性知识和生活经验。想象并不是凭空产生的，已有的知识经验是想象的材料和基础。知识经验越丰富，想象就越合理、越新颖。换句话说，想象力发展的水平如何，取决于原有的记忆表象是否丰富，而原有的记忆表象丰富与否又取决于感性知识和生活经验的多少。因此，家长要有计划、有目的地让幼儿参加各种活动，来增加幼儿的知识储备。积极引导幼儿接触生活、观察生活、体验生活，并在生活中捕捉形象，积累经验。比如，到动物园认识各种动物的形态，了解各种动物的习性，观察美好的自然风光等。

❷发挥游戏的作用。游戏是幼儿的重要活动，是幼儿对现实生活的创造性反映。在游戏过程中，随着扮演的角色和游戏情节的变化，幼儿的想象会异常活跃。比如幼儿在玩过家家的游戏时，把自己想象成妈妈，把布娃娃想象成孩子，一会儿给娃娃喂饭，哄娃娃睡觉，一会儿又送娃娃上幼儿园，一会儿又想象娃娃生病了，送娃娃去看病、打针等。总之，家长要努力创造条件，指导幼儿玩多种游戏，让幼儿在游戏中尽情舒展想象的翅膀。

❸发挥玩具的作用。丰富多彩的玩具是幼儿进行想象的物质基础。玩

具为幼儿提供了想象的前提，促使幼儿去设想、去创造。玩某一种玩具，几下胡乱的涂抹，无意中捏成的一个泥团，都会引发幼儿的想象。因此，要给幼儿准备画笔、橡皮泥、小积木等，让幼儿去画、去捏、去拼。

另外，玩泥、玩水、玩沙是世界各国幼儿的共同爱好，也是幼儿心理发展的需要。幼儿可以在玩中发现，为什么有的东西有固定的形态和特征，而水、泥、沙的形状总是千变万化，没有一个固定的形态。幼儿可以把泥、沙子堆成任何形状。这种特性正好可以满足幼儿强烈的好奇心和求知欲。幼儿表面上是在玩，实际上是在探索，在想象。家长应当鼓励幼儿在玩具的海洋中自由发挥想象力。

❹利用文学艺术活动发展幼儿的想象。想象的发展和思维、语言的关系十分密切。通过语言，幼儿能获得间接知识，丰富想象的内容。幼儿也能通过语言表达自己的想象。听故事可以发展幼儿的再造想象。家长在给幼儿讲故事时，可以在故事进入高潮或结尾的时候停下来，让幼儿根据故事的情节去推理、想象故事的结尾。让幼儿凭借想象把故事构思完整，这样不仅可以发展想象力，而且可以发展幼儿的语言能力。另外，绘画、音乐、舞蹈都可以激发幼儿的想象力，是发展幼儿想象力的有效途径。

5. 怎样培养幼儿的注意力？

注意力是心灵的门户，是幼儿接收知识的窗口。大量研究表明，幼儿的认知活动效果与注意力的发展水平密切相关。因此，幼儿想要获得知识、开发智力，离不开对注意力的培养。我们可以从以下几个方面逐步培养幼儿的注意力。

❶充分利用易于引起幼儿注意的外部因素，创造良好的教育环境。幼儿的注意以无意注意为主，一切具体、鲜明、生动的形象和新鲜多变的刺激物，都能引起幼儿的注意。因此，玩具必须颜色鲜明、形象生动、新颖多变。对幼儿讲话时，语言也要生动活泼、浅显易懂。

教育方式和方法要新颖、多样，富有变化。教幼儿学习数的概念或几何形状时，除了使用生动有趣的直观教具外，还可以把学习内容置于一个有趣的游戏中，这样会取得事半功倍的效果。

由于幼儿注意力的稳定性较差，容易受各种因素的干扰，因此，要创造良好的教育环境，减少无关刺激的干扰。比如学习室要保持安静，防止各种噪声，室内布置要简洁、整齐，老师及家长的衣着要避免过于新奇、华丽。另外，幼儿身体不适、环境温度过低或过高、学习时间过久等都会导致幼儿注意力分散，家长应注意避免。

❷ **充分利用易于引起幼儿注意的内部因素。** 幼儿的兴趣、需要是引起无意注意的内部动因。幼儿的注意力受兴趣和情绪状态的制约。在日常生活中，家长要不断丰富幼儿的知识经验，培养幼儿对各种事物的兴趣，扩大幼儿的注意范围，这对于幼儿注意力的培养是极为有益的。幼儿的兴趣越浓，积极性越高，注意力就越集中、越稳定。

幼儿在学习活动中保持良好、愉快的情绪状态是发展注意力所必需的。任何强迫、责骂、体罚对于幼儿都是徒劳无益的。家长要多引导、多鼓励、多赞扬，激发幼儿的兴趣，使幼儿保持轻松、愉快的心情。同时，因为一切知识的获得都需要一定的意志力，所以家长要加强锻炼幼儿的意志力，教育幼儿服从规则、遵守纪律，向幼儿提出明确的活动目的和要求，激发幼儿完成任务的愿望和主动性，增强幼儿的自控能力，以便促进幼儿有意注意的发展。

❸ **善于引导两种注意的转换。** 无意注意和有意注意是可以相互转换的。在幼儿学习的过程中，不能单纯依赖无意注意的参与，因为无意注意缺乏目的性和计划性，不能持久。但也不能单纯依赖有意注意，因为有意注意需要意志努力，容易引起疲劳，同样不易持久。因此，在学习活动中，家长必须善于引导幼儿转换两种注意。既要用生动、有趣、新颖的玩具和教育方式来吸引幼儿的无意注意，又要向幼儿提出明确的要求，逐步培养幼儿的有意注意。只有两种注意有节奏地交替进行，才能保持幼儿注意力的持久性和稳定性，从而有效地发展幼儿的注意力。

6. 怎样培养幼儿的观察能力?

良好的观察力是孩子认识世界、增长知识的基础。没有观察作为基础，就不能形成记忆、想象、思维等一系列较复杂的心理过程。因此，有人把观察力比喻为智慧的大门。怎样培养幼儿的观察力呢?

首先，要及早训练幼儿的感觉器官。 家长要利用各种机会锻炼幼儿的感觉器官。如在幼儿活动的场所，安装会发光的彩灯，悬挂带响的玩具，张贴色彩鲜艳、形象生动的图片，养些花草等，让幼儿看看、听听、动动、摸摸。也可以让幼儿通过着色、绘画，提高对颜色的辨别力；通过听音乐，提高对音乐的欣赏能力。只有及早训练幼儿的感官，才能使感知觉更精确、细致和迅速。

其次，**要培养幼儿观察的兴趣，多为幼儿创造观察条件**。如带幼儿到大自然中看花草树木发芽、生长，观看雨后的彩虹，欣赏雪景、海景，饲养小动物等，这些都能引起幼儿观察的兴趣。由于幼儿的观察力不持久、不稳定，因此，在选择观察对象时，要尽量选择那些颜色鲜艳，带有不同声响，不断运动变化的事物。幼儿对这些事物易产生浓厚的兴趣。在观察的过程中，家长要引导幼儿把观察到的事物进行比较。如果想让幼儿认识老虎和大象，可以带幼儿去动物园观察这两种动物，也可以把老虎和大象的图片同时呈现在幼儿面前，让幼儿进行比较，找出两者之间的异同点。

最后，由于幼儿的观察缺乏独立性、系统性，因此家长要教给幼儿一些观察方法。先看什么，后看什么，从哪方面看，逐步使幼儿养成由部分到整体、由粗到细、由表及里、由简单到复杂的观察习惯，迅速提高观察力。如果幼儿通过自己的观察获得了一些新发现，家长一定要及时称赞幼儿。通过家长的鼓励，幼儿的探索行为会逐渐增多，观察力也必定逐渐增强。

7. 创造力强的幼儿有哪些特点？

创造力强的幼儿一般具有以下几个特点：

❶ **善于用富有创造性的方式学习**。在游戏和活动中，他们爱动脑筋，有强烈的好奇心，喜欢提问，善于提出独特的见解，不愿意效仿别人，玩法新颖独特，不愿意接受别人现成的答案，有强烈的探究心理，乐于在探索中寻求新的发现。

❷ **注意力持久**。一般幼儿的注意力能够集中 15 分钟左右，而创造力强的幼儿做事时往往更专注，注意力更持久，不留意时间。

❸ **具有超强的计划性和组织能力**。一般幼儿表现为心理活动的随意性，行为活动缺乏计划性、组织性，自我控制能力差，对行动的后果考虑不足。而富有创造力的幼儿大多在游戏活动中具有较强的计划性，考虑问

题比较全面、周到，独立性强，有主见，往往是游戏活动的策划者、组织者或领导者。

❹ **富有钻研精神**。一般的幼儿对一件物品或一件事缺乏持久的兴趣，玩一段时间就玩腻了。而创造力强的幼儿则不同，他们能坚持不懈地对某件物品或事情进行探索和钻研，常常能从一件普通的玩具中发现新的用途和新的特性，研究出许多与众不同的玩法。

❺ **想象力丰富**。富有创造力的幼儿大多具有丰富的想象力，他们能够展开想象的翅膀，编故事、搭积木、捏橡皮泥、绘画等。他们喜欢参加具有创造性的游戏活动，善于打破常规，创造性地解决问题，不拘泥于一成不变的模式。

❻ **细致而敏捷**。这类儿童观察事物精细，往往善于发现别人容易忽略的问题；遇事反应机敏，解答问题敏捷，感受力强，接受新鲜事物的速度快；能够举一反三，闻一知十，触类旁通，才思敏锐。

假如您的孩子具有以上的一些特征，您可千万要珍惜，抓住时机，有意识地培养和训练孩子，发挥孩子的创造力。

8. 怎样培养幼儿的创造力？

由于幼儿的精力充沛、好奇心强、求知欲旺盛，因此，幼儿期是培养创造力的良好时机。家长必须抓住时机，采取适当的方法，培养幼儿的创造力。

心理学家把儿童的创造力描述为：回忆过去的经验，并对这些经验进行选择，重新组合、加工成新的模式、新的思路或新的产品的能力。那么，家长应当如何培养幼儿的创造力呢？

❶ **提供有利于创造力发展的环境**。创造的本质就是标新立异，与众不同。创造力强的人往往会因为自己的思想和行为偏离常规而感到焦虑和不安，幼儿也是如此。所以心理安全和心理自由是有利于创造性发展的两个条件。父母要营造良好的家庭教养环境，为幼儿提供丰富的生活内容和宽松、自由的生活环境。不要轻易指责幼儿好问、好动的行为，不要对幼儿做过多限制，解除幼儿怕犯错误的恐惧心理，启发幼儿多进行联想和想象，鼓励幼儿在处理问题的过程中表现出首创性、多样性，培养幼儿创造的欲望、兴趣和能力。

❷ **提高幼儿的创造性思维能力**。创造性思维是一种具有开创意义的思维，是创造力的核心。创造性思维包

含发散性思维和集中思维两种思维形式。发散性思维是指从多种角度去思考问题，寻找多种问题解决方案的思维。集中思维是通过逻辑分析，将经过发散性思维得出的设想，进行筛选、优化，选出一种最优的问题解决方案的思维。集中思维属于逻辑推理的领域。人们在数学、工程、法律等领域常使用这种思维方式。集中思维在创造性方面较发散性思维有明显的优势。在进行创造性思维活动时，人们需要将发散性思维与集中思维有机地结合在一起。

★**发散性思维的训练方法**：

●**一形多用的扩散**：请幼儿说出多种同一形状的物品，如哪些东西是圆形的等。

●**一物多用的扩散**：请幼儿说出一种物品的多种用途，如木头有哪些用途。

●**一因多果的扩散**：向幼儿提出一些假设性的问题，例如：如果世界上没有树木，那将会怎样？如果没有警察，社会会发生哪些变化？

●**一物多变的扩散**：让幼儿把东西变换一下。如什么东西长一些会更好用，什么东西短一些会更好看。

●**一题多法的扩散**：设计一些问题，请幼儿用多种方法去解答。比如当家中失火时，应该采取哪些急救措施？

★**集中思维的训练方法**：

●**归类法**：给幼儿出示一些卡片，请幼儿根据不同的标准（如颜色、用途、形状等）进行分类（如水果、蔬菜、动物等）。

●**排除法**：请幼儿在一组物品中找出一个非同类的物品来。

●**类比推理法**：请幼儿在一组数字、图形、符号等中找出规律。如让幼儿在下列横线上填上合适的数字（1231231_3_2_）。

●**下定义法**：要求幼儿用自己的话给一些概念下定义。比如，说出下列词的意思：伞、桌子、电灯等。

❸开展创造性艺术活动。文学、音乐、美术等活动都属于创造性艺术活动，其中，创造想象尤为突出，而创造想象正是创造性思维的支柱。

★**文学与幼儿创造想象的培养**：父母给幼儿讲一个故事，让幼儿自编故事结尾，或向幼儿提供图片，要求幼儿根据图画编故事。父母也可以为幼儿选择一些结构简单、短小，有重复句式的诗歌，如：小鸡小鸡叽叽叽，小鸭小鸭嘎嘎嘎，小狗小狗汪汪汪，小猫小猫喵喵喵……

★**音乐与幼儿创造想象的培养**：音乐可以培养幼儿的创造想象。家中经常播放一些经典名曲或儿童歌曲，让幼儿想象音乐表达的意境，并随音乐翩翩起舞。对于幼儿编出的简单歌词或乐曲，家长要及时给予赞赏，以激发幼儿进一步创作的兴趣。

★ 美术与幼儿创造想象的培养：给幼儿一些几何图形，请幼儿添上几笔，使之成为一些新形象。或给幼儿出示一些抽象的图形，让其想象图形的意义，引导幼儿进行创造性回答。也可以给幼儿一些形状各异的拼板，要求幼儿用拼板拼出不同的图画。

创造学研究表明：人人有创造，时时有创造，处处有创造。只要家长时时刻刻注意引导与训练，儿童的创造力一定会日益增强。

9. 怎样培养幼儿的记忆力？

记忆力的好坏是一个人聪明与否的重要标志之一。培养和发展记忆力对幼儿的成才具有重要意义。

幼儿的记忆以无意记忆占优势。所谓无意记忆是指没有目的和意图的记忆。因此，幼儿很容易记住那些色彩鲜艳、生动形象、不断变化的事物，以及能满足幼儿个体需要或能激起强烈情绪体验的事物。家长应注意选择具有以上特点的实物、图片等，吸引幼儿的注意力，使幼儿获得深刻的记忆。

所谓有意记忆是指有明确记忆目的和意图，必要时需要意志努力的记忆活动。有意记忆在幼儿期发展不明显，而有意记忆的形成和发展是幼儿记忆力发展过程中重要的质变，直接影响记忆的效果。在日常生活中，家长可以有意识地向幼儿提出具体的识记任务。如去动物园参观，可先向幼儿提出"回来后比一比谁记住的动物多"。久而久之，幼儿的有意记忆会得到良好的发展。

记忆的方法有机械识记和意义识记两种。机械识记是指主要依据事物之间的外部联系，采用简单、重复的方式进行的识记。意义识记，是指根据事物的内部联系，在理解的基础上进行的识记，故也被称为理解记忆。实验证明：幼儿的机械识记能力优于意义识记能力，而意义识记的效果又优于机械识记。这表明，要使幼儿牢记某个事物，必须建立在理解的基础上。家长在教幼儿记一些诗歌、短文时，可以先配上精美的图画，用讲故事的形式向幼儿讲解，使其充分理解，这样幼儿记起来更快、更牢固。

家长可以引导幼儿借助多种感官帮助记忆，从而获得更加准确而完整的印象。如记香蕉，可以让幼儿通过看、摸、嗅、尝，加深记忆。而在所有的感觉中，视觉是主要的，正所谓"百闻不如一见"。要加强记忆力的训练，特别强调视觉印象，这就是视觉化的形象记忆法。对于一个从未见过兔子的幼儿，无论家长怎样描述，他也很难形成对兔子的印象。如果抱一只兔子给幼儿看，他很快就能记住兔子的特点。

幼儿记忆的特点是记得快，忘得也快，不易持久。因此，在识记之后，家长要协助幼儿进行及时、合理的复习巩固，从而达到更好的记忆效果。

10. 为什么要重视孩子个性的发展？

个性是一个人各种心理特征的总和，主要包括个性倾向性、性格、自我意识等。总之，个性是一个人的基本精神面貌。

个性的早期培养是极为重要的。婴幼儿期是奠定良好个性的基础时期。个性不是与生俱来的。个性特征

是在日常生活中、游戏的过程中形成和发展起来的。一般认为个性的初步形成是从幼儿期开始的。

小儿在幼儿期开始出现最初的兴趣、爱好的个体差异，表现出一定的能力，初步形成对人、对事、对自己、对集体的一些比较稳定的态度。团结友爱、诚实、勇敢等优良的品质一旦在大脑皮质形成暂时神经联系，就会导致某种行为的动力定型——待人接物的生活定型、性格的定型、生活习惯的定型等。如果消极的个性品质先在大脑中形成暂时神经联系，就会导致消极的动力定型。儿童的年龄越小，个性的可塑性越大，教育所起的作用也越大。

11. 怎样培养和保护孩子的自尊心？

自尊心是一个人要求得到社会承认和集体尊重的愿望和情感，是对自己的各种表现、知识和能力的自我评价的心理状态。自尊心是促使一个人不断发展进取的原动力。自尊心强的儿童勇于探索，富于创造，凡事充满自信。而丧失自尊心的儿童则容易过低地认识和评价自己，缺乏自信心，自暴自弃，不思进取。自尊心对于一个人的成长具有极其重要的作用。那么，应当怎样培养和保护孩子的自尊

心呢？

❶ **坚持以鼓励和表扬为主，增强孩子的自尊心。**家长往往容易忽视孩子的优点，总是对孩子的缺点紧盯不放。其实，孩子的点滴进步都是通过不断学习获得的。不要小看小儿迈出的第一步，也不要小视小儿的第一声"爸爸、妈妈"。这些进步都是小儿通过学习、克服许多困难取得的。因此，当孩子有进步时，哪怕是微不足道的进步，家长也应该鼓励和表扬他。每个孩子身上都有闪光点。家长要善于发掘孩子的优点，及时予表扬、激励孩子，肯定孩子的能力，不断增强孩子的自尊心和自信心。

❷ **要尊重孩子，把孩子当成自己的知心朋友。**不要认为孩子一无所知、思想简单。孩子有自己独特的见解和想法。家长要经常与孩子交流，善于倾听孩子的意见和要求，尽量满足孩子合理的愿望和请求。尊重孩子的朋友、兴趣和爱好，不要将自己的喜好强加在孩子身上。当孩子有过失或失败时，不要指责和嘲笑他，更不能训斥和打骂他，以免损伤他的自尊心，从而使他产生自卑心理。要善于启发、诱导、帮助孩子从失败中走出来，重振旗鼓，坚定成功的信念，尊重并保护孩子的自尊心。

❸ **适当地要求孩子，使孩子不断**增强自尊心。家长应当无微不至地关心孩子，但也不可凡事包办、代替孩子，避免孩子对家长产生强烈的依赖。家长要根据孩子的年龄和发育水平，对孩子提出合理的要求，如让孩子自己穿衣服、吃饭、洗小手绢、收拾玩具等，让孩子体验到成功的喜悦。家长要鼓励孩子自己的事情自己做，对孩子的劳动成果给予赞赏和肯定，使孩子始终坚信"我能行"，不断增强自尊心。切忌对孩子要求过高，不切合实际，否则，当孩子因能力不足而失败时，自尊心会受挫。

家长需要注意的是，在培养和保护孩子的自尊心时，不能总是吹捧孩子，夸大孩子的能力和水平，要教育孩子谦虚谨慎、戒骄戒躁，正确地评价和认识自我。

12. 怎样给孩子讲故事？

听故事是孩子们的共同爱好。通过听故事，孩子可以增长知识，丰富词汇，提高语言理解及表达能力，启发想象力、创造力和思维能力，激发好奇心与求知欲。那么，家长应当如何给孩子讲故事呢？

首先，要根据孩子的年龄选择合适的故事。针对3岁以下的孩子，要为他选择情节简单、活泼有趣的故事；针对3岁以上的孩子，可以给他讲一些富有教育意义、情节较复杂的故事。多给孩子讲一些积极向上、思想性强的故事，如世界著名的童话、寓言、民间故事等。给孩子讲故事时，讲到孩子感兴趣的地方，节奏要放慢一些，声音要有高有低，以便吸引孩子的注意力。

其次，家长在给孩子讲故事的时候，不要总是照本宣科，也要讲究一些技巧。孩子常常反复听同一个故事。当孩子听过数遍，熟悉某个故事的内容以后，家长可以起个头，让孩子自己讲这个故事。当孩子有忘的地方，或者讲错的地方时，家长可以及时接下去或者纠正孩子。这样可以培养孩子的记忆力和口语表达能力。有时也可以让孩子发挥思维能力和丰富的想象力，编造故事的内容。

最后，孩子往往会在听完故事后，向家长提出一连串的"为什么？"。这时，家长一定要耐心解答，并且鼓励孩子多提问题，千万不能嫌麻烦，

以免扼杀孩子的好奇心和求知欲。讲完故事后，家长还可以有意识地给孩子提一些问题，比如：故事的名字是什么？故事的主人公是谁？主要发生了什么事情？故事的结局是什么？孩子通过回答问题，锻炼思考能力和概括能力。

总之，讲故事是对孩子进行教育的一种良好方式。通过认识故事中的各种形象，孩子可以树立是非观念，培养正义感和同情心，分辨什么是真、善、美，什么是假、恶、丑。

13. 游戏具有哪些作用？

游戏是孩子智力发展的动力，它能激发孩子的求知欲与创造力。让孩子玩适合的游戏是培养和锻炼孩子的一种手段。那么，游戏具有哪些作用呢？

❶ 开发智力。从人类漫长的进化过程来看，人类之所以能记住语言并通过声音传递信息，能认识符号乃至文字，主要是因为亲子之间和群体之间为了生存而进行的游戏。随着玩耍的次数增多，游戏种类的增加，大脑的结构也逐渐发达。游戏不仅能使幼儿掌握一些知识和技能，还能促进智力的发育，激发想象力和创造力，同时提高幼儿的观察力、注意力、记忆力和独立思考的能力。

❷培养兴趣和爱好。如果父母能及早发现幼儿的兴趣，并给予启蒙教育，会使幼儿发挥所长、学有所成。在游戏中，由于有积极、愉快的情绪相伴随，幼儿的注意力集中，观察细致，学得快，记得牢，思维敏捷。游戏可以使幼儿接触到各种事物，便于早期发现幼儿的兴趣和爱好所在。

❸提高操作能力。幼儿在游戏中，可以通过玩玩具学会操作工具，如握笔写字、使用剪刀、拿筷子、操作键盘等。幼儿在游戏中不断练习跑、跳、攀登、爬等动作，使身体灵巧、协调且有耐力。幼儿在游戏中常常不自觉地学会一些操作技能。

❹培养百折不挠的毅力。幼儿在游戏中经常经历尝试、失败、再尝试的过程。如幼儿刚开始摆积木时，积木常常塌下来，一遍又一遍地摆，他终于明白只有将积木的边角对齐，积木才能摆得高。游戏使孩子不怕困难，让孩子懂得只有战胜困难，才能获得成功的喜悦。在游戏中，不怕困难的孩子将来在事业上也会意志坚强，不畏艰险。

❺学会独立和自信。要求独立是幼儿的本性。游戏能帮助幼儿学会独立，增长本领。比如给布娃娃喂饭能使幼儿学会用勺子，捆东西能让幼儿学会打结。家长在幼儿想要"自己来"的时候，鼓励幼儿自己的事情自己做。幼儿通过尝试获得成功的喜悦，增强自信心，逐渐养成独立完成任务的习惯。

❻开发情商。幼儿参与合作性游戏就如同成人进入社会一样，面临是否受人欢迎的问题。幼儿为了使自己不被孤立，就要学会约束自己，不独占玩具，不破坏东西，遵守游戏规则，培养勇敢、合作、谦让、活泼、开朗等良好的性格特征。游戏是幼儿进入社会的准备阶段。要使孩子聪明，有能力又合群，就要多鼓励孩子加入群体游戏。

14. 怎样培养孩子的动手能力?

动手能力强的孩子才思敏捷，智力发育较好。"心灵手巧"一词恰恰说明了这个道理。为了孩子健康成长，家长必须重视对孩子动手能力的培养。

首先，教给孩子各种操作技巧。

任何操作技能都不是先天具有的，而是孩子通过后天学习获得的。看似简单的操作，对于幼小的孩子来说是相当复杂的，不是一朝一夕就能学会的。因此家长要耐心地指导孩子，必要时手把手地教孩子。比如教孩子系扣子时，家长可以一边系扣子，一边向孩子讲解每个步骤的要点，然后拿着孩子的手一起进行练习。家长逐渐减少对孩子的协助，直到孩子独立掌握这一操作技能。家长和孩子共同完成操作，可以帮助孩子树立动手操作的自信心，培养动手操作的兴趣。

其次，鼓励孩子多做、多练。在日常生活中，家长要充分相信孩子的动手操作能力，不要凡事包办、代替，鼓励孩子做一些力所能及的事情。比如，让孩子自己穿衣服、整理床铺、收拾碗筷等。虽然刚开始孩子的动作可能有些笨拙，但经过多次练习后，孩子便会熟能生巧，提高动作的协调性、灵活性和准确性。

最后，借助游戏锻炼孩子的动手能力。枯燥的练习难免使孩子感到厌烦。家长可以有目的地与孩子玩一些游戏，比如，与孩子一起进行串珠子、筷子夹花生、穿线等比赛，玩翻绳、折纸、剪纸等游戏，让孩子在愉快的气氛中自然而然地提高动手操作能力。

15. 为什么要对幼儿进行感官刺激？

幼儿的感知觉处在迅速发展的时期。游戏、学习、劳动等各种活动，都能促进幼儿感知觉的发展。

3岁前，触摸觉是幼儿认识事物的主要手段。触摸觉是运动觉和皮肤觉的结合，人们借助触摸觉感知物体的大小、形状、轻重、软硬、光滑或粗糙等特性。触摸觉在孩子很小的时候就已经开始发展。在辨别物体的粗细、软硬、轻重等时，触摸觉经常与视觉同时起作用，成为较复杂的知觉现象。

听觉是幼儿在日常生活中使用广泛的感觉之一。幼儿靠听觉辨别周围事物发出的各种声音，从而认识周围环境，确定行为方向；辨认周围人们所发出的声音，进而了解意义，促进语言发展。空间知觉是由视觉、听觉、运动觉等多种感觉器官相互配合来实现的，包括辨别上、下、左、右、前、后、远、近等。

儿童的空间知觉最初是靠运动觉和触觉，即儿童通过自己的脚和手，感知物体的距离和方位。视觉和触觉形成联系以后，通过视觉也可以辨别物体的方位和距离。

时间知觉是对客观事物运动的延

续性和顺序性的反映。幼儿时间知觉的发展水平比较低，既不准确，也不稳定。因为时间知觉不像空间知觉那样，有具体形象做支撑。时间是比较抽象的。另外，表示时间的词往往具有相对性。这些对幼儿来说都是比较难理解的。

感知觉的发展为幼儿观察力、记忆力、语言能力和思维能力的发展提供了条件。幼儿的情绪和意志行动也常受感知觉的影响而变化。对于一件新事物，如果仅仅听别人说，那么这个事物留在脑海中的印象是不深的。如果又听又看，又摸又玩，调动所有的感觉器官来参与，幼儿就会将这个新事物记得既完整又牢固。因此，对幼儿的感官进行必要的刺激，使幼儿的多种感觉器官共同参与活动，可以使幼儿获得多种感觉，从而提高观察的效果，促进幼儿记忆、思维、语言等能力的发展，提高智力。

16. 幼儿爱提问题，父母应该怎么办？

有的幼儿每天总有问不完的问题，一些问题显得十分幼稚，一些问题又相当古怪。如果幼儿好提问题，父母应该怎么办？

面对如此精彩和新奇的大千世界，幼儿觉得任何事物都是新鲜而陌生的。出于强烈的好奇心，对于每件事情，幼儿都想弄个水落石出。因此，幼儿经常提出各种各样的问题。家长应当明白孩子之所以爱提问题，正是因为孩子善于观察、勤于动脑，容易发现别人注意不到的问题和现象。这是幼儿获得知识的一条宝贵的途径。家长应当十分珍惜并积极给予鼓励，激发幼儿强烈的求知欲。千万不可嫌幼儿烦，呵斥和责备幼儿，打击幼儿提问题的积极性，扼杀幼儿的好奇心和求知欲，阻碍幼儿智力和个性的健康发展。

对于幼儿的问题，家长要做到有问必答，充分满足幼儿的好奇心。不可因为幼儿的问题可笑或太多，家长拒不作答。回答孩子的问题时应该遵循科学道理，让孩子从一开始就对所提问题树立一个正确的概念，不要教给孩子错误的概念，以免以后难以纠正。回答问题时，父母要根据幼儿的年龄特点、知识状况和智力水平，用幼儿能理解的、简单明了的语言。不要讲太多名词、术语，也不要给孩子讲太多大道理。家长对于幼儿提出的问题一时回答不上来，切不可不懂装懂，而应老老实实地告诉孩子，自己回答不出这个问题，可以在看书或请教别人以后再来回答孩子。家长一定要记住自己对孩子许下的承诺，一定要给孩子一个满意的答复。这也是家长在用实际行动教育孩子：勤奋好学、不耻下问、实事求是、遵守诺言。

对于一些不便向孩子解释的问题，家长也不要哄骗孩子。比如，孩子问："我是从哪儿生出来的？"不要骗他说："你是从垃圾箱里捡来的。"可以简单而委婉地告诉孩子："你很小的时候住在妈妈的肚子里，等你长大了，妈妈的肚子装不下了，你就出来和妈妈做伴了。"由于孩子辨别是非的能力差，因此，哄骗孩子只会让孩子学着家长骗人，养成不良的行为习惯。

17. 怎样培养孩子的自我控制能力？

自我控制能力是指能够控制、支配自己的行为，并自觉地调节自己行为的能力。它表现为既善于促使自己去完成应当完成的任务，又善于抑制自己的不良行为。一些孩子的自我控制能力较差，想怎么做就怎么做，不考虑行为后果，往往容易惹是生非。父母应该清楚地认识到：人在社会中必须按照一定的规范行事，受纪律约束。因此，培养孩子的自我控制能力是一项重要的任务。父母可以从以下几个方面入手。

❶从小事做起，培养孩子良好的行为规范。培养孩子的自制力可从小事入手，比如要孩子按时起床、按时就寝，饭前、便后要洗手，要把玩具、图书放回原处等。随着孩子年龄的增长，父母要严格按照社会道德的规范来要求孩子，指导孩子遵守集体的规则和纪律，不能随心所欲、我行我素，不能侵犯他人的利益或违反社会道德规范。家长不要一下子给孩子立很多规矩，要从孩子最容易做到的事开始，适合孩子的思维和自我约束能力，并且持之以恒，切不可朝令夕改。

❷帮助孩子逐步学会评价自己的行为。在培养孩子良好行为习惯的过程中，一些家长往往只告诉孩子这样做不对，应当那样做，并没有向孩子说明原因，孩子以后再遇到类似的情况时，又可能犯同样的错误。家长应当耐心地跟孩子讲道理，使孩子明白为什么这样做是不对的，为什么那样

做是正确的，逐渐让孩子学会根据相应的行为准则和道德规范评价自己的行为。

❸ **要及时鼓励孩子的进步。**家长要留心观察孩子的行为。每当孩子努力按照家长的要求去做了，即使做得不那么尽善尽美，家长也要对孩子的行为表示赞许。比如孩子以前经常抢别人的玩具，现在会礼貌地向其他小朋友借玩具玩，家长就要及时地表扬孩子。当然，不必全部是语言上的表扬，家长可以搂搂孩子，亲亲孩子，传递一个充满爱意的眼神，夸一声"乖孩子"，都会起到很好的正面强化作用。

❹ **家长要为孩子做出表率，发挥榜样的作用。**孩子喜欢模仿家长的行为。同时，孩子也会注意观察家长的言行是否一致。如果言行不一致，家长的形象和家长说话的分量就会在孩子心目中大打折扣。

18. 怎样培养孩子的自信心？

自信心是一个人成功的基石。一个人只有自信心充足、不畏艰险、勇于开拓，才有可能取得成功。而一个缺乏自信心，自卑、畏缩的人，不管他做什么，等待他的都只有失败。所以，家长应重视培养孩子的自信心。那么，家长应当如何培养孩子的自信心呢？

❶ **引导孩子锻炼身体。**拥有健康的身体才能具有健全的灵魂。一般来说，体格健壮的孩子比体弱多病的孩子更加自信、精力充沛，干什么事都跃跃欲试、得心应手。相反，体质差的孩子遇到事时，总是局促不安、胆小、退缩、缺乏自信心。

❷ **家长要尽量为孩子提供独立动手的机会。**这是培养孩子自信心必不可少的条件。孩子只有在自由自在的活动和玩耍中，才能不断掌握新的技能，获得新的智慧。因此，家长要在保证孩子安全的前提下给孩子提供独立动手的机会，鼓励孩子自己的事情自己做，如穿衣服、吃饭、收拾玩具等，让孩子通过自身的尝试，认识和肯定自己的能力，体验到成功的快乐，树立自信心。千万不可溺爱孩子。如果事事由父母包办、代替，那么孩子就会失去独立活动的机会，体验不到成功的喜悦，无法树立自信心。

❸ **家长应多鼓励和关心孩子。**这是培养孩子自信心的重要条件。由于孩子的能力有限，因此，家长在鼓励孩子"自己试试看"的同时，在孩子遇到困难和挫折的时候，要给予适当的帮助和指导。家长是孩子探索周围世界的避风港。有了父母的关怀和鼓励，孩子就有了认识世界、探索未来

的勇气和信心。

❹ **正确对待孩子的成功和失败。** 一旦孩子取得进步，家长就要及时给予表扬，让孩子看到自己的力量，从而增强孩子的自信心。当孩子失败时，家长不能指责、训斥孩子，更不能侮辱孩子，否则会极大地伤害孩子的自尊心，使孩子真的以为自己不如别人，怀疑自己的能力，失去自信心。家长应当帮助孩子渡过难关，使孩子觉得失败并不可怕，只要信心十足，就一定会取得成功。

❺ **为孩子营造和谐、积极向上的家庭氛围。** 家庭和睦，父母品行端正，勇于战胜困难和挫折，会使孩子产生自豪感，并从中萌生出对自己的信心。相反，父母离异，家庭破裂，父母品行有缺陷，都容易使孩子在同伴中抬不起头来，产生自卑心理。因此，家长应为孩子创造良好的家庭氛围，增强孩子的自信心。

19. 什么是过度教育？

天下父母莫不盼望自己的孩子早成大器、成龙成凤。为了实现这一目标，许多父母对孩子采取了过度教育的措施。所谓过度教育，就是增加孩子的学习内容，加大学习难度。让孩子练书法、学绘画、弹乐器、学外语，参加各种形式的短训班、速成班。孩

子的时间都被安排得满满的。这是一种超出儿童身心发展限度的过度教育。

过度教育会使孩子的大脑负担过重，使孩子失去学习的兴趣，挫伤孩子的求知欲望，让孩子厌倦学习。

因此，家长在教育幼儿的过程中切勿揠苗助长，要符合幼儿心理年龄的特点。孩子与成人一样，有自己的兴趣爱好、思维方式，也有自己的心理发展速度和潜能优势。家长只有顺从发展、积极引导孩子，正确地对孩子进行早期教育，孩子才会成才。

20. 家长应该怎样帮助幼儿摆脱恐惧心理？

恐惧是一种不合理的害怕情绪。父母应该怎样帮助幼儿摆脱这种心理困扰呢？

❶ **对抗治疗法：** 把愉快的活动和引起恐惧情绪反应的刺激放在一起，以积极的情绪去克服恐惧刺激引起的消极反应。比如，孩子怕打针，家长可以在孩子打针时，让孩子拿着喜欢的玩具；当孩子害怕电闪雷鸣时，家长可以让孩子听一些他自己喜欢的歌曲。这样做可以分散幼儿对恐惧对象的注意力，从而使幼儿逐渐适应恐惧对象，消除恐惧心理。

❷ **系统脱敏法：** 可在心理医生的

指导下学习系统脱敏法。

❸ **榜样示范法**：由于家长是孩子最信赖、最亲近的人，因此，家长的行为对孩子有明显的示范作用。为消除和避免孩子恐惧，家长自己应大胆、勇敢，为孩子树立良好的榜样。

❹ **提高认知法**：家长应丰富幼儿的知识，扩大幼儿的眼界。幼儿的某些恐惧是因为无知。父母可以给幼儿讲明科学道理。幼儿一旦对一种事物或现象有了深入的了解，就不会再害怕了。家长还可多让幼儿接触自然，用有趣的活动来吸引幼儿的注意力。同时，家长应尽量避免让幼儿接触恐怖的事物，谨慎选择故事书和电视节目。

幼儿年龄小，可塑性大。只要家长引导得当，幼儿就可能会摆脱恐惧心理。

21. 要不要纠正左撇子？

孩子刚出生时并无左撇子或右撇子之分，有时用左手，有时用右手。6个月以后孩子能同时使用双手。1岁以后，孩子时而惯用右手，时而惯用左手，如在搭积木、拿勺吃饭、玩玩具、用手翻书等活动中都没有固定的惯用手之分。孩子大约到4岁时才真正确定惯用哪只手。

人的大脑分为左右两个半球，右半球负责左侧肢体的知觉和运动，左半球负责右侧肢体的知觉和运动。手的动作和脑的活动是有联系的，这种联系不是同侧而是对侧，即右手的活动促进左脑的发展，左手的活动促进右脑的发展。所以，孩子无论是惯用左手还是惯用右手，只是一个习惯问题。

如果孩子有左撇子倾向，家长没有必要强迫孩子改正。

但是，由于用左手做一些事情时确实不方便，我们也有必要鼓励和引导孩子用右手。如果孩子左手、右手都能用，那么孩子不就有了更加灵巧的双手吗？这样做对孩子的智力发育也是有利的，能同时促进左、右大脑半球的发育。

家长不要限制孩子用左手，同时，还可以鼓励惯用左手的孩子学会用右手，做到左手、右手并用，以充分开发孩子的智力潜能。

幼儿的品德培养

1. 如何正确引导幼儿的自主性和独立性?

2~3岁的孩子一般都喜欢自己做事,不管什么事都想自己干,根本不考虑自己会不会干,该不该干。面对一个凡事都要自己干的幼儿,家长应该如何进行引导呢?

首先,要充分肯定孩子的自主性和独立性。不管什么事情,孩子都想独立做。这充分表现出孩子的主动精神、自我意识和独立要求。比如,孩子要自己洗手、自己吃饭,但是由于年龄小,肌肉发育不完善,动作的协调性比较差,因此他经常会把衣服弄湿,把饭菜洒得到处都是,甚至把餐具、杯子打碎。这时家长不能禁止孩子自己动手吃饭,更不能因此训斥、打骂孩子,否则会扼杀孩子的主动精神和独立意识的萌芽,打击孩子"一切自己干"的积极性。家长要知道,孩子从不会到会需要一个学习、练习的过程,不能因为孩子一时做不好就操之过急。家长要给孩子积极的支持和引导,帮助孩子树立信心,提高能力。

其次,帮助孩子提高动手能力。孩子"一切自己干"的愿望是美好的,但是这个愿望与他自己的实际能力仍

然存在着一些差距。如果孩子屡试屡败,就会丧失自信心。这时家长要运用恰当的方法,耐心地、逐步地提高孩子的动手操作能力。家长可以先给孩子做示范,然后手把手地教孩子做,边做边给孩子讲解,经过反复多次的练习后,孩子便可以熟练掌握一些技巧。另外,家长还可以通过让孩子练习画画、剪纸等,提高孩子动作的灵活性和协调性。家长要不断地鼓励孩子,激发孩子"一切自己干"的积极性。

最后,对于有危险的事情,要坚决制止。如果孩子做危险性较大的事情,比如点火柴、插电源插头、打开煤气灶等,家长要立即予以制止,并告诉孩子:"这些事情由爸爸妈妈做就可以了。你现在年龄太小,做这些事情太危险。等你长大以后,爸爸妈妈再教你做。"

对于想要"一切自己干"的幼儿,家长一定不要制止或为之代劳,因为幼儿的独立生活能力主要是通过动手能力发展起来的。动手能力差,必然会妨碍孩子独立生活能力的形成和发展。

2. 如何培养幼儿的劳动习惯?

根据幼儿的身心发育特点,家长可以从以下几个方面培养幼儿的劳动习惯:

❶ **培养幼儿的生活自理能力。**家长应当要求和教育幼儿自己的事情自己做，不可衣来伸手、饭来张口。家长可让孩子自己穿衣服、脱衣服、穿鞋、戴帽子、洗手、洗脸、吃饭、整理图书和玩具等。不要对幼儿提太高的要求，要耐心地教幼儿自己做。可以先给幼儿做示范，然后再指导幼儿反复练习，直到幼儿完全学会。

❷ **学习干家务。**孩子是家庭的一员。家长要从小培养孩子对家庭的责任感，适当地给孩子安排一些力所能及的家务劳动，比如帮助家长拿东西、饭前摆碗筷、搬凳子，饭后收拾碗筷、扫地、抹桌子等。即使幼儿干得不尽如人意，家长也要多表扬，激发幼儿的劳动热情。

❸ **鼓励幼儿参加一些公益劳动。**家长可以带孩子参加一些社区组织的公益劳动，如打扫庭院、灭蝇、除草、扫雪等。通过公益劳动，幼儿不仅可以培养劳动习惯，还可以培养关心他人、热爱集体的美德。

良好的习惯是在日常生活中逐渐形成的。家长要时刻注意对孩子劳动习惯的培养。

3. 如何培养幼儿克服困难的勇气?

当今社会竞争愈来愈激烈。要想孩子将来生活得幸福，获得成功，父母就应放手让孩子自己去探索世界，让孩子通过挫折的磨炼，获得克服困难的勇气，学会生存，学会负责任。那么，在早期教育中，家长应当如何培养幼儿克服困难的勇气呢?

❶ **有意设置障碍，培养抗挫折能力。**在前进的道路上，人们总会遇到困难和障碍。如果家长平时让孩子走惯平坦路，听惯顺耳话，做惯顺心事，那么孩子一旦遇到困难就会束手无策。家长有意地给孩子设置障碍，是为了培养孩子分析问题、解决困难的能力，使孩子在遇到困难时有足够的心理准备，并能冲破障碍，实现自己的目标。家长在设置障碍时应注意幼儿的年龄特点，设置障碍的困难程度应是幼儿"跳一跳"就能克服的。如果难度过大，幼儿就容易失败。多次失败不但不能培养幼儿的能力，反而会增加幼儿的失败体验，让幼儿自卑。家长应牢记一点：设置障碍是为了培养能力，而不是为了体验失败。

❷ **鼓励幼儿克服困难，培养迎难而上的勇气。**家长在孩子遇到困难时，教育孩子不要采取回避的态度，鼓励孩子面对现实，勇敢地向困难发起挑战。例如，当幼儿登山怕摔时，家长在一旁鼓励幼儿说："别怕，你能行，摔一跤算什么!"帮助幼儿树立自信心，努力地克服困难。当幼儿一次次

战胜困难时，他便增添了克服困难的勇气，激起了战胜困难的斗志。这时家长的"你行"也就变成了孩子自己的"我行"。

4. 幼儿为什么会任性？

随着岁月的流逝，孩子在渐渐地长大。孩子在给家庭带来欢乐的同时，孩子的行为问题也不时地困扰着父母。我们如果仔细剖析孩子的问题，就不难发现孩子的问题多是由父母造成的。面对幼儿的需要，很多父母都是不假思索地给予满足，从未思考幼儿的需要是否合理。面对幼儿的不合理要求，很多父母无条件满足，从未考虑可能产生的后果。父母的溺爱，为孩子提供了百依百顺的生活环境。父母的让步、迁就，使孩子积累了"成功"的经验，形成如今的任性。

5. 当幼儿任性时，家长应该怎么办？

任性是幼儿普遍存在的一种现象。幼儿任性的确让家长深感头痛，甚至束手无策。那么，家长应该如何应对任性的幼儿呢？下面向家长介绍几种方法。

❶ 转移法：当幼儿任性时，家长千万不可跟幼儿对着干，因为这样做只会使幼儿越来越犟。家长可以让幼儿玩他平时最喜欢的玩具，或者和幼儿一起做一些有趣的游戏。这样做会转移幼儿大脑皮质的兴奋点，分散幼儿的注意力。家长可以等幼儿情绪好转后，再跟幼儿讲道理。

❷ 预防法：家长应注意观察幼儿容易在什么情况下任性。一些幼儿经常在逛商场时任性，非要买一大堆零食才肯离去。那么在下一次逛商场前，家长应事先与幼儿约法三章：只许幼儿挑选一样他最喜欢的零食，如果幼儿答应，就带他逛商场；如果幼儿不答应，就不带他逛商场。若幼儿按照事先的约定做了，家长要及时表扬或奖励幼儿。

❸ 自控法：当幼儿任性、哭闹时，尤其是提一些过分的要求时，家长切不可心软依从，否则会助长幼儿的任性。这时家长可以不理睬幼儿，任其哭闹。时间一久，一些幼儿感到自己哭闹也没有用时，便会停止哭闹。这时家长一定要及时安慰幼儿，并给幼儿讲道理。

❹ 激将法：幼儿多争强好胜，不服输。当幼儿任性时，家长可以故意让他与动画片中的人物或身边的小伙伴比赛，让幼儿在"我一定比他强""我也能做到"的心理作用下克制住任性。家长要趁机表扬、鼓励幼儿，强化幼儿好的行为。

❺ 搭梯法：当幼儿任性时，家

长可故意说："宝宝是跟妈妈闹着玩的。""宝宝是在做游戏，不是真的。""我们的宝宝才不会这样呢。"或者对宝宝说："宝宝一直很听话，过一会儿就好了。"利用幼儿心理上的转换，达到让幼儿克制任性的目的。

总之，对待幼儿既不可娇惯、百依百顺，也不可过分限制，以硬对硬。对于幼儿合理的要求，家长应当满足；对于幼儿不合理的要求，家长不能迁就。家长应了解幼儿的心理特点，有针对性地选用相应的方法，让幼儿逐渐改掉任性的毛病。

6. 幼儿不合群，家长应该怎么办？

一些幼儿在去幼儿园之前，整天与爸爸妈妈、爷爷奶奶等成人打交道，很少有与同龄伙伴接触的机会，缺乏与同伴交往的经验，加上在家庭中的特殊优越地位，很容易孤僻、不合群。面对这类幼儿，家长应该怎么办呢？

首先，要培养幼儿的集体观念，改变幼儿以自我为中心的不良习惯。家长一味地迁就幼儿，对幼儿有求必应、百依百顺，势必会让幼儿养成以自我为中心、唯我独尊的坏习惯。幼儿在与同伴的交往中要求同伴顺着自己，满足自己的需求，不顾及同伴的感受，势必会引起同伴的反感。因此，家长应当教育幼儿与同伴友好相处，养成尊重别人、谦让的好习惯，使幼儿在与同伴的交往中体会到快乐和友谊。同时，家长要让家庭和睦，与邻里和平共处，凡事礼让三分，使幼儿在家长的言传身教中学会关爱别人。

其次，指导幼儿积累交往经验。家长要鼓励幼儿走出家门，多与同伴交往。教育幼儿见到他人时要问好，分手时说再见，使幼儿与周围的人建立起正常的人际关系。多带幼儿到公共场所游玩，让幼儿懂得玩什么都需要遵守一定的秩序，比如玩滑梯要按顺序上下，不能插队，以免挤倒其他小朋友。家长还应鼓励幼儿经常邀请小伙伴到家中做客，帮助幼儿学习如何热情地招待小伙伴，如何与小伙伴友好相处，避免发生争执，如何与小伙伴分享好吃的、好玩的东西。在广泛的交往中，幼儿可以逐渐培养协调朋友间关系的能力，了解自身和朋友的性格特点，懂得如何克制自己的不良行为和情绪，学会与朋友协作，解决冲突，逐步增加交往经验，避免因缺乏交往经验导致的不合群。

最后，要妥善处理幼儿之间的矛盾纠纷。幼儿之间发生争执、吵架是很自然的事情。家长不必过于紧张或马上进行干预，可以让幼儿自行处理。多数幼儿过一会儿便会与小伙伴和好如初。

在处理孩子之间的纠纷时，家长应当搞清双方的情况，明辨是非，协助解决，不要随便批评一方，或让另一方妥协。在处理纠纷的过程中，幼儿能明白与人交往应遵循的基本原则，比如怎样做会让小伙伴愿意和自己玩，如何与小伙伴和睦相处。

7. 当幼儿闹情绪时，家长应该如何处理?

父母都希望自己的孩子听话、懂事。而有些幼儿偏偏不让家长省心，一遇到不满意、不称心的事就和家长闹情绪，要么大哭大闹，要么乱发脾气。幼儿的性格虽然与先天因素有一定的关系，但主要受后天的环境和教育影响。在幼儿闹情绪的时候，家长不妨试试以下的方法。

❶ 当幼儿闹情绪时，家长首先要冷静地分析一下原因。家长需要分析：幼儿闹情绪是因为合理的要求没有得到满足，还是因为明知自己不对非要跟家长拧着来。如果孩子提出的要求是合理的，家长就应当尽量满足孩子。即使一时满足不了孩子，也要给孩子讲清道理，告诉孩子可以延迟满足他。如果孩子的要求不合理，家长要向孩子讲清楚他的要求为什么不合理，正因为这种要求不合理，他再闹也不能被满足。家长在给幼儿讲道理时应讲得浅显、简短、有趣，可以用讲故事的形式，把问题讲清楚。如果幼儿非要在睡前吃糖果，家长就可以给幼儿讲一个简短的有关龋齿是怎样产生的故事；遇到医生治牙的画面，也可以叫幼儿看一看，强化患牙病的痛苦。这样做会让幼儿主动放弃在睡前吃糖果的想法。

❷ 当幼儿闹情绪时，家长可以采取转移注意力的方法。这种方法对年龄小的小儿比较有效。由于小儿的注意力不稳定、不持久，因此家长可以用小儿比较感兴趣的事物转移他的注意力，使小儿忘记眼前的事物。

❸ 采取冷处理。当孩子的不合理要求没有被满足，大哭大闹、乱发脾气时，家长千万不要一时心软，满足孩子的要求，也不要和孩子硬碰硬，

对着吵，可以暂时不理他，采取冷处理，装作若无其事的样子，继续做自己的事情。一些幼儿看到自己闹情绪不奏效，就会逐渐平静下来。等幼儿情绪恢复后，家长再给他讲道理，使他明白家长不会答应他的无理要求。

❹ **家长要及时给幼儿打"预防针"，把教育工作做在前面。**比如，带孩子去逛商场，可以先跟孩子讲好："只能选一样自己喜欢的东西，不能买别的东西。"如果孩子答应，就带孩子去商场；如果孩子不答应，就不带孩子去商场。避免孩子到商场后看见什么东西都想买，一旦没有被满足就闹情绪。

❺ **抓住教育时机，恰当地运用表扬与批评。**当幼儿取得点滴进步时，家长要及时给予赞赏，强化幼儿好的行为。如果幼儿没有按要求做，或者说话不算数，家长就要给予适当的批评，淡化幼儿的不良行为。

8. 怎样对待撒谎的幼儿？

幼儿天真无邪，但有时也会有说谎的行为。家长要高度重视幼儿撒谎的行为，分析撒谎的原因，针对具体情况区别对待，教育幼儿做一个诚实的人。一般来说，幼儿说谎主要有以下原因：

❶ **说谎是由幼儿的心理发展特点**造成的。年龄小的孩子记忆不精确，在回忆时往往容易歪曲事实。比如老师请小朋友把自己的遥控汽车带来给大家看看，又叮嘱小朋友明天带彩笔。可是小亮回家后却让妈妈给他买一个遥控汽车，还说是老师说的，其实是他把老师的话记错了。

有的孩子知识贫乏，认知能力低下，也可造成"瞎说"。比如小丽对妈妈说："我今天在幼儿园吃了5个包子。"而实际上小丽只吃了2个包子，这是因为小丽还不会正确地数数。

年龄小的孩子往往容易把想象与现实混淆起来。如新新看到邻居家的小男孩穿了一身海军服，非常羡慕。第二天新新告诉幼儿园的小伙伴，妈妈也给他买了一身海军服。这种情况看似是孩子说谎，其实孩子并不是有意的。而是因为孩子非常想拥有一身海军服，于是他就把愿望当成现实说出来了。因此，家长不要轻易指责和训斥孩子不诚实，以免刺伤孩子幼小的心灵，而应该帮助孩子把事实弄清楚，告诉孩子不要把想象的事当作真实的事。一般来说，随着幼儿年龄的增长，思维、记忆等能力的增强，这种说谎现象就会逐渐消失。

❷ **幼儿有时会模仿家长撒谎。**一些家长在日常生活中的不恰当行为教会了孩子撒谎。有的父母不喜欢接待

某位客人，就让孩子对来访的客人说："我爸爸妈妈不在家。"这样就在无意中教会了孩子撒谎。家长作为孩子的首任老师，必须以身作则，克服自身的说谎行为。要想让幼儿不撒谎，家长首先得诚实。

❸ 幼儿有时为了逃避惩罚而撒谎。一旦孩子有过失，一些家长就不分青红皂白，一律严加惩罚。幼儿由于怕挨骂、挨打，就采用说谎的办法来逃避惩罚。对于这种情况，家长要正确对待。只要孩子勇于承认错误并及时加以改正，家长就应当原谅孩子。

9. 当幼儿提出不合理的要求时，家长应该怎么办？

幼儿年龄小、不懂事，辨别是非的能力差，自我控制能力也不强，当看到一些新奇多变、极具吸引力的事物或现象时，容易产生强烈的占有欲，常常提出这样或那样的不合理要求。面对幼儿提出的不合理要求，家长应

当如何处理呢？

首先，家长必须明确而坚决地拒绝幼儿。对于幼儿的无理要求，家长千万不可迁就，而应立即拒绝。无论孩子如何无理取闹，家长都要坚持原则。如果家长毫无原则地满足孩子的要求，对孩子百依百顺、任意放纵，就会使孩子变得任性。家长必须用自己的实际行动让孩子认识到：合理的要求能够被满足，不合理的要求只会遭到拒绝，必须放弃和适当节制自己的要求。

其次，家长的态度要一致。在对待孩子不合理要求的问题上，家长的态度要一致。如果家长意见不统一，爸爸妈妈管，爷爷奶奶惯，孩子就会钻空子，找到突破口，利用爷爷奶奶来压制爸爸妈妈，最终达到自己的目的。因此家庭成员在这个问题上一定要思想统一、步调一致、相互配合，不让孩子有可乘之机。

最后，家长要讲究方式、方法。在拒绝幼儿的无理要求时，家长要讲究方式、方法，既不用斥责和打骂的方式来压制幼儿，也不用假话来哄骗幼儿，而要用说服教育或转移注意力等方法，达到拒绝幼儿不合理要求的目的。

例如，妈妈带小明上街，在商场小明看上了一辆玩具汽车，非让妈妈给他买。可是妈妈事先并未打算给小明买玩具，而且小明已经有许多玩具汽车了。这时妈妈可以对小明说："妈妈知道你非常喜欢这辆玩具汽车，可是爸爸妈妈已经给你买了很多各式各样的玩具汽车了。前几天，幼儿园老师让小朋友们准备彩笔，要给你们上美术课。家里正好没有彩笔。不如妈妈今天给你买一盒彩笔，回家以后妈妈教你画大汽车，好不好啊？"这样做既让孩子明白不买玩具汽车的理由，又使孩子在新的选择中获得满足。长此以往，孩子会逐渐明辨是非与对错，自觉放弃不合理的要求。

10. 怎样对待淘气的幼儿？

有些幼儿生性调皮、淘气，今天把其他小朋友的玩具弄坏了，明天又扬了小伙伴一脸沙，经常犯错误，搞恶作剧，弄得家长焦头烂额。幼儿之所以淘气，主要是因为年幼无知、活泼好动、辨别是非的能力差。那么，对于淘气的幼儿，家长可以采取哪些对策呢？

首先，改变易引发幼儿淘气的环境。 淘气的幼儿大多比较好动，手脚闲不住，东摸摸，西碰碰。幼儿因为动作发育不够精确，经常在无意中犯错误，一会儿摔碎一只碗，一会儿又打破一只花瓶。对此，家长应当把一些比较贵重、易碎、易破的物品妥善保管好，放在高处或锁在橱中，不让幼儿接触到这些物品，减少意外事故的发生。

其次，理解幼儿，及时奖励。 由于幼儿年龄较小，自制力差，淘气也是在所难免的。家长应当理解幼儿的这一性格特点，不要一味地责怪、惩罚幼儿，要体谅幼儿，理解幼儿。当幼儿在某一方面表现良好时，家长要及时表扬和奖励幼儿，使良好的行为得到强化，让幼儿感觉到"妈妈喜欢我这样做"。长此以往，不良行为会逐渐被良好的行为所替代，幼儿将会变得越来越好。

再次，提高幼儿辨别是非的能力。 由于幼儿年幼无知，辨别是非的能力较差，因此家长应当教育幼儿哪些行为是正确的，可以去做；哪些行为是错误的，不可以去做，并向幼儿说明道理。逐渐增强幼儿辨别是非的能力，使幼儿变得乖巧、守规矩。

最后，以静制动，因势利导。 淘气的幼儿一般精力旺盛，多动，好奇心强，想象力丰富。家长可以根据孩子的这些特点，引导孩子从事一些安静而益智的游戏或活动。比如，家长可以经常给孩子读故事，教孩子画画，和孩子一起串珠子，教孩子拼七巧板、猜谜语等。通过玩这些游戏，幼儿不但可以提高智力，还可以变得安静而有耐心。通过以静制动，幼儿可以克服淘气的坏毛病。

11. 幼儿爱哭，家长应该怎么办？

幼儿爱哭是一种较为普遍的现象。这主要是由于幼儿不太善于控制自己的情感，情绪不太稳定，语言表达能力又不强，只能用哭来表达自己的要求、愿望和委屈。当幼儿哭的时候，家长应当如何正确处理呢？

幼儿哭的原因有很多，家长要具体情况具体分析，不能幼儿一哭闹，就训斥、责骂幼儿。而有的家长只要看到孩子哭，就百般地呵护、爱抚孩子。孩子为了得到家长更多的关注和爱抚，有事没事就哭，时间久了，就养成了爱哭的毛病。遇到这种情况，家长可以采取冷处理的方法，不去管孩子，等孩子哭完了，再跟孩子讲道理。

有的孩子哭是因为被家长错怪，感到委屈。比如，小红的气球是被小明弄破的，妈妈误以为气球是小军弄破的，于是妈妈批评了小军，小军觉得不公平，伤心地哭了。家长在批评孩子之前一定要查明事实真相。家长一旦错怪了孩子，就要实事求是地勇敢承认错误，不能不了了之，让孩子蒙受委屈。家长同时要告诉孩子："如

果我错怪了你，你要及时向我解释清楚，哭是没有用的。"有的幼儿由于语言表达能力差，无法向家长解释清楚。遇到这种情况时，家长要注意提高幼儿的语言表达能力。

当孩子因为无理要求没有被满足而大哭大闹时，家长千万不可迁就、纵容他。即使孩子撒泼打滚、无理取闹，家长也不能心软。家长可以采取冷处理的方法，也可以采取转移注意力的方法，比如，给孩子一件他平时最喜欢的玩具，为孩子读一个他最爱听的故事等。等孩子平静下来以后，再让孩子学会放弃和适当节制自己的不合理要求。

此外，有些幼儿的哭声较反常，持续时间较长，这时家长要仔细检查幼儿是否有生病或受伤的情况，以便及时带幼儿就医治疗。

总之，面对爱哭的幼儿，家长只要处理方法得当，就会使幼儿逐渐改掉爱哭的坏习惯。

12. 幼儿爱发脾气，家长应该怎么办？

幼儿发脾气是比较普遍的现象。但是如果幼儿经常发脾气，则不利于幼儿拥有良好、稳定的情绪和养成健康的性格。那么，家长应该怎样对待爱发脾气的幼儿呢？

❶家长要规范自己的言行。想要孩子有正常的情绪，少发或不发脾气，家长首先要规范自己的言行。如果家长经常当着幼儿的面大喊大叫、骂人、扔东西，就等于在用行动错误地引导幼儿。只有家长保持愉快而稳定的情绪，才能为孩子营造温暖、平静、互爱的氛围。这是控制幼儿发脾气的前提。

❷采取冷处理。一些幼儿发脾气主要是为了得到父母的关注和让步。如果幼儿发脾气时所处的环境比较安全，家长可以置之不理，比如转身走开、继续谈话或干自己的事。过不了多久，幼儿发现没有人注意自己在发脾气时，可能会转身干别的事。有了几次这样的体验后，幼儿自然会领悟到，发脾气是不能实现自己不合理的要求的。

❸转移注意力。当幼儿发脾气时，家长可以迅速转移幼儿的注意力，避免幼儿的任性发作。比如家长可以对幼儿说："你看，楼下有这么多漂亮的大汽车。我们一起出去看大汽车好吗？"由于幼儿以无意注意为主，因此幼儿的关注点会很快被转移。

❹适度惩罚。面对正在发脾气的孩子，家长可以等孩子平静下来以后，用心平气和的口吻向孩子提出警告，表达自己的失望。同时，给孩子一些适当的惩罚。比如，家长对孩子说："因为你刚才发脾气了，表现不好，今天下午就不能看动画片了。"但是，家长要掌握好处罚的分寸，不能过于严厉，以免挫伤孩子的自尊心，使孩子产生怨恨的情绪。

❺帮助幼儿学会正确表达情感。家长在日常生活中要多给幼儿自主权，树立正确的育儿观、教养观。家长要经常和孩子谈心，倾听孩子的意见，尊重和体谅孩子的感受，尽量避免激起孩子的愤怒。要告诉幼儿，当心中不悦时，他可以向别人倾诉，也可以用运动或唱歌等方式来进行排解，乱发脾气是不正确的。

❻运用幽默。当幼儿发脾气时，家长的幽默往往能起到使幼儿破涕为笑的作用。比如，家长可以对幼儿说："你看，你哭得脸都脏了，多像一只不讲卫生的小花猫呀。"幽默可使家

庭充满欢乐和愉快的气氛。这种气氛有助于陶冶幼儿的性情。

13. 幼儿拿了别人的东西，家长应该怎么办？

一些幼儿会有"拿"别人东西的行为。这种行为与成年人的偷窃行为不同。因为幼儿还未形成良好的道德观，尚不能了解物品的归属权问题，只要他自己喜欢，他就把东西拿来了。一些家长对孩子的"偷窃"行为深恶痛绝、严厉责罚，一些家长视而不见、放纵孩子的"偷窃"行为。这些家长的做法都是不合适的，都有可能造成孩子日后出现"偷窃癖"。

当幼儿拿了别人的东西时，家长应该如何处置呢？

首先，要帮助幼儿形成所有权的概念。例如，家长拿孩子的玩具时，要征求孩子的同意。孩子拿家长的东西时也要事先打招呼。孩子的衣柜和玩具箱要和家长的分开。

其次，让幼儿通过合理的手段去获取自己需要的东西。让幼儿明白，未经允许就去拿别人的东西是不对的。如果幼儿喜欢某个玩具，家长不要简单、粗暴地拒绝他，而要让他通过合理的方式来获得。

最后，让幼儿弥补自己的错误。当发现幼儿已经拿了别人的东西后，家长要让幼儿亲自将东西归还并道歉，设法弥补错误。例如，孩子偷吃了别人的东西，要让孩子自己去道歉，并让他用自己的零花钱赔偿。在纠正孩子的错误行为时，要注意维护孩子的自尊心。而当孩子能够承认并改正错误的行为时，家长要表扬孩子。

已经形成比较顽固的偷窃习惯的幼儿，需要在心理医生的帮助下，采用认知疗法、厌恶刺激疗法等方法来治疗。

14. 如何对幼儿进行品德教育？

想要把幼儿培养成为国家建设的栋梁之材，早期对幼儿进行智力开发固然重要，但是对幼儿进行品德教育同等重要。一个合格的社会成员首先必须是一个具有良好品行的人。幼儿时期是一个人品德开始形成的重要时期。家长要在这一时期给幼儿良好的品德教育。否则幼儿一旦形成坏的行为习惯，再进行纠正就困难得多。家长可以从以下四个方面对幼儿进行品德教育：

❶ 对幼儿进行文明礼貌教育。教育幼儿从小尊重父母、尊重长辈、尊敬老师，举止文明得体，有礼貌，使用文明用语。比如，见到别人主动问好；接受别人的帮助时要说"谢谢"；别人向自己致谢时要说"不用谢"；

与人分别时说"再见"等。

❷教育幼儿关心他人。家长应当从小培养幼儿关心他人，为他人着想，不要凡事只想到自己，要学会分享，懂得谦让。

❸培养幼儿勤劳的习惯。热爱劳动是人的一种美德，也是创造美好生活的源泉。因此家长要注意培养幼儿热爱劳动、勤劳朴实的美德。经常让幼儿去做一些力所能及的事，教育幼儿自己的事情自己做，不依赖父母。防止幼儿养成好逸恶劳、懒惰成性的不良品质。

❹教育幼儿诚实勇敢。诚实勇敢是做人的一条基本原则。家长必须从小教育孩子说实话、不撒谎，犯了错误后要勇于承认，并及时加以改正，不随便拿别人的东西，捡到东西要归还失主等，教孩子做一个光明磊落的人。勇敢是指不怕危险和困难，它是与人的自信心、克服恐惧心理的能力结合在一起的。家长要鼓励幼儿积极参加各类文体活动和游戏，增强幼儿的自信心。激励幼儿勇于克服困难，坚决完成任务，勇于承认自己的过失，把幼儿培养成一个坚强、勇敢的人。

15. 幼儿不听话，家长应该怎么办?

有的家长一谈起自己的孩子时，就直皱眉头，抱怨自己的孩子不听话，

让他这样做，他非那样做，让他往东，他非要往西，硬和家长对着干。面对一个如此不听话的孩子，家长应当怎么做呢?

首先，家长要以身作则。俗话说："身教重于言教。"有的家长教育孩子要讲文明、懂礼貌，自己却整天满口脏话，出言不逊;有的家长教育孩子要讲卫生，自己却乱扔垃圾，随地吐痰。这样的家长管教孩子，孩子能听吗? 所以，家长要时刻注意自己的言行，严格要求自己，为孩子树立榜样，在孩子心目中建立威信，使孩子心悦诚服。

其次，家长要考虑自己的要求是否合情合理。比如，孩子在外面与小朋友闹了矛盾，家长知道后，让孩子给小朋友赔礼道歉，可孩子就是不去。这时，家长首先要弄清楚事情的来龙去脉。如果自己的孩子没有过错，家

长却非让孩子去道歉，孩子当然不愿意去。因此，家长再遇到类似的事情时，一定要先搞清楚事情的真相，以免错怪孩子，使孩子蒙受委屈，还一味地责备孩子不听话。

再次，家长要考虑提要求的时机。幼儿的情绪不稳定，时好时坏。孩子在高兴的时候，比较容易接受家长的要求，愿意照着家长的话去做。而孩子在不高兴的时候，往往会对家长的唠叨产生厌烦心理，不但听不进家长的话，还容易产生抵触情绪。再就是当孩子正在专心致志地做某件事情时，家长最好不要对孩子提要求。比如，孩子正在专注地看动画片，妈妈让孩子把小手绢洗一洗，这时，孩子对妈妈的要求往往置若罔闻，因为此时对孩子来说，任何外来的干扰都是令人厌烦的。

最后，家长要注意与幼儿说话的态度。家长对幼儿说话时要态度亲切、语气和蔼，平等地对待幼儿，这样会使幼儿乐于接受家长的要求。如果家长蛮横无理、满脸怒气地对幼儿说话，就容易使幼儿产生逆反心理，与家长对着干，越来越不听话。

总之，幼儿不听话的原因是多种多样的。家长要细心观察，具体分析，对症下药，让不听话的幼儿逐渐乖巧起来。

16. 家长应如何对待幼儿的过失行为？

孩子在成长的过程中，会出现各种各样的过失行为。这些过失行为往往带有很大的偶然性、盲目性和试探性。

有的幼儿出于好心，在帮助家长干家务时，不慎打碎了东西；有的幼儿看到大人用剪子裁衣服，也盲目地模仿，结果用剪子剪破了自己的衣服；有的幼儿听见音乐盒里有音乐，出于好奇，把音乐盒拆开，想看个究竟，结果弄坏了音乐盒。我们可以从以上的事例看出，幼儿出现过失行为的原因是多种多样的。我们要仔细地分析原因，不可不分缘由地乱加指责幼儿。

那么，家长应当如何对待幼儿的过失行为呢？

首先，要向幼儿讲清楚道理。 家长要生动形象、深入浅出地给幼儿讲道理。把抽象的道理渗透到有趣的故事中，让幼儿明白为什么不能那样做，应该怎样做，为什么要这样做，帮助幼儿形成正确的是非观和行为规范准则。

其次，要循循善诱、因势利导。 家长不要一味地指责幼儿的过失行为，要善于从幼儿的过失行为中发现闪光点，正确地启发、引导幼儿。比如，孩子用剪子剪破了衣服，家长可以从中发现孩子好模仿、勤于动手的好品质。虽然孩子把音乐盒弄坏了，但是家长要肯定孩子的探索精神，给孩子灌输一些相关的知识，鼓励孩子勤于动脑、多学、多问。

再次，要鼓励和教育幼儿说实话。 如果幼儿如实地向家长说了犯错误的经过，家长在适当批评、讲道理的同时，要对幼儿说实话的行为给予表扬。如果幼儿每次说实话，都招致家长的一顿责骂，那么幼儿为了逃避惩罚，以后就不敢再说实话了，会逐渐养成说谎的坏习惯。

最后，要注意说教的态度。 家长在说服、教育幼儿时态度要平静而严肃，不能简单、粗暴地对待幼儿，更不能不分青红皂白就指责、打骂幼儿，伤害幼儿的自尊心。

幼儿出现过失行为是在所难免的，并没有什么可怕，关键要看家长如何正确对待、科学引导。

17. 孩子不愿意上幼儿园，家长怎么办？

孩子从家庭进入幼儿园，离开了父母和他熟悉的小天地，开始过集体生活，在心理上必然会出现一些不适应。孩子吃过早饭后便大哭大闹，不愿意去幼儿园。为了帮助孩子顺利度过这一时期，家长应帮孩子适应幼儿园的生活。

❶父母在孩子入园前，应当向孩子描述幼儿园的情况，讲述去幼儿园的好处，让孩子对幼儿园有所了解，

有想去幼儿园的愿望，对幼儿园产生兴趣。同时，父母带孩子去幼儿园做实地考察。孩子对幼儿园熟悉后，就会有一种安全感。

❷ 送孩子去幼儿园时，不要再三向孩子道别，不要表现出恋恋不舍的样子，而应高高兴兴、坚决果断地将孩子交给老师。

❸ 为了避免孩子在幼儿园有孤独感，最好让孩子同相识的小朋友结伴去幼儿园，并且早一点儿接孩子放学。

❹ 家长要多给孩子讲信任老师的话，增加孩子对老师的亲切感，同时找老师谈谈，请老师多关注和体贴孩子。

❺ 接孩子离园时，父母的心情要愉快，回家后多给孩子一些爱抚和温暖，多用一些时间和孩子聊天、玩耍，使孩子得到精神补偿。父母要以极大的兴趣倾听孩子讲述他在幼儿园看见、听见和所做的事情，欣赏孩子在幼儿园学的歌曲、手工等，启发孩子对幼儿园美好生活的向往，并对孩子的表现给予及时的鼓励。

❻ 对于无论如何都不能顺利入园的孩子，家长要下定决心，无论孩子怎么哭闹，都要在把孩子送到幼儿园后立刻就走。和幼儿园的老师配合，把安抚孩子的任务交给老师。增进孩子与老师间的亲密程度，也能让孩子很快地喜欢上老师和幼儿园。坚持一段时间后，孩子就会自觉地去上幼儿园。

❼ 摸清孩子在幼儿园不适应的原因，比如不能独自排大小便、午睡困难、不爱吃某种饭菜、上课跟不上进度、被小朋友欺负等，与老师共同协商解决问题。

❽ 若孩子入园几周后仍不适应，或出现异常行为，如做噩梦，出现语言问题、排便问题，持续哭闹等，应带孩子去心理科就诊。

Part4

学龄前篇（3～6岁）

🌹 学龄前儿童的特点

3~6 岁是学龄前期，这是儿童的生长发育速度相对平稳的一个阶段。

在学龄前期，儿童体重平均每年增加 1.5~2 千克，4 周岁儿童的体重约为出生时体重的 5 倍（如宝宝出生时体重为 3 千克，到 4 岁时一般体重为 15 千克）。

在学龄前期，儿童身高平均每年增长 4~7.5 厘米，4 周岁儿童的身高约为出生身长的 2 倍（如宝宝出生时身长为 50 厘米，到 4 周岁时一般身高约为 100 厘米）。

一般来说，体重和身高是评估儿童营养状况比较直观的指标。所以，学龄前儿童应每季度测量一次体重和身高，以便定期监测营养状况。如果孩子的身高或体重出现偏差，应在医生的指导下及时进行矫正。

🌹 学龄前儿童的心智培养

1. 学龄前儿童的心理发展有什么特点？

❶ 学龄前儿童语言发展的特点：随着年龄的增长，孩子的发音器官进一步成熟，词汇量逐渐增加，发音越来越准确。学龄前期是语音发展的飞跃期，孩子几乎可以学会各种语言的任何发音，对词义的理解会逐渐准确。

学龄前儿童常常离开大人从事各种活动，从而获得自己的经验等。在与成人的交往中，孩子渴望把自己的各种体验、印象告诉成人，这样就促进了孩子独白言语的发展。学龄前儿童的言语表达具有情景性特点，往往想到什么就说什么，缺乏条理性、连贯性，成人要边听边猜才能明白。随着年龄的增长，孩子的情景言语逐渐减少，连贯言语逐渐增多。

连贯言语和独白言语的发展是孩子口语表达能力发展的重要标志。口语表达能力的发展为孩子进入学校接受正规教育、掌握书面言语奠定了基础。

❷ 学龄前儿童的知觉、注意、记忆、想象等都带有很大的不随意性。对那些和自己的兴趣有联系的新鲜事物，儿童能自然而然地去注意、观察和记忆，但不能使自己的知觉、注意、记忆服从于一定的目的。因此，强迫学龄前儿童去学习枯燥无味的、令人不感兴趣的内容，是一件十分困难的事情。但是，在正确的教育方法的指导下，家长可以通过游戏逐渐培养儿童随意的注意力、记忆力和观察力。

❸ **学龄前儿童思维的具体形象性。** 与婴儿的思维相比，学龄前儿童的思维已有了很大的不同，他们的思维具有了独立性。学龄前儿童只能用具体形象来思考问题，而不能用抽象的概念来思考。例如，当老师问孩子3个苹果加上2个苹果是几个时，孩子可回答出5个。但当问到"3+2"等于几时，孩子却感到困难，并问"3"是什么。随着孩子年龄的增长，初步的抽象思维才会发展起来。

❹ **学龄前儿童的个性初步形成。** 学龄前儿童出现了动机的从属关系，逐渐形成了比较稳定的主要动机，而其他动机则服从于主要动机。比如，学龄前儿童为了能和家长到动物园玩，而不得不去做他所不愿意做的一些事情。孩子的动机是在不断地发展变化的，一些有社会意义的动机会愈来愈多。

❺ **学龄前儿童的道德意识开始形成和发展。** 学龄前儿童逐渐掌握行为准则，了解什么是好的行为，什么是坏的行为。学龄前儿童常把人简单地分成好人或坏人，他们的分类标准往往是根据人物的外表特征。学龄前儿童的道德判断标准则是根据行为的效果，而不是行为的动机。环境和教育对于学龄前儿童道德意识的形成、发展起着决定性的作用。

2. 为什么说自言自语是学龄前儿童的独白?

学龄前儿童在独自玩耍时，经常不断地自言自语、说个不停。有的家长对此不以为然；有的家长则不知所措，怀疑孩子在跟看不见的东西对话，怀疑孩子的脑子有问题。孩子自言自语，究竟是怎么回事呢?

心理学家认为，自言自语是学龄前期相当普遍的语言现象，它是学龄前儿童的一种语言状态。孩子的语言发展是由连贯性语言逐渐取代情境性语言的过程。不起交际作用的自言自语，在心理学上被称之为独白。独白常常伴随动作和游戏产生。孩子在遇到困难，思考对策时，也可能会自言自语。在独自一人玩得高兴时，孩子也会自说自话，以此来满足自己的愿望。

研究表明，独白语言是一种既有外部语言特点，又有内部语言特点，它是由外部语言向内部语言转化的过渡语言。自说自话的独白不仅能帮助孩子驱除孤独，而且有游戏的功能。

自言自语的现象随着孩子年龄增长开始减少，取而代之的是内部语言的发展。孩子也随之进入心理发展的另一阶段。

自言自语是语言发展的必然现象，它意味着儿童心理需求的满足。因此，家长对此不必大惊小怪，但也不宜不管不问，应当因势利导，适当引导和启发儿童尽快完成从自言自语到内部语言的过渡。抓住这一时期，关心孩子独白的内容，给予孩子及时的帮助，提高孩子的分辨能力、思维能力、心理敏感度和运用语言处理内心活动的能力。

3. 能否对学龄前儿童进行性教育?

长期以来，家长对孩子进行性教育的意识比较淡薄。有人认为无须对儿童进行性教育；也有人认为对儿童进行性教育为时过早，完全可以等到儿童性发育开始之后再进行性教育。其实这些想法都是错误的。3~6岁是性别意识发生、发展的关键期，也是性别意识培养的第一关键期。父母在对孩子进行性教育时，应该注意以下几点：

❶ 坚持正面教育，发展孩子正确的性观念，促进孩子性角色的发展。孩子在小时候没有性别意识。家长可以利用游泳等机会，告诉孩子性别的差异及他自己的性别，也可以指出他身体各部位的名称。对孩子进行性教育时，家长最好表情轻松。用隐晦的语言只会增加孩子对性的好奇。应该让孩子坦然地面对自己的身体，认识到人与人之间的性别差异。

❷ 妥善地回答孩子提出的有关性的问题。孩子到了3岁以后，就会提一些关于性的问题。对于"我是从哪里来的？"之类的问题，父母应当做出简单、适当、正确的解答。如告诉孩子："你是由爸爸身上的一个细胞和妈妈身上的一个细胞结合后，在妈妈身体里发育，然后通过妈妈身上的一个管道生出来的。"这样可以使孩子在轻松自然的状态下，对性生理有一个正确的认识。如果父母不能给予孩子正确答案，而是编造假话欺骗孩子，那么等孩子稍微懂事一些后，就会认为父母故意瞒着自己，这反而会激起孩子过分的好奇。孩子可能会设法从其他的渠道获得一些混乱的、错误的知识，这对孩子以后的生长发育是不利的。

❸ 正确对待孩子的不良行为。孩子在做过家家的游戏（如模仿看病打针）时，有时会暴露自己或其他小朋友的生殖器，家长对此不必惊慌，更不能因此惩罚孩子。孩子进行这类活动并非淫秽下流，而是求知欲强、好

奇心重的表现。简单的惩罚不仅不能帮助孩子建立正确的性观念，还容易适得其反，使孩子对性产生消极心理，甚至影响与异性的交往。

4. 如何培养学龄前儿童的自我保护意识？

学龄前儿童就像探险家，刚刚踏上人生之路，对外面的一切感到陌生与新奇，想去摸一摸、动一动。然而，学龄前儿童还不具备基本的生活常识和经验。受认知发展水平的限制，学龄前儿童的行为往往带有很大的冲动性、盲目性，甚至危险性。那么，如何才能增强学龄前儿童的安全意识，提高学龄前儿童的自我保护能力呢？家长应该从哪些方面入手呢？

❶丰富孩子的生活知识。父母可以通过体验的方式，激发孩子的自我保护意识。利用在生活中发生的事件，及时对孩子进行教育。教孩子识别常见的符号、标志，掌握一些安全卫生知识。为了应付生活中的突发事件，父母可以告诉孩子几个常用的电话号码及相应的处理措施。

❷让孩子加强锻炼身体，掌握运动技能。由于学龄前儿童头重脚轻，易摔倒，因此父母要教他们一些基本动作及自我保护的技能。参与体育活动能使学龄前儿童动作灵活、思维敏捷。

❸锻炼和提高孩子灵活应变的能力。在日常生活中，家长应有意识地培养孩子的应变能力。应变能力包括：适应自身生理或心理变化的能力，适应周围环境变化的能力，对突发事件的应变能力，对不同的事件能够做出不同反应的能力。

5. 如何对待学龄前儿童的反抗行为？

许多家长都有这样的感受，当孩子长到2~3岁时，他就不那么听话了。大人叫孩子干什么，孩子偏不干什么。随着年龄的增长，孩子的反抗行为也越来越明显。我们如果从儿童心理学的角度去分析，就能理解学龄前儿童的反抗行为。

儿童的发展，是不断地从一个年龄阶段向另一个年龄阶段转移，是由危机期与稳定期相互交替推进的。家长应该怎样对待学龄前儿童的反抗行为呢？

❶ 正确理解学龄前儿童的反抗行为。3 岁的孩子常说的话是"我自己"。这时的孩子已把自己和父母分割开来，第一次意识到自己作为一个人的存在，总想成为一个大人，总想驾驭自己。6~7 岁的孩子将从幼儿园进入小学，已不再满足于装扮大人，而是自以为是大人，注意、知觉、思维、记忆及意志行为都已初步形成，喜欢提各种问题，"为什么？"成为这一时期孩子的口头语。如果家长不了解孩子的独立性需求，包办一切，必然会引起孩子反抗。因此，家长应注意在平时多给学龄前儿童自主选择的机会，也要注意自己的教育方式，避免不必要的冲突。

❷ 尊重、鼓励学龄前儿童合理的反抗行为。心理学家曾做过追踪调查，在 3~5 岁的孩子中抽出 100 名反抗性较强和 100 名几乎无反抗行为的儿童，追踪、调查他们的成长情况。结果发现，在反抗性较强的 100 名儿童中，84 人意志坚定，有主见，有独立分析和判断的能力；在反抗性较弱的儿童中，只有 26 人意志坚定，其余的儿童都不能独立地承担任务，做出决定。由此可见，儿童的反抗并非完全是一件坏事。只要学龄前儿童反抗得有理有据、合情合理，那么这种反抗行为

的发展将有益于独立人格的发展。家长对学龄前儿童合理的反抗行为应给予尊重、鼓励，而不要不问缘由、不分是非，一律加以指责或批评。家长要引导学龄前儿童以合理的方式表现他的反抗行为。

❸ 制止、转化学龄前儿童不合理的反抗行为。对于学龄前儿童不合理的反抗行为，家长要坚决制止，不能姑息。因为学龄前儿童一旦把不合理的反抗行为视为勇敢、有主见，那么他以后就会发展这种行为，甚至会形成逆反心理。家长应重视这种不合理的反抗行为，不能采取简单、粗暴的态度。家长可以采取冷处理和转移注意力的方式，待孩子冷静后再进行说服、引导。久而久之，学龄前儿童会认识到无理的反抗行为是无效的、错误的，就会逐渐减少不合理的反抗行为。

总而言之，反抗行为是儿童在成长过程中必然出现的问题。如果家长引导得当，将会促进儿童的成长，发展儿童的智能，培养儿童健康的心理素质和良好的品行。

6. 孩子胆小，家长应该怎么办？

一些孩子在家像只虎，在外像只鼠。这类孩子在家十分活泼，能说、能唱，可是一出家门就像变了个人似

的，在群体活动中总是充当"听众""观众"的角色。一旦让他们参与，他们就紧张万分、愁眉苦脸。因此，家长十分担心这类孩子在未来的社会竞争中成为输家。那么，为什么有的孩子会胆小呢？

❶ **家长关爱孩子太多。** 一些家长对自己的孩子百般呵护。一旦孩子离开家长的视线，家长就会六神无主。家长时时刻刻提醒孩子要小心这个、注意那个，以免受伤。渐渐地，父母的这种紧张情绪会传染给孩子，使孩子感到离开父母处处不安全，有危险，只有待在家中才安全、自由。

❷ **孩子的活动范围有限。** 某些家长由于种种原因常常把孩子安置在家中，让孩子独自玩耍或与有限的几个家庭成员交往。这类孩子对家庭以外的环境十分陌生，他们不知道如何与他人交往，不知道如何应对外界的变化。他们只有退回到熟悉的环境中，才能感到安全。因此，这类孩子拒绝合群、拒绝与他人交往。

❸ **家长的教育方式有误。** 有些家长在孩子遇到困难时不是耐心地指导和帮助他，在孩子遇到挫折时不是激励与引导他，而是简单、粗暴地呵斥："你怎么这么笨！"这使孩子受到暗示，认为自己确实无能。在以后的生活中，这类孩子会自愿放弃机会，他们在还没尝试做事情以前就已经输了。

综上所述，我们可以发现，要消除孩子的胆小心理，就要从改变教养态度及方式入手。

家长应培养孩子的独立自主能力，相信孩子的能力，让孩子学会管理自己，自己的事情自己做。

家长应鼓励孩子参加各种社会活动，创造条件，使孩子和其他小朋友一起玩耍、一起游戏，并多陪孩子一起参加社交活动，让孩子能够适应公共场合的各种活动。对已经出现胆小行为的孩子，父母和老师应帮助他们克服孤独感，适应外界的环境，使孩子能与其他小朋友建立亲密、融洽的人际关系。

家长不要溺爱孩子，以免使孩子过分依赖家长；也不要粗暴地对待孩子，以免使孩子恐惧不安。要鼓励孩子从小热爱集体生活，主动与其他小朋友一起玩耍，培养开朗的性格。父母对孩子的关心，有利于孩子克服性格上的缺陷，塑造开朗的性格。

家长对孩子在社交活动中表现出的合群现象，应给予奖励，并逐渐增加孩子的社交活动。当孩子在一次次尝试中获得成功时，他便能品尝到成功的喜悦，增强自信心，走出胆小的阴影。

胆小是人前进道路上一座无形的屏障，它压制了人的才智，阻碍了人的进取。家长们，当你们发现自己的孩子胆小时，请不要忘记对孩子说："勇敢点，再来一次，你一定会成功的！"

7. 孩子为什么会"人来疯"，家长应该如何引导？

许多父母发现，当家里来客人时，本来挺乖的孩子，情绪会突然高涨，在客人面前极力表现自己，不是跑来跑去，问东问西，就是把他的积木、小汽车等玩具摆得到处都是，把家里的东西翻得乱七八糟，甚至做一些稀奇古怪的事情。我们把孩子的这种表现称为"人来疯"。

孩子为什么会"人来疯"呢？这与孩子的心理特点、神经系统发育水平及父母的教育方式有关。

学龄前儿童有强烈的交往需要，希望同别人一起玩，求知欲强，好奇心重，对周围的人与物都感兴趣，喜

欢问"为什么？"，而且自我意识逐渐增强，喜欢表现自己，并渴望得到别人的注意和赞扬。但是学龄前儿童由于神经系统发育尚未完善，容易兴奋且抑制力较差，一旦兴奋就难以控制。当家里来客人时，新的人物给孩子提供了交往及自我表现的机会，故孩子表现得比平时更兴奋。如果父母较少让孩子与外界交往或对孩子约束过多，则会使孩子缺乏与人交往的机会与技巧。若孩子认识到客人的到来不仅能给自己带来新奇感和与他人交往的机会，还能带来父母对他言行的宽容时，就更容易出现"人来疯"。

"人来疯"是儿童成长过程中较为普遍的问题。为了解决这个问题，父母可以采取以下几种措施：

❶ 在客人来访前，让孩子有心理准备。在客人尚未到来之前，家长要告诉孩子，谁要来，该如何称呼客人，如何招待客人。家长要向孩子提几点要求，比如对客人要有礼貌，不要影响大人谈话。

❷ 让孩子离开一会儿。如果孩子在客人身边"疯"起来了，并且不好好表演节目，不自己玩玩具，还缠着家长，影响家长和客人谈话，那么家长可以让孩子离开一会儿，等孩子冷静下来后，再让孩子回来。千万不要

在客人面前训斥和指责孩子，以免伤害孩子的自尊心。

❸ 事后讲明道理。当客人走了以后，如果孩子表现好或有进步，父母就要及时肯定与表扬他；如果孩子表现不好，父母就该指出孩子做错的地方，及时纠正孩子的毛病。向孩子讲明道理，教育孩子来了客人之后要安静、有礼貌，并注意培养孩子的自我控制能力，锻炼孩子的意志。

❹ 满足孩子的表现欲。孩子发"人来疯"，有时是想在客人面前表现自己，引人注意。父母可以在客人来时，安排孩子给客人唱歌或讲故事，满足孩子的表现欲，使孩子在客人面前安静下来。

8. 如何培养孩子的自信心？

自信犹如催化剂，它能将人的一切潜力调动起来，使人充分发挥各方面的能力。一个充满自信、不畏艰险、勇于攀登的孩子，更有可能取得学业上和事业上的成功。而一个自卑、畏缩的孩子，是很难有出息的。那么，父母应该如何培养孩子的自信心呢？

首先，让孩子自由地活动。玩耍是培养自信心必不可少的条件。孩子各方面的能力都在不断发展，他在一点点进步的过程中逐渐掌握新的技能。孩子只有通过尝试感受到成功以

后，他才能体验到莫大的欢乐。如果父母事事都给孩子安排好，一切由父母包办、代替，孩子就失去了独立活动的机会，体验不到成功的喜悦，也就不会获得自信心。

其次，父母的鼓励和关怀是培养孩子自信心的重要条件。对孩子来说，父母是他的避风港。有了父母的关怀、鼓励和帮助，孩子就有了认识世界、探索未来的勇气和信心。

再次，要正确对待孩子的成功和失败。一旦孩子取得成绩或进步，哪怕是极其微小的，父母也应及时给予表扬。这样可以使孩子从中感受到他人的信任，看到自己的力量，从而增强自信心。当孩子失败时，家长不要责怪孩子，更不要当众斥责孩子，否则会伤害孩子的自尊心，使孩子失去自信心。父母应帮助孩子分析失败原因，鼓励孩子继续尝试，并给予适当指导，直到孩子取得成功。这样会使孩子觉得失败并不可怕。

最后，要营造积极向上的家庭氛围。家长在遇到困难时，应表现出积

极克服困难的勇气和信心，给孩子树立学习的榜样，从而培养孩子的自信心。

9. 如何培养孩子活泼、开朗的性格?

活泼、开朗的性格对孩子的成长具有重要的意义。活泼、开朗的性格能使孩子保持愉快的情绪、健康的心理，有利于孩子想象力与创造力的发展；能使孩子更容易被同伴和群体接受，使孩子的生活充满欢乐和情趣；能使孩子积极地对待挫折和烦恼，有较强的心理承受力。那么，家长应该如何培养孩子活泼、开朗的性格呢?

❶ 帮助孩子与其他小朋友建立友谊。在培养孩子活泼、开朗性格的过程中，友谊起着重要的作用。孩子与年龄相仿的小朋友有更多的共同语言，他们在一起玩耍时，总是无拘无束，轻松、愉快。这种环境、气氛及游戏活动本身，有助于孩子形成活泼、开朗的性格。

❷ 给孩子提供做决定的机会和权利。父母要设法给孩子提供机会，使孩子从小就知道怎样使用自己的决定权。

❸ 教孩子及时调整心态。应使孩子明白，有些人之所以一生快乐、幸福，是因为他们适应力强，能很快地

从失望、挫折中振作起来。在孩子遇到挫折、困难时，要让孩子知道前途是光明的，并提醒孩子调整心理状态，使孩子恢复快乐的心情。

❹ 培养孩子广泛的兴趣。平时注意培养孩子的兴趣，为孩子提供各种兴趣选择并给予必要的引导。孩子的兴趣广泛，自然容易拥有活泼、开朗的性格。

❺ 家庭和睦。美满和睦的家庭环境对孩子心灵的发展有潜移默化的作用。在这种家庭气氛中，孩子心情轻松、愉快，言行无拘无束，有什么想法都敢于、乐于与家长交流，容易形成活泼、开朗的性格。

❻ 家长要乐观、开朗。家长的情绪、性格、处事、为人，不仅直接影响家庭气氛，也会对孩子产生影响。要使孩子活泼、开朗，家长首先应该做到乐观、豁达，言谈生动、幽默，尽量避免忧郁、暴躁等不良情绪。

10. 孩子说谎，家长应该怎么办?

孩子说谎，主要有两个方面的心理原因：其一，自卫心理。当孩子照实说出自己的错误，可能会受到惩罚时，孩子出于自卫心理而说谎。其二，想象与现实混淆，将未满足的愿望或幻想当成现实。这种情况是由孩子本身心理发展的特点决定的。幼小的孩

子往往会把想象中的事情混同于现实中发生的事情，就会产生所谓的"说谎"现象。

有的父母认为孩子撒谎没有什么大不了，而有的父母则把孩子撒谎看得十分严重。其实，孩子撒谎本身并不可怕，重要的是家长对此应有正确的认识和态度。想让孩子不撒谎，父母应做到以下几点。

首先，父母要鼓励孩子表达自己真实的情感体验。无论这种体验是积极的，还是消极的，孩子都应按照真实感受去说。比如当孩子生病，需要打针、吃药时，有些父母往往会骗孩子说打针不疼，吃药不苦。这种做法是错误的。

其次，孩子与家长说话时，家长不要有语言暗示。比如妈妈早上催孩子起床上学时，有的孩子还想再睡一会儿，哼哼唧唧的，一脸苦相，妈妈不该问："是不是哪儿不舒服了？"否则，孩子为了达到目的，很可能就谎称头痛或肚子痛。

再次，父母作为孩子的启蒙老师，平常应注意自己言行一致。家长以身作则，为孩子树立榜样，有利于培养孩子诚实的品质。

最后，父母应尽量做到奖惩适度。如果孩子出于好奇、顽皮、不小心，无意间做了错事，父母就不应该粗暴

体罚孩子，而应该耐心教导孩子。如果孩子犯了错误还撒谎，那么父母此时应加大惩罚力度。

当孩子出现撒谎行为时，父母不要过分紧张，要巧妙引导和教育孩子。以下几种措施可以帮助孩子改掉撒谎的毛病：

❶ 要善于发现孩子的撒谎行为。家长在日常生活中要注意观察，联系事情的前因后果，分析判断。孩子说谎被识破后，以后就不会轻易地撒谎了。这样可以将撒谎问题消灭于萌芽状态。

❷ 分析孩子说谎的原因。在责备和处罚孩子之前，必须找准孩子说谎的原因，然后注意分析孩子的内心究竟在追求什么或表达什么。应该努力了解孩子内心的真实想法，倾听孩子的自我辩护，体察孩子的心情。在调查清楚基本事实后，根据具体情况对孩子进行教育和帮助。

❸ 让孩子知道说谎的后果。要让孩子了解说谎行为是不正确的，知道

说谎的不良后果。对孩子的诚实行为，父母要及时表扬和鼓励，让孩子懂得诚实是一种美德，是做人的一个基本准则，是一种高尚的品质。从正面引导孩子，让他知道诚实的价值，从而远离说谎。将有意说谎与无意说谎区别开来，帮助孩子分析其说谎的原因及其可能产生的后果，提出改正办法。

❹在指出孩子的撒谎行为时，要顾及孩子的自尊心。发现孩子说谎后，家长不要在公共场合训斥他，更不要嘲笑他。当孩子说出真相后，家长在适当指正的同时，还要鼓励孩子。批评孩子时不要老是说他爱撒谎，否则他就会认为反正自己爱说谎，也没有什么大不了的，从而变得爱撒谎。

11. 孩子乱扔东西，家长应该怎么办？

爱扔东西是婴儿心理行为发展过程中的一种正常行为。婴儿的手是他们感知世界、认识世界的重要器官。通过抓东西、扔东西这种行为，婴儿能认识到自己的存在和力量，认识到自己的作用与外界物体之间的关系，这是婴儿自我意识形成的过程中必不可少的环节。但是，随着年龄的增长，孩子仍然乱扔东西时，家长就要及时制止孩子。要让孩子知道哪些事该做，哪些事不该做。父母需要向孩子讲明

道理，说明具体的行为标准。如果孩子总是不停地扔东西，家长可以试着用以下方法：

❶使孩子对收拾东西感兴趣。父母可以通过游戏、比赛的方式，让孩子不仅对玩玩具感兴趣，对收拾玩具也感兴趣。

❷及时表扬。当孩子第一次无意识地帮助家长收拾玩具或衣服时，家长要及时表扬孩子，使孩子获得成就感。此外，还可以用积分的方式给孩子奖励。

❸家长从自身做起，给孩子做好表率。家庭是孩子的第一所学校，父母是孩子的第一任老师。如果父母平时不注意家庭卫生，弄得家里乱七八糟，那么孩子也很难养成整理东西的好习惯。俗话说："身教重于言教。"家长一定要做好示范作用，在日常生活中潜移默化地影响孩子。

❹为孩子提供方便。为孩子多准备一些空间，孩子就容易养成整理东西的习惯。例如，多给孩子预留一些衣钩、衣柜、抽屉等，使孩子不需要家长的帮助就能放好自己的东西。

❺适当给予处罚。如果上述方法都不奏效，还可以使用过度纠正的方法。要求孩子仔细检查屋子里的每个角落，看是否将东西都收拾起来了，一天内让孩子检查数遍。当孩子感到

乏味后，他就会认识到当初不乱扔东西就好了，以此为戒。

12. 家长应该如何对待有破坏行为的孩子?

不同类型的孩子，其破坏物品的原因也不同。快来看看您的孩子属于以下哪一类:

活泼、冲动的孩子: 这类孩子毁坏东西往往是无心的，他们精力过剩，手脚不闲着，又不像成人那样可以注意到自己的前后左右，容易惹祸。

好奇心强的孩子: 有些孩子的好奇心很强，他们总想探究"为什么"。如家长给孩子买了一架直升机玩具，他的小脑袋就"转"开了: "咦，真好玩呀! 为什么发条一拧，飞机就飞起来了? "于是，孩子就这里拧拧，那里转转，没过多久，一架崭新的直升机玩具便会被拆散了。

不爱惜东西的孩子: 一些孩子由于太容易得到某样东西，不知道珍惜。他们弄坏玩具后从来不觉得可惜，只会让家长再给自己买一个。

自控力差的孩子: 小丽梳不好头发时，会把梳子摔到地上; 小强因为被椅子碰到头，就一脚将椅子踢开。这些孩子用损坏东西的方式发泄愤怒，因为他们不会适当地表达自己的情感。

报复心强的孩子: 例如，在家长责怪、惩罚孩子之后，孩子不服气，就把家里的床单剪破来示威。

既然知道了孩子乱扔东西的原因，家长就可以用合适的对策来矫正孩子的行为。

❶ 家长要选择合适的场所，让孩子消耗过剩的精力。家长应将易碎的物品放到孩子摸不到的地方，限定孩子的活动范围，减少孩子闯祸的机会。尽量让孩子多参加户外的体育活动，消耗过剩的精力。

❷ 不要打击孩子探索的积极性。如果孩子因为求知欲很强而把东西搞坏了，父母千万不可指责他。孩子的探索精神是可贵的。正确的做法是因势利导，启发孩子的创造性。可以将家里的旧钟表、旧收音机等放在一个专门的地方，让孩子随意拆卸它们。耐心地回答孩子的问题，给他讲解必要的原理和知识。当家长把孩子头脑里的问号变成惊叹号时，孩子就恍然大悟了。

❸ 不要给孩子过多的玩具。不管孩子有多少玩具，都要让他轮换着玩玩具，每次只能玩少数几件玩具。给孩子过多的玩具，除了使孩子不知道珍惜外，还会使孩子的注意力不集中。

❹ 教孩子用恰当的方式表达情绪。让孩子认识到: 人有时生气是无

可非议的，但是用粗野的方式发泄愤怒就是不被允许的。鼓励孩子讲出心里的感受，帮助孩子解决问题。父母在这方面要以身作则，不能在生气时拿孩子或其他物品发泄，否则孩子会模仿家长，发怒时也拿玩具或其他东西出气。

❺ 及时地表扬和奖励孩子的好行为。如果孩子以前有破坏东西的行为，而他现在改正了，家长就要及时奖励他。可允许孩子多玩一会儿玩具或带孩子出去玩。

❻ 请求专业人士帮助。如果孩子故意损坏物品，经上述方法矫正后仍然屡教不改，父母应带孩子到医院请求专业人士的帮助。

13. 为什么不宜刻意培养"超常儿童"？

研究和实践均已表明，试图将自己的孩子培养成"神童""天才"，往往欲速则不达，甚至适得其反，会给孩子带来意想不到的危害。

人的心理发展，除了受神经系统的生理特性制约外，还受客观环境的影响。

有些家长望子成龙心切，怕孩子输在起跑线上，无视孩子的心理发展水平、接受能力，让小小年纪的孩子学外语、学书法、弹钢琴等，给孩子造成了极大的精神压力。这样不仅会使孩子的大脑负担过重，同时，这种由外部强行灌注的方法也会抑制孩子的兴趣和好奇心的发展，使孩子在还未迈进校门之前，就对学习产生了厌恶和畏惧心理，从而真正输在了"起跑线"上。

因此，家长必须采用科学、合理的教养态度，了解儿童的年龄特点及身心发展规律，根据儿童的兴趣、爱好、思维方式，顺其自然、因势利导，让儿童在玩乐中找到兴趣，主动去学习感兴趣的东西。

14. 对于依赖性强的孩子，家长应该怎么办？

疼爱孩子是父母的天性，也是促进孩子身心健康发展的重要条件。有的家长溺爱、过分保护孩子，结果造成孩子对父母的依赖性越来越强，实践能力越来越弱。一些儿童有了依赖心理后，日常生活不能自理，碰到困难就束手无策，失去依赖就寸步难行。

长此以往，这类孩子长大后走向社会，离开了"保护伞"，一旦遇到激烈的竞争，就容易迅速地败下阵来，被社会所淘汰。因此，家长一旦发现孩子依赖性强，就应采取以下措施：

❶ **调整爱的方式，给孩子适当的爱。** 父母疼爱孩子，孩子眷恋父母，乃人的本能。但如果父母过分地宠爱孩子，孩子就会事事依赖父母。因此，父母应用理智控制情感，注意培养孩子的独立性，使孩子能够独立地走向社会。

❷ **丰富孩子的生活内容，扩大交往范围。** 让孩子上幼儿园，习惯集体生活，有助于孩子的身心发展。当孩子跨入幼儿园大门时，他就迈出了走向社会的第一步。幼儿园为孩子提供了丰富多彩的集体生活。孩子在这样的生活环境中可以积累初步的社会交往经验，逐步形成与人分享、合作的品质，养成合群、开朗的性格，减轻对父母的依赖，成为一个真正适应社会的人。

❸ **培养孩子独立生活的能力和自信心。** 一些过度依赖家长的儿童生活能力较差，做事缺乏自信心。要改变这种状态，家长应从培养孩子的独立性开始。家长可以教孩子一些简单的生活技能，比如教孩子穿衣服，做力所能及的家务，如扫地、擦桌子、端饭等，改变孩子"衣来伸手，饭来张口"的依赖习惯。在孩子取得进步后，父母应及时给予鼓励、表扬，使孩子更乐意自己的事情自己做。

成长中的幼儿，就像是一叶扁舟在大海中航行，家庭是引航灯，为他领航；是舵手，为他掌握方向；是风帆，助他远航！温暖的关爱和恰当的帮助，才能使我们的孩子顺利地走向社会，更好地挑战未来！

15. 孩子的语言发展迟缓，家长应该怎么办？

儿童语言发展迟缓是指儿童语言的发展明显落后于同龄儿童的正常水平。它有两个类型，一是表达性语言障碍，二是感受性语言障碍。前者的问题较轻，表现为儿童能理解语言，但不能表达语言；后者表现为儿童的理解及表达能力均受限制。语言是智力发展的基础。孩子认识世界、汲取知识、扩大眼界都要依靠语言。

因此，家长发现孩子语言发展迟缓时，切不可掉以轻心，而应该早干涉、早治疗。那么，家长应该从哪些方面入手呢？

❶ 为儿童提供各种机会，多与儿童交谈。语言本身是在交往中产生和发展的。儿童只有在广泛的交往中，想要将经验、情感、愿望等说出来的时候，语言活动才会积极起来。聋哑人的孩子（发音及听觉器官均正常）如果生活在集体中，则口语发展正常；如果从小只生活在家中，不与他人交往，口语发展就会受到阻碍。因此，增加成人与儿童之间、儿童与儿童之间的交往是发展口语能力的有效途径。在和儿童单独对话的时候，要多谈他感兴趣的事情，使谈话始终在轻松、愉快的气氛中进行。对儿童用语言表达的意图，家长要注意并做出反应。成人不仅要理解儿童所说的话，还要善于理解他没有用语言表达的意图，能在儿童所使用的字句中设法发现儿童的真正意图。例如，一个孩子问："秋千会断吗？"他的真正意思也许是问："我会摔下来吗？"或"你能保证我的安全吗？"这时成人就可以帮助孩子用恰当的语言表达自己的诉求。

❷ 扩大儿童眼界，丰富儿童生活。生活是语言的源泉。没有丰富的生活，就不可能有丰富的语言。语言不是空洞的，它代表着一定的内容。孩子只有在与周围环境、具体事物的接触中，才能有丰富的语言。儿童生活丰富、眼界开阔、知识面广，所说的语言内容就多。成人可以安排各种活动，让儿童接触各种事物。如带孩子外出散步、旅游，领略大自然的美景。孩子只有从各种活动中不断地发现新事物，增长知识，开阔视野，才能"言之有物"，提高说话的积极性。

❸ 有针对性地进行语言训练。根据儿童语言问题的不同特点，有针对性地对儿童进行语言训练。对有感受性语言障碍的儿童，重点训练他对语言的理解和听觉记忆。对有表达性语言障碍的儿童，重点训练他模仿别人讲话。训练时可采用游戏、比赛等形式，引导和鼓励儿童说话。当儿童用手势、表情等表达自己的意思时，周围的人可装作不懂，以促使儿童说话。

❹ 采用儿童易于接受的方法。当儿童的语音或语法发生错误时，成人不要直接纠正儿童的错误，应采用儿童易于接受的方式，并为儿童提供正确的说法。

总之，只要家长及时进行干预，并努力遵循儿童语言发展的规律，那么语言就一定能成为开启儿童智慧大门的金钥匙。

16. 孩子过分好动，家长应该怎么办？

孩子是闲不住的。在街上，我们会发现有的孩子时而东张西望，时而在街边跳上跳下，玩起攀登的游戏。天真活泼、调皮爱动是孩子的天性。但有的孩子似乎特别好动，他会一刻不停地动，并且不能克制自己，经常闯祸。一些父母经常抱怨孩子注意力不集中，从未有片刻的安静等。

儿童过分好动，一方面是因为儿童的神经系统尚未完全发育成熟，另一方面是因为家长的错误教育方法。对待过分好动的孩子，家长应注意以下几点：

❶ 培养孩子的生活规律。按照作息制度，让孩子按时起床、进餐、就寝，培养孩子的生活规律。

❷ 培养孩子的有意注意。对孩子来说，兴趣是他做好一切事情的基本动力。对于自己感兴趣的事情，孩子会专心致志地去做。因此，让孩子参与一些他感兴趣的活动，以培养孩子的有意注意。

❸ 为孩子选择适宜的环境。孩子学习和活动的环境宜安静、简单。家长要尽量拿走桌上、孩子口袋里可有可无的用品，以免孩子分散注意力。父母也不要在孩子身旁高声谈话、看电视等。嘈杂、吵闹的环境会分散孩子的注意力，使孩子难以保持安静。

❹ 消耗孩子过剩的精力。每天可安排一些如跳绳、打球等活动量大的活动。以打球为例，一方面可以消耗孩子过多的精力，另一方面也可以教孩子学习规则。

❺ 对孩子的教育和训练要有耐心，坚持不懈。不能对儿童提出过高的具体要求，更不能苛求，要使儿童通过努力就能够达到要求。当孩子能按照要求约束自己的行为时，父母要给予奖励、表扬。

17. 孩子吐字不清的原因有哪些？

最主要的发音问题是吐字不清。这个问题在2岁以下的幼儿中比较常见。如一个2岁的孩子会把"叔叔"说成"福福"，把"姥姥"说成"脑脑"。但是，如果一个4岁多的孩子仍说不清"哥、可、鸡、七、西、四、诗"等音，那就是语言问题了，老百姓称其为"大舌头"，在医学上称其为构音障碍。如果4~6岁的孩子发音不清，家长应及时带孩子看医生。孩子构音障碍的原因主要有三种：

❶ 构音器官异常：构音器官的结构异常可导致构音障碍，如腭裂、唇裂等。

❷ 脑性瘫痪：患儿除了吐字不清

之外，还有智力低下和肢体运动功能障碍等表现。

❸**功能性构音障碍**：这类患儿的构音器官结构正常，大脑发育不正常，导致语言障碍。

18. 孩子吐字不清，家长应该怎么办？

吐字不清，是指发音不清晰，也就是说，一个音节或几个音节连在一起时，孩子不能正确地发音。家长如果发现孩子发音不清，应从以下几点为孩子进行矫治：

❶当孩子开始学习语言时，家长就应该教他口齿清晰的发音，最好能教孩子标准的普通话，不要让孩子跟着语音不清的孩子或成人学习语言。因为模仿是孩子学习口语的重要途径。孩子会模仿成人的语言，对成人不标准、不清晰的发音，也会照单全收。在日常生活中，我们常常会发现一些孩子的发音、用语，甚至说话的声调、语气、速度与他身边的成人如出一辙。因此，家长要为孩子创设一个良好的语言环境。

❷如果父母发现孩子的发音方法不正确，说话不流利，可以让孩子对着镜子练习发音。这种方法既生动、有趣，又能比较快地解决孩子的发育问题。

❸有时候孩子因为着急，会出现口齿不清，发音不准的情况。这时候家长不要急于纠正，而要鼓励孩子说完整的话，否则，容易造成孩子口吃的毛病。

❹在纠正孩子的发音时，千万不可讥笑与模仿他，一定要有耐心。要求孩子在短时间内完全改变不正确的发音，很容易使孩子产生心理压力，反而不利于矫正。当孩子口齿不清的情况有改进时，家长应给予孩子物质上或精神上的奖励。

儿童吐字不清的毛病大多能够恢复良好。在儿童上幼儿园或小学后，发音一般会逐渐恢复正常。若儿童到4~6岁时，发音仍未恢复正常，则应接受语音矫正治疗。对于吐字不清的毛病，越早治疗，效果越好。

19. 什么是心理发展的关键期？

研究表明：在某一特定阶段，儿童学习某种知识或行为经验比较容易，或者在某个方面的发展较为迅速，这就是所谓的关键年龄或心理发展的敏感期。

一般来说，2岁前后是迅速发展口语的时期；4岁是图形辨认能力提升的最佳期，可教孩子绘画，认简单的字形；5岁是数字运算能力提升的最佳期，可教孩子掌握数的概念和简单的加减运算；4~5岁是记忆流畅性、记忆备用性及整体记忆能力开始形成的关键期；5岁左右是掌握语法，理解抽象词汇，以及综合语言能力开始形成的关键期。

如果家长在这些最佳年龄期间，为孩子提供适当的条件，科学的教育，就能有效地促进孩子相应能力的发展，收到事半功倍的效果。反之，错过最佳年龄，孩子再来学习某些相应的能力，就容易遇到困难，收到事倍功半的效果，甚至有可能造成难以弥补的损失。所以，在早期教育中，家长应牢牢把握关键期，让孩子得到适时、适当的培养和教育，使常才成为优才，优才成为英才。

20. 孩子有自闭症倾向，家长应该怎么办?

自闭症是与外界环境接触障碍为主要症状的心理疾病。该病的主要症状是：

❶ 没有与人交往、交流的需求，对集体生活环境不适应，不愿意与其他小孩一起玩，整天沉浸在自己的小天地里。

❷ 存在语言交流障碍，语言发展明显迟缓。即便能说话，也缺乏主动语言交流，有刻板重复语言或语言声调、节律、速度等异常。

❸ 情感冷漠，缺乏相应的情感体验，对亲人不亲热，常常毫无面部表情。

❹ 兴趣单一，行为活动单调、刻板，有刻板动作，与他人无对视，活动过多，有破坏性的行为。

❺ 有特殊的依恋表现。有的患儿对人虽然很冷淡，但对某些无生命的物体（如瓶子、盖子、轮子等）或小动物（如小兔、小狗等）表现出一种特殊兴趣，并产生依恋感。

自闭症是发生在儿童早期的精神发育障碍。如果家长发现孩子有上述表现，千万不可忽视，应立即带孩子到医院进行诊断和治疗。简单介绍几种干预、治疗方法：

进行家庭教育。让患儿与母亲等家人接触和讲话，提高患儿对语言的理解能力。要引导患儿听到呼唤后做出反应，接受和喜欢身体接触。开始叫患儿的名字时，应当与令他高兴的情景相联系，如给他一块饼干或者开始一项能让他感到快乐的活动，吸引他的注意力。开始时，会有一些困难，但只要坚持，患儿的情况会逐渐好转。然后，教患儿一些简单的生活习惯和做事的方法，如吃饭、穿衣、解大小便等。当患儿有进步时，应马上给予他物质奖励，以强化他的好行为。

干预孩子奇特的动作和怪相。患儿往往会做出一些奇特的动作。比如，患儿看上去很古怪，而他似乎能从怪异动作或怪相中得到某种满足与刺激。当患儿无事可做的时候，动作更为怪异。因此，纠正这种行为的有效方法就是尽可能让患儿有事可忙。当患儿扭曲手指转动双手时，要轻轻握住他的手，逐渐给他一个概念，这种行为是不能被接受的。

进行集体教育。安排患儿与同龄正常儿童进行交往。可送患儿去小规模的幼儿园。在幼儿园，患儿可形成有规律的生活习惯。另外，患儿在与正常儿童的接触中，可以得到帮助，逐渐获得社会交往的能力。

进行语言治疗。对明显不应答的患儿，家长必须反复呼唤他，配合拍手、拉手。如果患儿有呼唤反应，则进一步训练患儿打招呼、问候及辨认各种物品，并在此基础上培养患儿的模仿能力。

21. 孩子过分以自我为中心，家长应该怎么办？

新生儿完全是以自我为中心，他只受个人生理冲动的控制，饿了要吃，渴了要喝。这一阶段的孩子以自我为中心，以满足生理欲望为主要需求。随着年龄的增长，孩子的以自我为中心较多地带有社会性的内容，有时还会与社会的需求相抵触。这种孩子只要求别人关心他，而不知道关心别人；只习惯于别人为他服务，而不懂得应该为别人尽义务。这种不关心他人、不会交往的孩子将来很难适应社会。所以，父母要帮助孩子尽早摆脱以自我为中心。

首先，父母应为孩子树立良好的榜样。父母应该以身作则，教孩子怎样去做。比如，对于好吃的东西，要叫孩子先给爷爷奶奶吃，再给爸爸妈妈吃，最后才拿给自己吃。家长带孩子坐公共汽车时主动给老弱病残让座。这些行为都会使孩子耳濡目染，在孩子心灵深处悄悄播下关心他人、尊重长辈的种子。

其次，教育孩子关心他人。家长要掌握好分寸，不要让孩子在家庭中处于特殊地位，造成他的"特殊感"。父母要教孩子学会尊重他人、关心他人。比如家里有人生病了，要让孩子向病人问好，以示同情和关心。这样可以使孩子慢慢懂得关心他人。

最后，解放孩子的手脚，让孩子有更多的交往机会。 有的父母生怕孩子吃亏，整天把孩子关在家里玩玩具，看图书，使孩子失去了社交活动的机会，让孩子养成以自我为中心。家长要多带孩子和年龄相仿的小朋友玩，与其他小朋友分享图书、玩具等。在交往中，孩子会逐渐认识到"我"和"大家"的关系，逐渐摆脱以自我为中心。

22. 如何培养孩子的独立性？

研究发现：人生来就有一种依赖性，但这种与生俱来的依赖性在后天不同的教育环境中，在每个人身上的反映是不同的。家庭教育是助长或抑制孩子依赖性产生的关键因素之一。因此，我们建议父母要注意从小培养孩子的独立性。

❶ **放手让孩子做力所能及的事。** 父母要转变观念，注意从小培养孩子独立、自主的精神，放手让孩子做力所能及的事。比如鼓励孩子在家里做父母的小帮手，让孩子抹桌子、洗自己的小手帕等，培养孩子的独立性。

❷ **提出与孩子能力相符的要求。** 培养孩子的独立性，克服孩子的依赖性，不能一蹴而就。父母要根据不同年龄阶段孩子的特点与发展水平提出

与其能力相符的要求。如果要求过高，难度过大，容易引起孩子的畏难情绪、自卑心理。当6~7岁的孩子在游戏或简单的学习活动中遇到困难或问题时，父母应让孩子自己想办法解决。

❸ **积极鼓励孩子。** 一旦孩子取得进步，父母就要奖励孩子，强化他的好行为。如果父母过于求全责备，那么孩子很容易在责备声中丧失自信心，撒手不干，转而又依赖父母。

父母培养孩子的独立性，要找到一个适合自己孩子的切入口，从一点一滴开始做起。孩子的依赖心理是可以被预防和纠正的，问题的关键是父母要转变教育观念，改进教育方法。

23. 为什么不能打骂孩子？

俗话说："棍棒底下出孝子。""不打不成才。"说的是父母对孩子的管束离不开打骂。其实，这种传统的教育思想和方法是错误的。之所以错误，是因为打骂违背了儿童的心理特点，损伤了儿童的自尊心，不利于儿童的身心健康。孩子良好的道德品质和行为习惯是在长期的教育下形成的，而不是打骂的结果。

打骂孩子的不良后果主要有以下几个方面：

❶ **打骂会使孩子形成"双重人格"。** 孩子在父母面前规规矩矩，俯

首帖耳；离开父母就放纵、任性，失去一定的行为准则，专门看人眼色行事。

❷ 经常遭受家长打骂的孩子，容易形成孤僻、胆小、撒谎、自卑等不良性格。这类孩子一般对一切持无所谓的态度，唯父母之命是从，精神上受到压抑，学习上也很被动。而且，打骂还会使孩子学会撒谎、欺骗等手段。一些孩子做错事后不敢向父母直言；成绩差的小孩拿着成绩单不敢回家，怕父母责难；个别逃学的孩子，总是编一套谎话去搪塞父母……凡此种种，父母都不应该过分责备孩子，而应该改进教育方法。

❸ 打骂会使孩子丧失自尊心。打骂会打掉孩子的自尊。自尊心是一个人良好品德的基础。如果一个人的自尊心受到伤害，他就会感到沮丧和失望，甚至心灰意冷、自暴自弃，丧失前进的信心和勇气。

❹ 打骂不仅会损害孩子的心理健康，而且会影响孩子的身体发育。比如孩子挨打后往往吃不下饭，哭得厉害时会引发呕吐。甚至有的家长在暴怒之下，会失手打伤孩子，给孩子造成终身残疾。

因此，教育孩子要用恰当的方法。尊重孩子的人格，帮助他树立自尊心和责任感。当孩子做错事后，家长要心平气和地帮助孩子认识到错在哪里，并为孩子指出改正的方法。要表扬孩子的进步，鼓励他健康成长。

总之，真正的爱，不是溺爱，也不是打骂，而是在耐心的教育中，帮助孩子获得克服、抵制不良行为与不良思想的自我约束能力。

24. 怎样正确批评孩子？

当孩子犯错时，家长应首先弄清楚情况，然后根据具体情况采取适当的教育措施。

❶ 要具体分析孩子的缺点、错误，看看哪些是属于正常范围内的淘气、顽皮，哪些是属于超越了正常范围的毛病。对于前一种行为不必过分追究，只要告诉孩子合理的做法就够了。对于后一种行为，家长应采取心平气和的态度，给孩子摆事实，讲道理，让孩子知道错在哪里，使孩子心服口服，让批评达到应有的效果。

❷ 批评的内容要具体。儿童的知识经验和认知水平毕竟有限，他们认识的事物常常是直观的，比较具体的。因此，父母要结合具体事例对孩子进行说服教育。用简明、生动的语言，向儿童说明应该怎样做，不应该怎样做。不要给儿童讲一些抽象的大道理，因为儿童听不懂，还容易产生反感。另外，因为儿童的注意力还不够稳定，

容易被分散和转移，所以，冗长的说教对儿童来说是徒劳无益的。

❸批评孩子时要讲究说话的艺术，充分利用非语言信息的作用。对孩子讲话，不要嘴上老挂着"不"字，而应该说："我知道你会做好的。"另外，家长还要注意表情、态度、语气和音调等非语言信息对孩子的教育作用。对于3~7岁的孩子来说，他很容易感知到父母的情绪，并能很快理解其中的含义。

❹尊重孩子的独立性和自尊心，不强制孩子服从父母的意志。积极引导和鼓励孩子自己去负责、去创造。孩子敢对父母说不，并不一定就是坏事。

25. 孩子为什么喜食异物?

有的孩子喜欢吃一些不能吃的东西，如土块、煤渣、墙上的石灰皮、纸张、肥皂、棉花、头发等，吃得津津有味。对于一些小的物品，这类孩子就直接吞下去；对于一些大的物品，这类孩子就舔或放在口中咀嚼。家长劝阻甚至打骂也不能使这类孩子停止，逐渐成为一种嗜好，在医学上称其为异食癖。这种孩子一般对食物没有兴趣，缺乏食欲，面黄肌瘦，有时还有腹痛、便秘、营养不良等症状。这种异食癖常由以下原因引起：

❶儿童体内缺锌：锌是一种十分重要的微量元素，虽然它在人体中的含量极少，但它对生长发育起着重要作用。锌元素参与体内多种酶的代谢活动，也参与味觉的形成。人体缺锌时可引起很多器官和组织的生理功能异常，譬如厌食、异食癖等。

❷营养性贫血：红细胞的主要功能是携带氧气。贫血时，血氧含量降低，机体呈低氧血症，从而引起组织和器官功能的减退，继而引发异食癖。

❸肠道寄生虫：蛔虫分泌的毒素直接刺激肠管或钩虫寄生引起贫血，会引发异食癖。

对有异食癖的儿童，家长一定要关心他，爱护他，千万不要打骂或捆缚他的双手。要带孩子到医院接受全面检查，找出原因，对症治疗。平时应该注意膳食多样化，避免小儿挑食、偏食，确保小儿均衡摄入多种营养素。

26. 为什么孩子不宜过早学习写字？

学龄前儿童正处在涂鸦期，他们喜欢拿着画笔在纸上胡乱画。有些父母为了引导孩子学字，就教孩子学习写字。其实学龄前儿童不宜过早学习写字，这是因为：

❶ 学龄前儿童的大脑对手的调节功能发育得尚不完善，手掌上小肌肉发育得也不完善，他们握笔的力量不够。过早握笔写字会影响儿童手指及手腕肌肉的发育。父母可在日常生活中教孩子学习熟练使用筷子。这样做有助于孩子手掌小肌肉的发育，同时还有利于锻炼大脑的协调能力。

❷ 学龄前儿童的神经系统发育得很不完善，大脑皮质的抑制能力差，手往往不能听从大脑指挥。如果硬让孩子一笔一画地学习写字，就会使孩子处于紧张状态，从而影响运动中枢的发展。

❸ 幼儿的控制能力差。书写姿势不正确，易造成视力损害。

27. 怎样帮助孩子做好入学前的心理准备？

如果说，孩子离开家庭走向幼儿园，参与集体生活，是孩子走向社会的第一步，即第一次"社会性断奶"，那么，孩子进入小学，走向更加独立自主、更加复杂多变的生活环境，则是孩子的第二次"社会性断奶"。

孩子入学后，社会角色、生活内容、生活场所、与老师的关系等方面都发生了明显的变化。怎样使孩子尽快地适应新的学校生活呢？家长应该如何帮助孩子做好入学前的准备呢？

❶ 帮助孩子形成对学校和学习活动的正确态度。一提到上学，一些孩子的脸上总会表现出似忧、似惧的表情。家长和学校老师应向孩子讲明入学学习的目的。采用游戏的方式，逐步培养孩子正确的学习动机。

❷ 帮助孩子养成必要的生活习惯。在家中制订与学校生活相近的作息制度，指导孩子在规定的时间内起床、锻炼、吃饭、学习。配合上学后的作息时间，准时进行一日三餐，中间不再让孩子随意吃零食。

要对孩子进行"坐得住"的训练，让孩子学习在椅子上坐着，时间由短到长，帮助孩子适应以后的课堂生活。让孩子晚上早点入睡，早上按时起床。

幼儿园教师可在游戏中训练儿童的纪律意识，如听到铃声，儿童应迅速走进教室、坐姿端正、举手发言、不做小动作等。

❸ 帮助孩子形成初步的学习能力。缺乏基本的学习能力、不善于运用正确的学习方法的孩子，往往表现

为上课注意力不集中，或在老师提问时，不动脑筋想，而是瞎猜、重复别人的答案等。为了避免这种现象，在入学前，家长需要培养孩子的记忆力、思维能力、想象力、注意力等。

❹培养孩子对学校的向往之情。在上小学之前，家长可以带孩子到将要去上学的学校走一走，熟悉一下学校的环境，并讲一讲小学与幼儿园的不同之处，告诉孩子上小学的重要性和必要性，使孩子事先对学校有一个比较全面的了解，从而激发孩子爱上小学的情感。

❺早做评估，早干预。如果孩子有多动、注意力不集中、反应慢等问题，父母应及早带孩子做智力、心理评估，发现问题，尽早干预，以免错过最佳的治疗时机。

28. 如何培养孩子良好的性格？

孩子在平日的玩耍、游戏、学习中会表现出一些比较稳定的特点，如有的孩子比较合群、忍让；有的孩子

比较任性、自私；有的孩子比较胆大、勇敢；有的孩子比较胆小、怯懦；有的孩子自己能做的事自己做；有的孩子处处要家长为自己服务……这些孩子在活动和生活中表现出来的特点，就是心理学上所说的性格。孩子的性格与他日后的发展有着密切的关系。正反两方面的事实都告诉人们，必须从小培养孩子良好的性格。

❶鼓励孩子自己的事情自己做。充分理解、掌握孩子的心理，使孩子能够轻松、愉快、自由自在地成长。尽可能避免过分干涉和过度保护，应该鼓励孩子自己去行动。

❷鼓舞斗志。父母应尽量不要插手孩子的事情，最好耐住性子，让孩子自己迎接挑战，使孩子从艰苦的体验中，发现自己的力量和长处，从中受到鼓舞，增强自信心。自信不仅是一种重要的性格特征，同时也是儿童心理健康的一项重要标准。

❸态度明确。严格要求孩子，同时认真听取孩子的意见。不论孩子大小，家长要尊重孩子的人格，与孩子平等相待，保护孩子的自尊心，用欣赏的眼光，鼓励的语言，真诚而积极地评价孩子。

❹以身作则。用实际行动去潜移默化地影响孩子。教育者的一言一行，孩子都会看在眼里、记在心中。温馨、

和睦的家庭和父母积极向上的生活态度，是孩子健康成长的一个重要因素。

❺ 教育态度要一致。如果家庭成员在孩子的教育问题上出现分歧，不但会使孩子无所适从，不利于良好品德的形成，还可能让孩子学会对不同的人持不同的态度，形成投其所好的不良品质。

29. 如何对待孩子的攻击性行为?

攻击性行为是孩子的一种常见行为，有时会延续至青少年期。这种行为表现为易怒、冲动、伤人，为小事大动肝火，常惹是生非。当遇到挫折或自己的要求不能被满足时，孩子常用破坏物品来发泄心中的怒气。男孩多表现为躯体性攻击，女孩多表现为言语性攻击。如果这种攻击性行为在儿童时期不能被克服，孩子长大成人后将很难被社会群体所接纳，会造成严重的社会适应困难，甚至发展为打架、斗殴等违法行为。

攻击性行为产生的主要原因包括：

心理因素：一般来说，有情绪问题和行为障碍的孩子容易产生攻击性行为。

家教不当：一些家长怕孩子被人欺负而教他们如何"保护"自己，或不适当地鼓励男孩要勇敢；有的家长不正确地或无理由地体罚孩子，会使孩子经常处于痛苦和挫折之中，把侵犯和攻击行为作为减轻挫折感的手段，出现破坏玩具、攻击同伴等行为；得不到充分的爱与关怀的孩子，会因此产生悲观、忧郁等不良情绪，并因此引发攻击性行为。家长和孩子的关系是双向的、互相影响的。父母用体罚来教育孩子，实际上是在示范攻击行为。孩子就会以父母的方式来对待他人。

环境因素：孩子辨别是非的能力差，模仿性强。影视作品中的攻击性行为对孩子的影响是巨大的。研究表明，常看那些暴力武打影视片的孩子易出现攻击性行为。

为了孩子的健康成长，必须彻底矫正孩子的攻击性行为。主要方法包括：

❶ 鼓励合作行为。当孩子刚刚表现出攻击性行为时，家长不一定非惩

罚他不可，可以创造机会让孩子懂得合作。鼓励分享、合作等好的行为，使孩子的良好行为不断得到强化。

❷ 采取冷处理。当孩子有较严重的攻击性行为时，家长可以采用冷处理的办法。所谓冷处理，就是暂时不理睬孩子，把他一个人关在屋子里，直到他自己平静下来。用这种方法惩罚孩子的攻击性行为，不会给孩子提供呵斥、打骂等攻击模式。将冷处理与鼓励合作行为的方法配合使用，效果会更好。

❸ 进行具体形象的教育。让孩子听"攻击受罚、合作得奖"的故事或看这一类的绘本等，然后与孩子讨论或谈感想，使孩子从中受到教育。

❹ 向孩子指明预防之策。有的孩子常常屡教不改，这是由于孩子的抽象思维能力、长时记忆能力和自制力的发展不成熟。家长应有预见性地帮助孩子预防攻击性行为。责备孩子的目的在于孩子将来不受责备，是为了教育孩子，而不是为了发泄胸中之气。父母可以把孩子叫到身边，冷静地问他："对于这件事，你有什么感受？""你知不知道因为什么把你叫来这里？"让孩子自我反省。

❺ 提供非攻击性的环境。为孩子准备丰富的玩具和充足的游戏空间，避免因偶然的身体碰撞而导致的攻击

性冲突。另外，玩具（如枪、刀之类）也会导致孩子的攻击性倾向。研究发现，喜欢玩攻击性玩具的儿童相比于玩中性玩具的儿童更容易发生争斗。因此，对那些喜欢攻击他人的孩子，家长要少给他买刀、枪等具有攻击性的玩具。

30. 孩子性格孤僻，家长应该怎么办？

性格孤僻，不仅影响孩子的进取心，也损伤孩子的身心健康。因此，当孩子的性格孤僻时，家长必须引起高度重视。那么，家长应该怎样做才能纠正孩子孤僻的性格呢？

❶ 不要使孩子特殊化，应培养孩子与他人平等相待、友好相处的良好习惯。要让孩子多接触其他小朋友，一起分享玩具，交流感情，增长知识。

❷ 对于性格孤僻的孩子，家长要尽量发现他的长处，积极地给予表扬，增强他的自信心。对于孩子的缺点，家长不要过多指责，更不要轻易地拿他和其他孩子做比较，否则，会使孩子更加孤僻。

❸ 当孩子乖戾、别扭时，家长不要挖苦、嘲笑他，而应找一些有趣的话题转移孩子的注意力。

❹ 父母应尽可能多地和孩子待在

一起，多和孩子进行皮肤接触，如紧紧拥抱孩子等，表达对孩子的爱。

❺尽可能多带孩子到户外运动，让他体验到愉快，体验到幸福，这有利于打开孩子的心灵之窗。

31. 什么是选择性缄默症？

六岁的姗姗自从上学后就逐渐不说话了，特别是在学校里。在出现这种情况之前，姗姗对语言的理解和表达能力正常。她在学校里不说话，而在家中说话，一般不与大人说话，而与同龄人或熟悉的人说话。在学校，她有时用手势、点头、摇头等躯体语言进行交流，有时用书写的方式来表达自己的需求。姗姗很可能患了选择性缄默症。

选择性缄默症是指已经具备语言功能的儿童因精神因素的影响而出现的一种在某些社交场合保持沉默不语的现象，其实质是社交功能障碍，而非语言障碍。

多数儿童心理学家认为，选择性缄默症是由于精神因素作用于具有某些人格特征的儿童身上产生的。此类儿童一般较敏感、害羞、孤僻、脆弱、依赖性强、独立自主能力差。他们以缄默不语来对抗口头攻击性冲动，以缄默不语来降低恐惧感。患儿虽然无明显的器质性的病变，语言的理解力与表达能力正常，智力正常，神经系统检查无异常，但常表现为发育不成熟，比如一些患儿开始说话的时间明显迟于正常儿童，常伴有功能性遗尿、功能性遗粪症等发育障碍，表现为不成熟脑电图。

本病的发生与心理、家庭环境因素有关。许多患儿早年有情感创伤经历，如家庭矛盾冲突，父母关系不和、离异等。有的儿童在家庭环境变迁或受到一次明显的精神刺激后发病。父母是人格异常者或精神障碍者，孩子的患病率比一般人群高得多。所以，一般认为本病与遗传因素有关。本病多在学龄前期病发，女孩比男孩多见。

如果家长发现孩子逐渐缄默不语，应带孩子到医院请医生检查，因为选择性缄默症还要与癔症性缄默症、儿童孤独症、分离性焦虑症等其他精神疾病相区别。

32.怎样治疗选择性缄默症？

对选择性缄默症的患儿，必须注意防止各种心理因素的刺激，针对病因制订合适的治疗方案。大部分患儿可在门诊接受心理医生的指导，从以下几个方面进行矫治：

❶ 消除致病的各种心理紧张因素。为孩子提供良好的生活、学习环境，鼓励孩子积极参加集体游戏，慢慢消除紧张的心理。

❷ 进行文明礼貌教育，让孩子懂得，当亲朋好友来访时要热情地打招呼，学会如何与他人交往、建立友谊。

❸ 不要过分注意孩子不肯说话的表现，不要训斥或强迫孩子说话，否则会加剧孩子的紧张情绪，不利于矫治。

❹ 用表扬和鼓励的方法会获得较好的效果。

❺ 一些过分紧张、焦虑、恐惧的患儿，可适当服用抗焦虑药物。

❻ 对一些由不良家庭环境引发疾病的患儿，可采用住院的方式，在改变患儿所处的环境后，治疗效果会更好。

经过治疗，大多数患儿在数月至数年后康复。即使没有经过特殊治疗，此症在青春期后也会有所改善。但是此类孩子的语言表达功能略低于语言功能正常发育的人。

33. 孩子遗尿，家长应该怎么办？

遗尿症，俗称尿床，它是指人在熟睡时不自主地排尿。

在着手解决孩子尿床问题之前，家长必须先找出孩子尿床的原因。

健康原因：少部分的尿床者是因为生理问题，如膀胱较小、括约肌松弛、尿道感染、（隐性）脊柱裂等。

心理因素：有些孩子会因为心理压力大而出现尿床的情况。

睡眠方式：许多孩子尿床是因为睡得太沉，他们完全意识不到膀胱已经胀满，尿液就被排出来了。

有遗尿症的小儿首先应去正规医院就诊，针对病因治疗。对功能性遗尿症患儿，可采用以下方法治疗。

尿湿报警铃：根据条件反射的原理，采用铃声-床垫装置对患儿进行治疗。当孩子尿湿床垫时，铃声大作，将孩子惊醒。经过多次铃声与膀胱充盈的强化训练，孩子要解小便时，膀胱内压力会作为条件刺激将孩子惊醒。

闹钟惊醒法：根据条件反射原理，用闹钟做刺激物治疗儿童遗尿。首先在临睡前，家长要限制孩子的饮水量。根据遗尿的大概时间，将闹钟铃响的时间定于这个时刻之前。用闹钟将孩子唤醒并让其排尿。

憋尿训练：适当训练孩子憋尿，有助于治疗遗尿症。应在日常生活中进行这种训练。当孩子想尿尿时，设法让他憋一会儿，同时转移他的注意力，让他不紧张地憋一会儿。

安排好作息时间：尿床的小孩，往往睡觉晚，他们一上床就睡着了，即使尿在床上也不知道。必须安排好作息时间，保证尿床的小孩每天有一定的午睡时间，晚上9点左右必须睡觉。如果休息充足，孩子一有尿意就会惊醒。

正确对待儿童遗尿的问题：必须给孩子讲清楚，尿床不是病，是一种习惯，很快就会好的，给孩子树立信心。同时，千万不要责怪孩子，切忌当着孩子的面与外人谈论他尿床的事情。给孩子更多的关怀、安慰和鼓励，使孩子以积极的心态去克服遗尿。

34. 在购买儿童读物时，家长要注意什么？

给孩子选购图书时，除了注意内容健康、有趣，适合孩子年龄特点之外，还应注意书的纸张、色彩及装帧等。

过于精细复杂的画面、太小的字，会使孩子看起来很吃力，会让孩子不自觉地睁大眼睛，凑近图书，容易引起眼睛疲劳，影响视力。所以，儿童读物的画面应简单些，字体大一些。纸张不能太白。因为纸张过白会增加颜色的对比度，导致反射光线过强，过度刺激视觉神经，易引起孩子视觉疲劳。

书的色彩不能太鲜艳。孩子的视觉发育需要刺激，但用太鲜艳的颜色来刺激视觉则是不适宜的。因为如果孩子看惯了太鲜艳的颜色，以后对自然颜色的分辨力就会减弱。

另外，图书的纸不能太硬、太薄，否则，容易划破孩子的手。精装的书最好是圆角或包角的，以免戳伤孩子。选择用环保油墨印刷的图书。

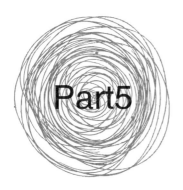

Part5

学龄篇（6～12岁）

🌸 学龄期儿童特点

1. 学龄期儿童体格发育有什么特点？

从进入小学开始（6~7岁），到青春期前为学龄期。在学龄期，儿童的生长发育速度相对比较平稳，身高、体重的增长都比较平缓，胸围平均每年增长约1厘米。一般在10~12岁，儿童会出现第二次生长发育高峰（第一次生长发育高峰出现在出生后的第1~2年内），标志着青春期的开始。在青春期，儿童的身高平均每年增长8~10厘米，最快增加10~12厘米；体重一般平均每年增加5~6千克，最多增加8~10千克。此后生长发育速度又变缓慢，直至发育成熟（女孩一般在18岁左右，男孩在20岁左右），

此时骨骼完成骨化，身高基本停止增长。

在第二个生长发育高峰期，儿童下肢的增长速度最为迅速，其次是躯干，头部的增长速度不明显。至发育成熟时，人体的形态表现为较小的头颅、较短的躯干、较长的四肢。这是因为人体各部的生长发育速度是不均衡的。

2. 学龄期儿童的骨骼与肌肉发育有什么特点？

在医学上，把人类的骨骼分为以下三种：

① 长骨，即四肢的骨骼。

② 短骨，如脊椎骨。

③ 扁骨，如头颅骨等。

少年儿童的长骨比较柔软，软骨较多，没有完成骨化，骨中含有机物较多，含无机物较少，骨的弹性大，硬度较小，不易骨折，但易变形。在生长发育的过程中，骺软骨不断增生并骨化，使骨变长。骨膜中的成骨细胞不断增生，使骨增粗。在青春期，骺软骨逐渐骨化，骨与骨骺逐渐接合为一个整体，在20~25岁完成骨化过程。

6~8岁是儿童的颅骨长得最快的时期。短骨在10~13岁时完全骨化。学龄期儿童脊柱的弹性减弱，正常脊

柱的3个弯曲（即颈前曲、胸椎后曲和腰椎前曲）已由韧带组织固定。但在14岁以前脊椎间仍充满着软骨，14~15岁以后椎间软骨的水分逐渐减少，形成薄片状物——椎间盘，并且脊椎骨钙质沉积较少，硬度不如成年人。因此，学龄期儿童容易发生脊柱变形。骨盆从这个阶段开始融合，但尚未完全接牢，要特别注意预防骨盆的移位。尽量不要让孩子从高处跳下来，尤其是女孩，以防骨盆移位、变形，影响成年后的生理功能。

人体的肌肉发育顺序是从上而下进行的，颈部和躯干部的肌肉先发育，然后是四肢肌肉发育。学龄期儿童因为活动量大，所以全身的肌肉已发育得比较结实。肌肉发育的另一个规律是大肌肉群先发育，小肌肉群后发育。7岁左右的孩子虽然已能完成跑、跳等协调性动作，但写字、画画等细致工作对孩子来说仍比较困难。小肌肉的发育在学龄期逐渐完善。与成人相比，学龄期儿童肌肉的弹性虽然比较大，但力量差、容易疲劳，所以学龄期儿童每次写字的时间不宜过久。

3. 学龄期男孩与女孩的生理发育有什么差别?

在小学阶段，男孩与女孩的生理发育有较明显的差别，主要表现在以下几个方面：

❶ **体重**：除了11~15岁这个阶段外，在其他年龄段内，一般女孩的体重要比同龄男孩轻。

❷ **皮下脂肪**：3~8岁小儿皮下脂肪的增长基本停止；8岁以上小儿皮下脂肪又重新开始增长；女孩比男孩的皮下脂肪明显。

❸ **肌肉力量**：男孩的肌肉力量要比同龄女孩大。

❹ **骨盆**：女孩的骨盆比同龄男孩的发育速度快，且较男孩宽。

❺ **心脏重量**：0~2岁男孩的心脏重量比同龄女孩大，而12~14岁女孩的心脏重量比同龄男孩大。15岁以后，男孩心脏的重量又超过同龄女孩。

❻ **性发育时间**：女孩的性发育时间比男孩早，所以女孩成熟早。

4. 如何培养学龄期儿童坐、立、行走的正确姿势?

一个人的仪态和动作习惯，都是从小养成的。正确的坐、立、行走姿势不但能预防学龄期儿童的脊柱和胸部畸形，防止慢性疾病，而且可以提高学习效率、减少疲劳。学龄期儿童的骨骼和肌肉发育不完善，容易受外力的影响而变形。如果坐、立、行走的姿势不正确，时间久了，就会造成骨骼变形，影响孩子的体态发育。

正确的坐姿应该是：身体端正，大腿平放在椅面上，两脚平踏在地面上。看书时，不要将书本直立，应平放在桌面上，身体不要趴在桌子上。

写字时，双臂要等长地放在桌面上。如果双臂一长一短，身体就会歪斜。胸和桌缘的距离为一拳头。有的孩子爱把半个脸枕在手臂上，斜着脑袋写字、看书，或一条腿放在另一条腿上，这些姿势都不可取。

站立时，应使头、背、臀和脚在一条直线上，两肩在同一水平高度上，两臂自然下垂，抬头，挺胸，两眼目视前方，腹部内收，两脚稍稍分开（约一拳的距离）。

走路时，胸要挺起，不要低头，两脚的脚尖应该指向前方，不要向里勾或向外撇。背负重物时以两肩同时受力为好。用双肩背书包可以使书包的重量分担在两肩上，既能减少疲劳，又能防止体态发育异常。

5. 怎样防止学龄期儿童脊柱变形？

学龄期儿童的骨骼弹性大而硬度小，椎间盘的弹性、韧带的坚固性和肌肉的张力都比成人的可变性大。这是儿童的脊柱容易发生变形的主要原因。造成脊柱变形的外因常有以下两点：

❶ 孩子得了佝偻病，治疗不及时

而留下后遗症。

❷ 长期身体姿势不端正，比如坐姿或站姿不正确等。

预防脊柱变形的根本措施是注意从小培养孩子良好的坐、站和走路姿势。给孩子准备高矮合适的桌椅；提供良好的照明条件；让孩子睡觉时不要总是偏向一侧。如果是由疾病引起的脊柱弯曲，应及早治疗原发病。脊柱变形是可以被预防和矫治的，关键在于早防、早治。

6. 什么是扁平足？如何防治扁平足？

正常足底呈弓形，具有一定的弹性，当人站立、走路时可以减少头部震动，具有保护大脑的作用。同时，足底呈弓形，站立、走路的功能也比较好，脚不容易疲劳和疼痛。

家长如何分辨孩子是不是扁平足呢？可让孩子光着双足，足底部沾一些水，双足踏在平坦的地板上，观察双足的水印。内侧呈弓形，最狭窄处相当于足印横径的1/3，为正常足；最狭窄处约占足印横经的1/2，就是轻度扁平足；若弓形消失，则为重度扁平足。

扁平足的孩子，走、跑、跳会受到影响，走路不敏捷，缺乏弹性，足部常有灼热感，脚趾呈散开状，重力落在足内缘上，足部外翻，不能久站，常感脚痛，走路时也会感到足底痛、小腿痛。

扁平足大多数是由后天因素引起的，因此，预防是非常重要的措施。不要让9个月以内的婴儿练习走路，也不要让9个月以内的婴儿站立过长时间。尤其要避免身体较弱的孩子过早学走路、久站或过度负重。当年幼的孩子参加劳动时，要给他们分配力所能及的活。在安排孩子劳动时，要考虑孩子身体发育的特点。在孩子参加体育锻炼或户外活动时，要尽量让孩子穿运动鞋。

如果是扁平足，可实行运动疗法，用足尖、足外侧走，进行屈趾运动等，以促进足弓的恢复，缓解疼痛。跳皮筋、跳绳、跳高、跳远及跑步都能使足弓得到很好的锻炼，不仅可以预防扁平足的发生，而且对轻度扁平足有治疗作用。对于无法自行矫正的扁平足，应请整形外科医生矫治。

7. 家长如何帮助孩子度过换牙期？

家长应该怎样帮助孩子度过换牙期呢？

首先，在换牙期间，孩子应该避免一切外伤，要多吃些馒头干、面包干、蔬菜、豆类等，要多用牙齿咀嚼食物，以便刺激上、下颌骨的发育，

促进牙齿及早萌出。在牙齿萌发期间，应加强营养，摄入足量钙、磷等对牙齿有重要作用的营养素。

其次，应该注意预防牙齿排列不齐。有些孩子在换牙时，爱用舌尖舔正在萌出的牙齿。这种舔牙的习惯，能将门牙舔得向外翘，造成上下牙齿咬合不齐，影响牙齿的排列和咀嚼功能。吸吮手指、咬铅笔、咬尺子等坏习惯也可造成同样的结果。如果乳牙没有脱落，而恒牙在乳牙牙床的侧面萌出，形成双层牙现象，应尽快找医生拔掉乳牙。这样做可使恒牙很快恢复原位，保证恒牙的排列整齐。若孩子有反颌（即下牙覆盖上牙）或严重牙列不齐的情况，应及时到医院请医生检查，及早进行矫治。

8. 学龄期儿童需要哪些营养？

饮食多样化，保证营养齐全，并且做到清淡饮食。必须保证摄入足够的蛋白质。蛋白质是构成人体组织细胞的基本物质，儿童的生长发育需要补充大量蛋白质，否则生长发育就会迟缓。除主食外，学龄期儿童每天还应摄入富含优质蛋白质的食物，如牛奶等各种奶制品、蛋类、豆类、肉类及鱼类等。

另外，还应摄入富含钙、铁和维生素的食品。

学龄期儿童一日三餐的食物分配比例一般为：早餐占全日总热量的 25%~30%，午餐占全日总热量的 30%~40%，晚餐占全日总热量的 30%~35%。这样的饮食安排可适应孩子生理和学习的需要。

9. 学龄期儿童的膳食原则是什么？

学龄期儿童正处在长身体和长知识的关键时期。这一时期的儿童生长发育快，活泼好动，代谢旺盛。此时期的膳食原则应遵循"早饭吃好、午饭吃饱、晚饭适量"，切忌"早饭将就、午饭马虎、晚饭过饱"的进食方式。

家长一定要注意早餐的质和量，可以供给一些蛋、豆制品、肉、牛奶等富含蛋白质的食物，也可以让幼儿吃一些面食，如包子、大饼等。一顿营养丰富的早餐应包括 4 类食物：谷类（馒头、面包或米类），动物性食物（肉、蛋），奶制品或豆制品，新鲜蔬菜和水果。

午餐是一天的主餐，除补充热量、营养素以外，还要能满足各项活动的需求。家长要想办法安排好孩子的饮食。午餐应供给足量的面食，荤素搭配，注意烹调方式，使食物色、香、味、形俱佳。

晚餐的食物应清淡、少油腻。

10. 为什么早餐要吃好？

有些学龄期儿童要么不吃早饭就去上学，要么就随便吃点。这样做是不对的。

学龄期儿童正处在生长发育阶段，相比成人，对热能和各种营养素的需要量更多。我国一般家庭都在下午 6~7 时吃晚餐，从下午 6 时至次日清晨 6 时，胃内食物早已被排空。因此，如果孩子不吃早饭或吃得很少就去上学，肚子空空的，能量供应不足。

不仅运动需要消耗能量，脑力劳动也同样需要消耗能量。孩子即使安静地坐着上课，也需要大量的能量。如果孩子没吃早饭或早饭质量太差，就只能将自身的脂肪、蛋白质变成热能以满足能量的消耗。长期如此，孩子就会消瘦。同时由于能量不足，孩子觉得饥饿，上课时注意力不集中，大脑的理解力和记忆能力也会受到影响。久而久之，孩子的学习成绩就会下降。

学龄期儿童的心智培养

1. 学龄期儿童的心理发展有哪些特征？

学龄期儿童脑的功能不断完善，心理和行为也得到进一步发展。

❶ **语言的发展**：儿童入学以后，口头语言表达能力继续提升，学会讲完整的、合乎一定语法规则的话，并开始认字、读书，掌握书面语言。上二三年级时，儿童初步有了对概念的理解能力；上三四年级时，儿童开始有了推理、判断的理解能力；上四年级时，儿童的书面语言开始占优势，能用正确的文字表达自己的情感和思想。

❷ **注意力的发展**：从无意注意占优势，逐渐发展到有意注意占主导地位。注意的集中性和稳定性也逐步改善。

❸ **感知的发展**：对颜色及色度的辨认能力逐渐提高。能精确地分辨各种语音，如分辨 sh 和 s、d 与 t 等，辨别字词的音调等。学龄期儿童能够分清各种常见的形状，可辨别自己的左右方位。在时间知觉方面，六七岁的儿童能懂"一天、一星期、现在"等，以后逐渐掌握"秒、分、小时、天、月"等时间单位和各种时间关系。

❹ **思维的发展**：学龄期儿童的思维由具体形象思维逐步过渡到以抽象逻辑思维为主。随着年龄的增长，儿童可以认识一些事物的本质属性，理解一些寓言和比喻词的真正意思。

❺ **观察力的发展**：学龄期儿童的观察力受知觉因素和生活经验的影响，不善于将三维空间和二维空间进行转换。儿童观察图画时最初只能指出图画中的个别对象，逐渐可以认识各个对象之间的空间关系。8~9岁的儿童可以认识各个对象之间的因果关系。10~11岁的儿童能进一步认识图画的总体。

❻ **记忆力的发展**：学龄期儿童的有意记忆开始占主导地位，并由机械记忆为主向理解记忆为主发展，由具体形象记忆为主发展为对公式、定律等抽象材料的记忆为主。

❼ **想象的发展**：学龄期儿童的想象逐渐符合客观现实，想象中的创造性成分日益增多，在作文、绘画、科技活动中常能想象并创造出新的东西，还能时常憧憬未来。

❽ **意志和情感的发展**：学龄期儿童意志的自觉性较差，他们的行为明显受内外诱因的干扰。在教育的影响下，学龄期儿童的情感日渐丰富、发展，控制情感、情绪的能力也明显增长。

❾个性的发展：学龄期儿童已有比较明确的个性倾向，他们对各种学科、游戏等表现出不同的兴趣，能提出自己的看法。学龄期儿童也逐渐表现出不同的能力、气质类型和性格特点。

2. 学龄期儿童不适应学校生活，家长应该怎么办？

家长都希望孩子的学校生活是愉快而有意义的。但是一些儿童会有不想上学、不会与同学交往、不会学习等不适应学校生活的表现。

儿童对学校生活的不适应，可以由多方面的因素造成：缺乏学习兴趣、学习能力，注意力不能集中等，造成儿童对课堂教学活动的不适应；在文体活动和各类游戏中表现不佳，师生、同伴关系不良，造成儿童对班集体日常活动的不适应；兴趣狭窄，语言表达能力、自我调整和控制能力不足，自我意识不良等，造成儿童与同伴的交往存在障碍；有的儿童胆小、孤僻、易退缩、易受人欺负；还有的儿童以自我为中心，攻击性强，受到同伴排斥、疏远。

针对上述原因，家长可以从以下几个方面来帮助儿童尽快适应学校生活：

❶培养学习兴趣，提高儿童的学习能力，以生动形象的教学方法吸引儿童的注意力，及时了解儿童在学习上遇到的困难并给予帮助，鼓励和引导儿童自己去解决学习上的问题。

❷发掘儿童的长处，并让儿童有充分表现自己长处的机会，帮儿童树立自信心。

❸培养儿童参加集体活动的兴趣，引导儿童参加课外活动，并在活动中充分表现自己、发展自己、锻炼自己。对好静、胆怯的儿童，家长和老师要鼓励他，多为他创造表现的机会。

❹培养儿童良好的个性和社会适应能力。父母过分严厉、经常受打骂的儿童往往胆小、易退缩，而被溺爱的儿童容易以自我为中心，生活自理能力不强，这些儿童都不容易适应学校生活。

3. 如何激发学龄期儿童的学习积极性？

从孩子入学开始，家长和教师就应该注意引导和激发孩子的学习积极性。

在学习活动的形式上，对入学初期的孩子，应该多采用游戏的方式。无论是学校教学，还是家庭辅导，都要尽可能地将学习活动转化成游戏方式，让孩子在游戏中学习和掌握知识，再逐步过渡到以讲解和训练为主的正规教学形式。在学习某一知识时，时间不宜过长，以免孩子失去兴趣。

加深孩子对学习内容的理解，培养孩子对学习的兴趣，才能让孩子产生真正的学习积极性。家长和教师不仅要注意学习活动的形式，还要注意学习活动的内容，把二者有机地结合在一起。比如，把算术题编成一个有趣的故事。随着不断地实践、演算，孩子会逐渐认识到算术的重要性，从而提高对算术学习的积极性。

刚入学的孩子还处于具体形象思维阶段。如果教师只是抽象地讲解和空洞地说教，孩子是不容易理解和接受的。孩子会感到学习是一件枯燥、乏味的事，对学习感到厌烦。因此，在教学过程中，应适当地配备一些实物、模型和图片，甚至做一些小实验，给孩子一些直观形象，这样做更易被孩子理解和接受，产生对学习的兴趣和积极性。

来自学习活动的欢乐体验有助于孩子形成学习的积极性，反之则会挫伤孩子学习的积极性。对刚入学的孩子来说，家长和教师应注意发现他们的优点和长处，适时地给予鼓励和表扬，让他们体验到学习带来的欢乐，让他们保持对学习的兴趣。

4. 如何培养学龄期儿童的创造力？

创造力可通俗地理解为具备前所未有的思想或制造出从未有过的东西的能力。创造力关系着一个人的价值和取得的成就。儿童时期是培养和发展人类创造能力的关键时期。孩子天性好奇、好问、爱探究，有着不可忽视的创造潜能。如果得到及时、科学的指导和教育，儿童的创造能力会得到理想的发展；如果得不到正确的教育和指导，儿童的创造能力就会逐渐下降。可以从以下几个方面入手培养孩子的创造力：

❶从简单、常见的现象入手。从易到难，逐渐培养儿童具备创造力的观念和意识。从常见的事物开始，让儿童从平常中找到异常，在熟悉中找到陌生，不让他们形成"熟视无睹"的心态。

❷培养独立思考的能力。独立思考是儿童发展创造能力的一个关键点。儿童的依赖性较强。如果儿童不能养成独立思考的习惯，他们就会逐渐养成依赖他人的习惯。当孩子问父母"为什么？"时，家长不要总是太快地给出答案，应在耐心讲解的同时，适当地给孩子提出相应的问题，引导孩子找到答案。

❸培养创造性思维。创造性思维是指运用已有的知识、经验，通过创造、想象而产生某种崭新思想的过程。

创造性思维包括以下内容：

★异同对比能力的培养。一些儿童常会出现思维定式，用原有的方法解释各种问题，这不利于创造性思维的发展。应培养儿童在相同中找出不同，在不同中找出相同，从而有所发现，有所创造。

★培养孩子的发散性思维。我国古代名匠鲁班因发现一种齿状的茅草能划破皮肤而发明了锯子。这就是一个利用发散性思维的例子。可以通过启发孩子用多种方法解决日常生活中的问题来进行发散性思维的训练。

❹让儿童尽早体验到创造的快乐。创造是一项艰辛的脑力劳动，同时也是一件快乐的事情。家长应尽早让儿童体验到创造成功的快乐，从而激发儿童进行创造的兴趣和动机。

5. 如何增强学龄期儿童的记忆力？

记忆是人脑对过去发生过的事物的反映，是过去感知过和经历过的事物在大脑内留下的痕迹。作为一种心理过程，记忆是一个识记、再认和再现的过程，它是人们运用知识经验进行一切智慧活动的前提。

影响人的记忆能力的因素有很多，如动机、兴趣、记忆方法、情绪、睡眠等，但最主要的还是记忆能力的系统训练。研究表明，人的记忆潜能是相当巨大的，按理论计算，每个人的大脑都有5亿本书的记忆量，但绝大多数人都没有发挥出这种巨大的潜能，其中一个原因就是缺乏记忆训练。那么，应该如何对学龄期儿童进行记忆力的训练呢？

❶培养儿童记忆的目的性。小学低年级儿童的识记活动往往是被动的，他们不懂得主动给自己提出识记任务。在学习的过程中，家长、老师要帮助儿童明确记忆的重点。

❷培养儿童的注意力。首先要让儿童在情绪平静时记忆。过度兴奋或烦躁都不利于集中注意力，从而影响记忆的效果。其次，要引发儿童的兴趣和好奇心，才能使儿童的注意力集中，充分调动多种器官进行记忆。有人做过这样一个实验，让学生分别用

听、读、写的方式记忆相同的内容，在相同时间内，听，能记住 40% 的内容；读，能记住 60% 的内容；写，能记住 80% 的内容，这是因为写时要调动多种器官，有利于学生集中注意力。最后，儿童的体力、视力、睡眠、饮食和学习环境都会影响注意力的集中。

❸培养理解记忆的能力和灵活运用多种记忆方法。帮助儿童透彻地理解知识要点，掌握实质及内在联系。针对不同年级的学生，要逐步教会他们一些记忆方法，如比较、分类、分段、拟定小标题，以及灵活的联想等。例如学了"大"字，告诉学生"大"字下加上一个点儿就是"太"，二者联想，在学会"大"字的同时记住了"太"。

❹加强复习，防止遗忘。根据德国心理学家艾宾浩斯的遗忘曲线，遗忘的速度先快后慢。所以对于新学的内容，家长要督促孩子赶紧复习。开始时复习次数宜多，间隔时间宜短，以后可逐渐减少复习的次数和时间，这样才能把知识点记得长久。复习时可先让孩子回忆，然后针对遗忘或记错的地方，再重点复习，加深记忆。

6.如何提高学龄期儿童的观察力?

观察是一种有意识、有计划、持久的知觉活动。观察力的发展须建立在视觉、听觉、触觉等感知觉综合发展的基础之上。观察能力的发展并不完全取决于先天的因素，还在很大程度上取决于后天的训练。

首先，要注意培养孩子观察的目的性。也就是要让孩子清楚"我要观察到什么东西"。我们可以事先给孩子提出观察的目的、任务。例如，看图讲故事时，可以引导孩子注意图中画的是什么地方，有什么动物或人物，这些动物或人物有什么特征、在干什么、是什么样的表情等。之后，要逐渐培养孩子主动地给自己提出观察目的和任务的能力。

其次，要注意培养孩子观察的精确性。观察时要尽可能运用多种感觉器官。在郊外和孩子一起观察哪些花开了，是什么颜色，有几片花瓣，闻一闻是什么味道，摸一摸是什么感觉。聆听周围的声音：鸟语、蝉声、蛙鸣⋯⋯

最后，要注意培养孩子观察的顺序性。引导孩子学会按照一定的顺序观察，如按照从整体到部分或从部分到整体、从上到下、从白天到夜晚、从春天到冬天等不同顺序来观察。

我们在培养孩子观察能力的同时，还要不断充实孩子的大脑。观察不仅需要用感觉器官，也需要用大脑。对有关观察对象的知识了解得越多，观察得也就越仔细。

7. 如何激发学龄期儿童的想象力?

想象是根据人脑中已有的表象，经过改造和结合而产生新形象的心理过程。学龄期儿童的想象由于受知识经验的限制，最初具有复制和简单再现的性质，有时常常与现实事物不相符。通过教育的影响，随着表象的积累和言语的发展，儿童的想象逐渐符合客观现实，同时更富有创造性成分。想要激发孩子丰富的想象力，可以从如下几个方面做起:

❶ 丰富儿童的表象储备。表象是想象的基本材料，材料越丰富，可加工的内容就越多。尽可能多让儿童观察各种各样的事物，比如多让儿童接触一些动植物，多去参观博物馆、科技馆等，并指导儿童学会观察，这样做有利于丰富儿童的想象力。

❷ 增强语言辅助功能。生动而

丰富的语言是启发儿童想象的重要条件，因此，在向儿童讲故事或描述事物时，应尽量做到绘声绘色、声情并茂。在领儿童参观、游览完某处景点后，可以让孩子试着写下所见、所闻，促进儿童想象力的发展。

❸ 培养儿童的想象能力。要培养儿童想象的目的性，家长应指导儿童明确想象目的，并在一定的主题下，一步步展开想象。培养想象的广阔性，从问题的目的性出发，从不同角度、多层次展开各方面的想象，而不是仅停留在一两个方面。培养想象的深刻性，指导儿童把想象活动逐步深入到问题的内部，想象出真正能够对解决问题有所帮助的结果。如玩故事接龙游戏，家长先讲一个故事的开头，让孩子接下去，引导孩子的思维向广度、深度发展。

❹ 培养儿童创造性想象。想象不应仅仅是依葫芦画瓢，还应具有独创性、新奇性。培养儿童的创造性想象可以从针对一个东西进行"加一

加""减一减"开始，然后过渡到"改一改""换一换"。例如，讲完龟兔赛跑的故事，引导儿童想象龟兔第二次赛跑的故事。

❺让儿童从事想象活动。如让儿童玩扮演医生、扮演售货员等角色的游戏。还可以让儿童按自己的想象去创造作品。总之，活动本身需要的想象成分越多，就越有利于促进儿童想象力的发展。

8. 学龄期儿童贪玩、不安心学习，家长应该怎么办？

学龄期儿童，由于自制力差，注意力不稳定，学习兴趣不确定，学习目的和动机不明确，再加上环境影响，容易贪玩、不安心学习。这类孩子就需要教师和家长的正确引导。

对于贪玩、不安心学习的学龄期儿童，教师和家长不能用强迫、惩罚或威胁的手段，应持循循善诱的态度，帮助学龄期儿童明确学习的目的、重要性和必要性。

以生动有趣的方式授课，寓教于乐，让学习变得轻松、愉快；以竞赛的方式提高儿童学习的积极性，合理安排时间，有张有弛，让他们有充足的精力；等等。这些都是培养儿童学习兴趣的有效方式。

鼓励学龄期儿童在学习上的突出表现和点滴进步，让他们体验到在学习上取得成功的快乐，以增强学习的积极性和主动性。帮助学龄期儿童尽快解决学习上的困难和不良干扰。

另外，不可过分限制和压抑儿童，应给他们充分自由活动的机会，让他们在自己感兴趣的领域中发展自己。相信在教师和父母的共同努力、合理指导下，学龄期儿童会安心学习，顺利成长。

9. 学龄期儿童在上课时坐立不安，家长应该怎么办？

学龄期儿童的神经系统尚未发育成熟，他们的自我抑制系统还不完善，保持有意注意的时间较短，兴趣不稳定，一旦老师的讲课内容未吸引他们，他们就容易转移注意力，在上课时坐立不安、急躁难耐。这种情况需要教师和家长采取相应的措施。

首先，培养儿童保持注意的稳定性和学习的兴趣。教师应尽量使课堂教学形象、生动，这样才能激发儿童的兴趣，吸引儿童的注意。还应根据学龄期儿童的发展特点进行教学，既不能使学龄期儿童的负担过重，以免学龄期儿童疲劳、注意力难以集中，又不能使学龄期儿童过于轻松和自由，以免学龄期儿童觉得无事可干。

其次，在课堂教学中，教师还应

发挥儿童的主动性，调动儿童的积极性，让儿童不只是被动地接受，还要参与到教学过程中，让教学成为一种双向活动。

再次，父母应关心孩子在课堂上的表现，对孩子的好行为要多加鼓励；对孩子不好的表现，要用适当的方式规劝、引导、批评，态度要和蔼，不宜训斥、责骂。在日常生活中，父母应有意识地训练孩子注意的稳定性，并培养孩子的学习兴趣。

最后，如果经过多种方式引导后，仍不能很好地改善儿童坐立不安的情况，可由心理医生协助，诊断儿童是否患有多动症，确诊后应及时为儿童治疗。需要注意的是，上课时坐立不安的儿童并非都有多动症。

总之，当学龄期儿童表现异常的时候，父母和教师应多加注意，并采取适当的措施，帮助学龄期儿童克服自身的不良习惯，使学龄期儿童健康地成长。

10. 学龄期儿童不愿意上学，家长应该怎么办?

一些孩子在入学后出现害怕、拒绝去学校的情况。即使家长将孩子送往学校，他也会哭闹不休，大发脾气，常常在半路上逃回家中，甚至出现头痛、腹痛、恶心、呕吐等身体症状，这种现象被称为学校恐惧症。

一些刚刚进入小学不久的儿童因为缺乏入学前的准备，不能适应学校的学习环境。上课坐不住，不善于和老师或同学相处，学习跟不上，甚至不能控制大小便；有的儿童害怕与亲人（特别是与母亲）分离；有的儿童因为在学习上遭遇失败，受到老师的批评、同学的嘲笑和家长的数落；等等。凡此种种，均会使儿童产生害怕学习的心理。一些儿童在早晨上学时故意磨蹭或哭闹，试图不去学校。

一些入学已久的年龄比较大的儿童，因为在学校遇到某些挫折（如老师过于严厉、态度粗暴，改换班级或学校，失去了好朋友等），或因为本人或父母患严重疾病，或因为家庭有某些变故等，所以不愿意上学。性格不良、学习成绩不好、自幼亲子关系不良等也可成为学龄期儿童产生焦虑感、害怕离家、害怕去学校的直接原因或间接原因。

要解除学龄期儿童对上学的恐惧感，就要了解学龄期儿童不愿意上学的具体原因，然后与学校老师取得联系，共同帮助学龄期儿童适应学校生活。父母和老师应根据学龄期儿童的实际能力，调整对学龄期儿童的学习要求。反复地对学龄期儿童进行心理疏导，鼓励学龄期儿童树立克服困难的信心，消除心理障碍。

可在家庭、学校和心理医生的充分合作下，消除学龄期儿童紧张和恐惧的情绪，减轻学习负担。如有必要，可让学龄期儿童转学或转换班级。

恐惧症状严重的儿童可在心理医生的指导下服用抗抑郁药或抗焦虑药。

11. 学龄期儿童缺乏耐心和恒心，家长应该怎么办?

在学习的过程中，一些学龄期儿童由于忍受不了枯燥乏味的重复练习，经常坚持不下去，缺乏耐心和恒心。那么该如何培养学龄期儿童学习的耐心和恒心呢?

要使学龄期儿童的能力与兴趣相适应。由于学龄期儿童能力的发展有关键期，因此家长抓住适当的时机，才能让学龄期儿童取得较好的学习效果。例如，学绘画可在3~4岁开始，学音乐宜在5~7岁开始。家长在做出

选择之前，不仅要请教专业人员的意见，还要考虑孩子的意见。

有的家长望子成龙心切，给孩子报了钢琴班、绘画班、舞蹈班、书法班等，造成孩子负担过重，容易让孩子产生厌倦情绪。因此，家长应兼顾孩子的精力、时间，做好充分的思想准备。

同时，要选择合适的老师，不要盲目追求名师，可根据孩子的接受程度、老师的授课方法，以及家长、孩子与老师之间的合作程度来决定。

家长还要采取措施，鼓励孩子坚持学习。帮助孩子制订切实可行的练习计划并督促其完成，记录孩子练习的成绩和时间，并适时给予孩子表扬和鼓励。

另外，为了提高孩子练习的积极性，可以让孩子在节假日为亲友表演，并鼓励孩子。还可以让孩子与其他小朋友进行比赛，提高孩子的学习兴趣。

12. 孩子不合群，家长应该怎么办?

下课铃一响，校园里立刻就热闹起来。学生们三个一群，五个一伙，一起游戏、玩耍。可是，自己的孩子却一人独处，不与别的同学交往，似乎躲进了一个封闭的圈子，与外界隔开。家长应该如何帮助这样的孩子走出自我封闭的世界呢?

❶多给孩子社交的机会。父母应该多给孩子与小伙伴玩的机会，支持孩子参加集体活动，也可让孩子邀请小伙伴到家中做客，并引导孩子将自己的玩具、书籍、零食等与小伙伴分享，培养孩子与他人相处的能力。

❷帮助孩子拥有自信和自我表现的勇气。有的孩子害羞、胆怯、自卑，害怕别人会伤害自己或自己不讨人喜欢，从而出现退缩、不合群的表现。父母应帮助孩子消除自卑、胆怯的根源，让孩子找准自己的位置，尊重孩子合理的要求和建议，树立孩子的自信心。帮助孩子克服来自外界的困难和压力，让孩子能够勇敢地走向外面的世界。

❸培养孩子与他人相处的能力。父母要注意培养孩子与他人友好相处、助人为乐的好习惯。培养孩子在集体生活中积极主动、善于与人合作的能力。

13. 孩子反应慢，家长应该怎么办?

父母发现孩子反应慢，在采取对策之前，首先要搞清楚几个问题:

孩子有哪些反应慢的表现? 孩子是对所有的问题都反应慢，还是只对某些方面的问题反应慢? 有些孩子对一些形象性、具体的问题比较敏感(如对音乐的感受力、对某些动作的模仿能力等)，而对一些抽象问题(如数学问题)不太敏感。还有，男孩和女孩的思维特点有所不同，对于男孩反应快的问题，女孩可能难以应付。孩子的反应速度是由自身发展的阶段特征、性别特征和个性特征等所决定的。

反应慢是不是因为缺乏兴趣? 有些孩子因为对某些问题缺乏兴趣，思考时难以集中精力，反应慢。

我们可以根据智商高低来说明孩子的反应快慢及聪明程度。智商在90~110之间，属正常水平; 智商在120以上，为上等智力水平; 智商在70以下为智力低下。如果孩子反应慢确实是由智力低下引起的，父母可借助多方面的力量，帮助孩子。

父母应注意以下几点:

❶不要训斥、嘲讽孩子。应对孩子持积极的态度，避免挫伤孩子的自尊心和自信心。

❷加强训练。有针对性地对孩子进行有关方面的训练，训练时应循序渐进，持之以恒，稳步提高。

❸鼓励孩子。父母要有极大的耐心和信心去训练、引导孩子，即使是微小的进步，也要多加鼓励孩子，增强孩子的自信心。

❹多给孩子自由活动的机会。家长既要关注孩子的全面发展，又要让

孩子自由地发展自己的兴趣。自由的气氛和充足的活动机会有利于孩子的智力发展，从而促进孩子提高思维的灵活性和反应速度。

14. 听话的孩子一定是好孩子吗?

我们通常都喜欢听话的孩子，因为他们很少给我们添麻烦，不会让我们担心，更容易符合我们的心理期望，而且他们总是顺着我们，比较老实，不大会撒谎。而不听话的孩子则恰恰相反，他们总是不听管教，什么事都与我们对着干，让我们感到头痛。那么，听话的孩子就一定是好孩子吗?

心理学家研究发现，那些听话的顺从型孩子，与那些不听话的活动型孩子相比，更容易出现下列问题:

❶缺乏主动精神。在游戏活动中，听话的孩子常处于被领导、受支配的地位。在学习活动中，听话的孩子一般喜欢被动地接受知识，不善于思考。

❷自信心不足，缺乏勇气。听话的孩子在没有得到父母或老师许可的情况下，常常不敢擅自活动，也没有足够的信心去干某件事（如组织讨论、文体活动等）。

❸缺乏独立自主的能力。听话的孩子凡事大多依靠父母和老师，缺乏自我决断、自由行动的习惯和能力。离开了父母或老师，听话的孩子一般

很难进行活动，几乎无法安排自己的生活。

❹缺乏创新精神。听话的孩子喜欢听从父母或老师的安排和指令，循规蹈矩。这样会使孩子在今后的成长道路上因循守旧、故步自封，难以接受新思想、新观念。这些都不利于孩子的发展。

当然，与不听话的孩子相比，听话的孩子也有其优秀的一面，比如，听话的孩子一般更有耐心，在完成指定的事时更认真、严谨，攻击性行为少，人际关系往往更和谐、亲密，等等。

总之，听话的孩子和不听话的孩子都各有优点和不足之处。父母和老师既不能一味强求孩子听话，也不能对孩子听之任之，过于放纵。一方面我们鼓励孩子发挥自己的个性，不必受他人的限制和束缚；另一方面，我们要让孩子学会判断和接受他人合理的建议，不能一味冲动、任性、胡乱行事。

15. 奖励与惩罚对孩子的发展有何影响？

奖励与惩罚都是教育孩子的方法。恰当、适宜地运用这两种方法对促进孩子身心健康发展有着重要的作用。

父母或教师如果能够留意孩子的长处或闪光点，经常给予适当的赞许或奖励，可以巩固孩子的良好行为。但在现实生活中，家长总是很容易发现孩子的缺点，而对孩子的优点视而不见。例如，如果孩子一放学回家就自觉地去做作业，家长往往觉得这是理所当然的事；如果孩子一放学回家就去看电视，往往会遭到家长的训斥。

孩子总是受到批评，缺乏鼓励，会变得自卑，缺少自信心、自尊心，有时甚至自暴自弃。而不恰当的表扬或奖励也会造成孩子以自我为中心，骄傲自大。因此，在表扬或奖励孩子时应注意以下几点：

❶ 要表扬孩子的每一次微小进步。让孩子时时得到进步的动力。而当一个好的行为被固定下来后，家长就不用再表扬这一行为，而应转向注意孩子其他方面的进步。

❷ 奖励的方式要恰当。奖励的方法要针对孩子的年龄特点和喜好，交替使用多种不同方式。例如，奖励可以是赞许的微笑或抚摸、一次外出游玩的许诺、看一段时间动画片的机会，也可以是孩子喜爱的小食品、小玩具，或者一张粘贴画、一本向往已久的书，等等。对孩子不同程度的进步，家长给予不同程度的奖励。

❸ 奖励要及时，否则会失去效力。答应了奖励孩子，却不兑现或推迟兑现，或换用其他奖励方式代替，都会使孩子对家长产生信任危机。

当孩子出现不良行为时，家长首先应当采用提醒、说服、劝告的方法。当上述方法都无效时，可以在不伤害孩子身体的情况下进行一些惩罚，比如取消孩子的某些权利等。尽量避免用打骂的方法惩罚孩子。

惩罚的效率不仅比奖励差得多，而且会伤害孩子幼小的心灵，破坏家长与孩子之间的亲子关系。希望家长和教师正确应用奖惩原则，促进孩子健康成长。

16. 同龄小伙伴对学龄期儿童的心理发展有何影响？

孩子可以在集体游戏中发现自己的能力，增强自信心，弥补知识空白，提高思维能力。与同龄小伙伴在一起，还可以培养学龄期儿童的竞争意识。同龄小伙伴之间的争论可促使学龄期儿童产生自尊和求知的欲望。常与同龄小伙伴在一起，还可锻炼学龄期儿童的胆量。受小伙伴的影响，一些在家胆小的学龄期儿童会逐渐勇敢起来。

家长应该正确引导孩子，告诉孩子如何扬长避短，如何处理那些不良因素所带来的问题，并积极鼓励、支持孩子在同龄儿童群体中健康成长。

17. 集体环境对学龄期儿童的心理发展有何影响？

有关研究发现，在集体中生活的孩子性格比较开朗、明快，待人接物大方，自私心理少，智力水平也优于独处的孩子。可见，集体环境有助于培养孩子良好的性格、稳定的情感和高尚的道德品质。

孩子在与别人的相互交往、别人对自己的评价中逐步认识自己，并逐渐学会把自己的行为与别人的行为相对照，以便发现自己性格上不足的一面，继而形成一些良好的性格。

集体环境对儿童的情感发展也有很大的影响。学龄期儿童的情感尚不稳定，控制能力差，兴奋与沮丧都会写在脸上，做事固执，易冲动，甚至容易发脾气。而在集体环境中，学龄期儿童会受到一定的约束。集体对个人的要求和评价、老师的耐心教育以及同学之间的影响，会使孩子学会控制自己的情感。例如，一些好哭的孩子在集体中会发现，哭是一种很难堪的行为，是不受欢迎的，因而会学着克制自己，控制自己的情绪。

在集体环境中，孩子们之间相互交往、竞争，表现出自己的独立性和自觉性。家长应该积极地让孩子参加集体活动，并帮助孩子学会在集体中生活的技巧和本领，让孩子将来能够独立地走上社会，更好地适应社会。

18. 怎样锻炼学龄期儿童坚强的意志？

坚强的意志并不是儿童生来就有的，而是在实践活动和克服困难的过程中逐渐形成的。学龄期是意志品质形成和发展的重要时期。那么，该如何锻炼学龄期儿童的意志呢？

❶ 培养学龄期儿童行动的目的性。只有明确行动目的，才能自觉、独立地调节自己的行为。小学低年级的儿童缺乏对行为目的的认识，意志力比较薄弱，其行为要依靠外力的监督，如班主任在场时，他能遵守纪律，而班主任不在时，他则常常违反纪律。因此，要帮助学龄期儿童认清每项任务的目的，制订可行的行动计划，使学龄期儿童能够坚持自己的行动方向。

❷ 从生活的点滴入手，培养学龄期儿童的意志品质。应从小事上开始培养学龄期儿童的意志，如遵守作息时间、按时完成作业等。对于应该完成的任务，一定要完成，决不能半途而废；对于要求改正的缺点，一定要努力克服。

❸ 有意识地组织学龄期儿童参加一些竞赛活动。比如在长跑比赛过程中，学龄期儿童必须克服体力上的困难，遵守比赛规则，有持久的耐力和毅力才能完成比赛。

❹ 有意识地为学龄期儿童设置困难，使学龄期儿童在克服困难的过程中，锻炼各种意志品质。在这个过程中，设置困难的难度不宜太大，以免挫伤学龄期儿童的信心，同时要及时

给予学龄期儿童鼓励和支持，让学龄期儿童在活动中不断增强克服困难的勇气。

19. 如何培养学龄期儿童的高级情感？

情感包括高级情感和一般情感。高级情感通常是指那些与人的社会需要相联系的情感，即道德感、美感和理智等。一般情感则是指与人的最基本的生理需要相联系的情感。这里着重探讨如何培养学龄期儿童的高级情感。

❶ 培养学龄期儿童明辨是非的能力，发展其道德感。一般来说，学龄期儿童倾向于体验积极的道德情感（如荣誉感、敬佩、热爱、友爱等），避免体验消极的道德情感（如内疚、羞愧、憎恨等）。可以让学龄期儿童学习先进人物、英雄人物的事迹，批判反面事例等，帮助学龄期儿童形成正确的道德观念，并在对事物进行道德判断的过程中产生道德情感体验。学龄期儿童也可以通过对电影、小说中人物的评价获得间接的道德情感体验。

❷ 培养学龄期儿童的审美情趣。学龄期儿童可通过绘画、唱歌、跳舞等多种形式培养高雅的审美情趣。

❸ 培养学龄期儿童的情感控制能

力。家长和教师对学龄期儿童的情感表现要有一定的要求，使学龄期儿童懂得哪些情感表现是不好的，是不被允许的，让学龄期儿童按照要求来控制自己的情感。

20. 如何培养孩子的适应能力?

为了使孩子有愉悦的情绪和良好的行为，父母应从以下几个方面来培养孩子的适应能力。

❶人际交往能力：从小教孩子善于倾听和表达，恰当地表达愿望、需求和观点，与人相处时采取友好宽容、克己礼让的态度。在处理人际关系的问题时，要做到多交流、多沟通，避免误解和猜疑。尊重和信任他人，建立良好的人际关系。

❷自控能力：从小培养孩子良好的自控能力。当产生矛盾、遇到困难时，要控制好自己的情绪，理智、友好地解决问题，避免出现攻击行为。

❸解决问题的能力：问题、困难和冲突是经常出现的，要从小培养孩子有效解决问题的能力，学会应对的技巧和方法。如果遇到困难时，孩子不知道该怎么解决，就容易出现焦虑、恐慌、抑郁等心理问题。应帮助孩子寻求解决问题的突破口，使他们成功克服困难，逐渐适应环境。

❹自我认识的能力：让孩子从小就开始认识自我，对自己有一个客观的认识，知道自己的优势和不足，做到有优点、有成绩不骄傲，有缺点不自卑，遇到挫折或失败时，能正确应对。要让孩子知道，十全十美的人是不存在的，每个人都有优点和不足，要扬长避短，培养乐观的性格。

❺换位思考的能力：让孩子学会站在对方的立场和角度思考问题，让孩子懂得什么叫理解。

❻自我解压能力：一些儿童由于生活阅历和经验不足，承受能力低，在遇到困难或挫折时不会调整和控制自己的情绪。要教儿童学会缓解精神压力，学会宣泄和放松。这样有助于儿童保持良好的心态，冷静对待困难和挫折。

21. 孩子厌学，家长应该怎么办?

一些儿童在玩的时候生龙活虎，一旦学习时就没精打采，写作业拖拖拉拉、磨磨蹭蹭，或者潦草应付；上课不专心，东张西望，做小动作，甚至用撒谎、欺骗等方法逃避学习；学习成绩不好，却满不在乎，一副无所谓的样子；对老师的批评表现得无关痛痒。家长和老师对此十分头痛。那么，当孩子厌学，缺乏学习的主动性时，家长应该怎么办呢?

首先，家长要注意从小培养孩子的求知欲。有的家长从小溺爱孩子，只满足于让孩子吃好、玩好，不注意启发孩子的求知欲。有的家长揠苗助长，强迫孩子长时间学习，剥夺孩子的游戏时间，使孩子疲惫不堪，对学习厌倦、憎恶。这些家长的做法都不利于培养孩子的学习兴趣。家长应该在游戏中引导孩子学习知识；合理安排学习与游戏的时间，避免因长时间学习某种知识而令孩子感到枯燥乏味、失去兴趣；鼓励孩子与小伙伴进行学习竞赛，激发学习兴趣。

其次，为孩子创造良好的学习环境。儿童自制力差，容易受环境影响而分心。电脑、游戏机、电视等都会干扰儿童学习。因此，应该让儿童拥有一个安静的学习环境，减少外界干扰。

再次，帮助孩子克服学习上的困难。帮助孩子掌握学习技巧，改善学习方法，查缺补漏，让孩子跟上正常的教学进度，以免孩子因学习困难而

灰心丧气。家长在这个过程中要以引导为主，不要包办代替，让孩子在独立完成学习任务的过程中体验到成就感。

最后，扩大孩子的知识面，激发孩子的学习兴趣。随着知识面的不断扩大与对知识理解程度的加深，孩子的学习兴趣和学习热情就会不断增加。

22. 孩子为什么会缺乏耐心?

一些孩子做起事来有始无终，一遇到困难就放弃；学东西"三分钟热度"，有头无尾，不能坚持，常半途而废。这些孩子为什么会缺乏耐心呢?

❶家庭成员之间的教育方法不一致。在三代同堂的家庭中，一些老人过分偏袒孩子，使孩子有恃无恐。对家长提出的要求，一些孩子不肯执行，做事只凭一时兴起，任性而为，自制能力不强，不能耐心地完成任务。

❷家长给孩子做了不好的榜样。有些家长自己做事没有耐心，脾气急躁，动辄摔东西、大声叫嚷，给孩子造成不良的影响。

❸溺爱孩子，给孩子太多的选择机会。有些家长对孩子的要求百依百顺，结果使孩子缺乏耐心。

❹过多地支配孩子，使孩子没有

主见，依赖性强。孩子不能自主地选择自己喜爱的活动，对成人强加给自己的任务感到厌烦，造成内心困扰不安，缺乏耐心。

23. 孩子缺乏耐心，家长应该怎么办？

耐心是一个人意志力的表现，它能帮助人控制情绪、忍受挫折，达到目的，直接影响学习行为。因此，家长应从小培养孩子的耐心。

首先，家庭成员在教育孩子时要意见一致，至少当着孩子的面应该如此。

其次，对孩子不合理的要求，家长要坚决拒绝，不可妥协。

再次，对于孩子的进步和好的表现，家长要及时给予表扬。例如，当孩子要得到一件东西时，家长要求他等一会儿。如果孩子按要求去做了，要表扬他的耐心，并告诉他为什么要等待。

最后，支持孩子将兴趣或爱好持久地保持下去。例如，虽然孩子对绘画感兴趣，但没涂几笔就因为自己总画不好而放弃。这时家长可引导孩子去发现绘画的乐趣和技巧，鼓励孩子继续画画。

另外，心理学家建议家长一次只能给孩子玩一两种玩具，这样做可培养孩子的耐心。

24. 当孩子与老师作对时，家长应该怎么办？

一些孩子在家里喜欢顶撞家长，在学校则与老师作对，尤其是男孩，表现得更加明显。那么，当孩子与老师作对时，家长应该怎么办呢？

家长首先要查清事情的真相。一方面，孩子在学校与老师作对，会受到老师惩罚，因而回家抱怨老师；另一方面，老师也会叫家长去学校，指出孩子的种种过错。在这种情况下，家长只听信一面之词而偏袒孩子、责怪老师，或者不分青红皂白就严惩孩子，这些做法都是不明智的。家长应先了解清楚事情的真相，找出问题的症结所在，然后从中调解。

如果学校的教育确实有问题，可与老师约好时间面谈。谈话时，家长要委婉，既要和老师讨论如何共同帮助孩子改正缺点，又要和老师讨论孩子的优点，让老师更了解孩子。同时，家长要指出老师的哪些做法引起了孩子的不满。要让老师和孩子相互沟通、相互理解。

有时孩子并不是有意和老师作对，他只是不知道该如何与老师相处。家长应教育孩子做一个让老师喜欢的学生，让孩子学会遵守纪律、服从命令、尊重老师、有礼貌等。

总之，当孩子与老师作对时，家长应耐心地分析原因，引导孩子建立良好的师生关系。

25. 如何正确看待智力测试？

智力测试是评判智力水平高低的一种手段，具有一定的积极意义，它在教育、军事、职业指导、临床医学等多个领域表现出独特的作用。但是，我们应该看到，智力测试也有一定的局限性。为了更好地发挥智力测试的功能，我们必须正确看待智力测试。

❶ 智力是遗传与环境（包括教育、疾病、营养等）共同作用的结果。要发展小儿智力，既不能片面强调遗传作用而忽视环境影响，也不能不考虑小儿脑功能的具体情况而盲目进行后天不合理的教育。对智商高的孩子不宜盲目乐观，仍需激励他勤奋努力，才能让他取得更大的成功；对智商低

的孩子，不应悲观失望，可适当放低对他的学习要求，激励他多努力。

❷ 智力测试不是测量智力水平的万能方法。智力测试结果受许多因素的影响，它只能作为当时小儿智力水平的参考，绝不能以此评定小儿终生的智力情况。随着年龄及环境的影响，儿童的智力水平是不断发展变化的。

❸ 智商高低不完全代表人的能力大小。能力包括智力、技能及社会适应能力等方面。因此，除了培养智力外，还要同时培养儿童的技能（如动手能力）、社会适应能力（与人交往及独立生活等能力）及其他非智力因素（如兴趣、毅力及性格等）。

26. 什么是情商？

心理学家在对情感与思维的相互作用进行大量研究的基础上，开始提出情感智商，即情商的概念。在对情感智商进行了近10年的研究之后，美国学者对情商的内涵做出了全面的

概括，他将情商描述为五个方面的能力：

❶ 了解自身情绪。

❷ 管理情绪。

❸ 自我激励。

❹ 识别他人的情绪。

❺ 处理人际关系。

实际上，情商是一个人了解自己、理解他人的能力，以及承受压抑、挫折的能力与随机应变的能力。如果说智商分数更多的是被用来预测一个人的学业成就，那么情商分数则被认为是用于预测一个人能否取得职业成功或生活成功的有效指标。情商能反映个体的社会适应性。

27. 如何培养高情商的孩子？

家庭是孩子学习情商的第一所学校，父母是孩子的第一任导师。高情商的孩子应具有以下的特点：自信、好奇、有毅力和与年龄相称的自我控制能力，能与他人达成起码的信任并建立人际关系，且从人际交往中获得快乐，能够在个人需求与团体活动之间取得平衡。孩子是否具备这几项能力，与在家庭中是否得到基本的情商教育有关。

❶ 父母要成为称职的导师，本身必须具备基本的情商。研究发现，善于表达情感、控制自我情绪及善于处理家庭成员关系的父母，能够协助孩子处理情绪问题。

❷ 丰富孩子的情感，引导孩子学会认识、管理、驾驭自己的感情。例如，告诉孩子愤怒常来自被伤害的感觉，人在愤怒时常会做出失控的举动，可以暂时转移一下注意力，先让情绪平静下来。

❸ 培养同情心，增强与人沟通的能力。教育孩子学会换位思考，尝试理解、体会别人的感受。

❹ 建立良好的家庭教育情感模式。当孩子出现负面情绪，发脾气、打人、哭闹时，家长采取自由放任或者严厉责罚的方式都不利于孩子情商的培养。家长应了解孩子的感受及原因，帮助孩子用适当的方式处理问题。另外，研究发现，在和谐的家庭环境中、在赞美与鼓励中成长起来的孩子，有更强的自信心和探索世界的兴趣，也更能够信任别人，有更好的交际能力。

28. 什么是道德智商？

一些成功人士谈到他们的成功之道时，经常会深有感触地强调：学做事，先要学做人，做一个正直、善良的人。

近年来，人们逐渐认识到，影响人类生活的不仅是智力，还有情感和道德，并继智商、情感智商之后提出了道德智商的理论。

道德智商是规范人们行为的一种能力，反映的是一个人的人格与品行，关注给予与付出，是一种精神高度指数，是一个人成才、成功的根本。

一个有高尚品德的人更容易得到别人的信任和尊重，并因此获得更多的成功机会。因此，我们要从小培养孩子的道德智商，使孩子成为一个道德高尚、心理健康的人。

29. 如何培养孩子的责任感？

有的家长抱怨自己的孩子缺乏责任感，比如，从来不主动收拾用过的东西，将玩具扔得满屋都是，经常找不到书本，在校做值日时马马虎虎，写作业时敷衍了事。这些孩子需要在家长和老师的帮助下，加深对责任感的理解，增强责任意识，培养责任感。

❶培养孩子的责任感时，切忌家长万事包办。经常给孩子布置一些小任务，如让孩子做一些力所能及的家务劳动。即使孩子做得不理想，也应该鼓励他，让他有勇气再度尝试。

❷支持孩子认真完成老师布置的任务。孩子在学校经常有机会担任一定的职务，如值日生、值勤员、小组长等，家长应积极支持孩子努力做好

自己分内的事。对老师布置的家庭作业，家长应督促孩子及时完成。

❸培养孩子的集体荣誉感。集体荣誉感是一种热爱集体、珍惜集体荣誉，自觉地为集体尽义务、做贡献的情感。拥有集体荣誉感的孩子能竭力完成集体交给他的任务，为集体的成败感到自豪或痛苦。

❹鼓励孩子参加社会公益活动。家长可以根据孩子的实际情况灵活选择公益活动，如植树、整理草坪、拾垃圾等，让孩子从帮助他人的过程中获得愉快的体验，培养社会责任感。

30. 如何对孩子进行自律教育？

自律是指一个人能够约束自己，使自己的行为符合社会的准则和规范。一般来说，父母会按照社会所要求的准则和规范来教育孩子。因此，大多数孩子是比较守纪律和听话的，也就是说，具有一定的自律能力。但是有些时候，我们也会看到一些孩子随地乱扔垃圾、践踏草地、乱闯红灯……面对这些现象，我们在感到痛心和遗憾的同时，不禁要思考一下：该如何来加强孩子的自律教育？

❶要把孩子的发展与对他的严格要求结合起来。为了鼓励孩子发展个性、创造性，一些父母信奉让孩子自由自在地享受生活的育儿观，对孩子

过分放纵。过分的自由反而限制孩子的发展，适度的自律是孩子身心健康成长必备的重要素质。

❷把对孩子的严格要求与他自己的行为体验结合起来。要想使孩子有好的发展，就必须把对孩子的严格要求转化为孩子内在的一种需要。而这种需要的形成则要求孩子自己有切身的体验。比如让孩子想想："为什么别人都在排队，我也必须排队呢？一些人排队，另一些人不排队会产生什么样的结果呢？人们会怎样看待一个只满足自己利益的人呢？"

❸把对孩子的严格要求与自身的以身作则结合起来。父母是孩子模仿和学习的对象。父母实际上是在引导孩子如何去做。

总之，自律教育的主要目的是使孩子懂得个人的权利和义务是统一的。要想获得自己的利益，必须尊重别人的利益。

31. 如何培养孩子承受挫折的能力？

一些孩子的心理承受能力低，一点点小挫折就可能对他们造成严重的不良后果。有的孩子因为一次考试失败而一蹶不振，因为没被选上班干部而消沉，因为老师一句批评的话而厌学。那么，该如何培养孩子承受挫折的能力呢？

❶引导孩子自己的事情自己做，培养孩子的自信心。家长应为孩子自理、自立积极创造条件，适时、适度地把一些问题、困难交给孩子处理。孩子的独立能力增强了，自信心也随之增强，从而为承受挫折奠定基础。

❷要培养孩子乐观的态度和毅力。家长要让孩子知道人生不可能一帆风顺，教会孩子以乐观的心态面对困难或一时的得失。同时，引导孩子勇于面对困难，并努力克服。例如，孩子通过练长跑、登山、远足等来培养意志力。

❸注意引导，及时鼓励。在孩子遇到挫折时，帮助孩子分析问题的症结所在，及时鼓励孩子正视现实，勇于进取。

32. 如何正确培养孩子的竞争意识？

随着现代生活的发展，社会竞争越来越激烈。既然竞争是不可避免的，家长应如何正确培养孩子的竞争意识呢？

❶ 应该使孩子认识到竞争的目的和作用。良性竞争能激发孩子的潜力，从而使孩子更加努力地学习，不断提高能力。竞争能增强孩子学习的兴趣和积极性，坚定克服困难的意志。

❷ 让孩子学会和自己竞争，和自己进行纵向比较。家长要引导孩子看现在的自己和从前的自己有什么不一样，有哪些需要进一步努力的方面。

❸ 找到适合孩子自身的竞争目标。如果只盯住顶尖的位置，或者想在自己不擅长的领域超过别人，就容易遭到失败，产生自卑感。家长应根据孩子的实际情况，帮助孩子设定适当的目标。这个目标是孩子经过努力就能达到的。

❹ 端正竞争的态度。抱着合作的态度参与竞争，避免对别人采取嫉妒、敌视和贬低的态度；引导孩子正确对待失败和挫折，教孩子学会调整心态，消除不必要的紧张、忧虑和自卑等消极情绪。

33. 如何培养孩子的自我保护能力？

一些在父母的细心呵护下长大的儿童，头脑中没有危险的概念，缺乏分辨危险、应付危险的能力。孩子入学后，远离父母的保护范围，独立接触社会的机会增多。为了避免孩子受到意外伤害或在受到伤害后能够得到及时、有效的抚慰和帮助，家长应注意培养孩子的自我保护能力。

首先，要树立自我保护的意识。经常对孩子进行安全教育，要让孩子了解哪些情况是危险的，会出现什么样的后果，怎样防止意外事故的发生，帮助孩子树立自我保护的意识。

其次，培养良好的生活、行为习惯。不良的生活、行为习惯会给儿童的身体造成伤害，如从高处往下跳、争抢东西、在马路上嬉戏打闹等。因此，家长要重视培养孩子良好的生活和行为习惯。

最后，要教给孩子一些自我保护的技能。家长可以教给孩子一些常识，如父母的姓名、工作单位、家庭地址和电话；认识一些常用药品；掌握水、电、火的安全知识；记住一些特殊的电话，如110，119，120等。同时，家长要教孩子躲避坏人伤害的方法，比如不轻易接受陌生人的礼物；迷路后就近找警察；遇到陌生人纠缠，要跑到人多处大声呼救等。

只有加强孩子的防患意识，提高自我保护能力，才能使孩子身心健康，顺利成长。

34. 什么是儿童分离性焦虑症?

儿童分离性焦虑症是指当儿童与父母或养护人分离时出现的极度焦虑反应，多见于6岁以下儿童，主要有以下几种表现形式：

❶ 因不愿意离开依恋对象而总是拒绝去学校，或没有依恋对象陪同绝不外出，宁愿待在家里。

❷ 依恋对象不在身边时，总是不愿意或拒不就寝，反复做与离别有关的噩梦。

❸ 持久而不恰当地害怕独处，或者没有依恋人陪同就害怕待在家里。

❹ 不现实地、强烈地担忧主要依恋人可能遇害或一去不回；强烈担忧会发生某种不幸事件，如迷路、被绑架、被杀害等。

❺ 与依恋对象分离时反复出现头痛、恶心、呕吐、腹痛等躯体症状，但无相应躯体疾病。

❻ 与依恋对象分离时或分离后出现过度的情绪反应，如焦虑、烦躁不安、哭喊、发脾气等。

儿童产生分离性焦虑症的原因包括：

遗传因素：父母患焦虑症，其子女患焦虑症的概率也高。

过分依恋：由于依恋对象对儿童过度保护，儿童不与外界接触，养成胆小、害羞、依赖性强、不适应外界环境的个性特点。

有受到急性惊吓的经历：与父母突然分离、在幼儿园受到伤害、做过手术、亲人重病或死亡等。

如果儿童患了分离性焦虑症，又得不到及时治疗，可影响儿童早期智力开发，并可发展为慢性焦虑，影响情绪发育及学习。

一旦发现孩子得了分离性焦虑症，要立即停止分离，请儿童心理医生及时对孩子进行心理疏导。千万不要强迫孩子去学校，以免加重焦虑发作，影响孩子身心健康。

为预防分离性焦虑症，家长应让孩子从小多与其他小朋友接触，培养与他人友好相处的习惯；有意识地培养孩子的自理能力，家长不要包办一切，不能让孩子过分依赖家长。在孩子去上幼儿园之前，要让孩子有充分的心理准备，如经常带孩子去幼儿园参观，熟悉那里的环境，让孩子看看其他的小朋友是怎样愉快地在幼儿园里做游戏、学儿歌、跳舞等，使孩子对幼儿园产生好感，从而向往幼儿园。绝不能用"不听话就把你送幼儿园"来吓孩子，也不能当着孩子的面说幼儿园老师的坏话。

训练分离：让孩子逐渐习惯离开养护人，比如孩子自己到一个房间时，养护人不要立即跟随，让他单独待一会儿。逐渐增加这种训练的次数和时间。

35. 正常的性发育有什么规律？

女孩从 11~12 岁，男孩从 13~14 岁开始进入青春期。进入青春期的主要表现是第二性征开始发育。常见的第二性征发育指标是：女孩的乳房开始发育，出现阴毛、腋毛；男孩出现腋毛、阴毛、喉结、胡须等。

36. 什么是性发育迟缓？

性发育迟缓是指当女孩 14 岁以后、男孩 16 岁以后缺乏任何一种第二性征，或进入青春期后 5 年性发育仍未完全成熟。比如女孩到了 14 岁，乳房还不发育，不出现阴毛、腋毛；男孩 16 岁以后睾丸还不发育，不出现阴毛、腋毛、胡须、喉结等。

性发育迟缓使第二性征的发育过程推迟数年，但大多数孩子能有正常的第二性征。性发育迟缓的人往往在 16~17 岁开始性发育，女性最晚推迟到 18 岁，男性最晚推迟到 20 岁。如果超过这个年龄，孩子仍未发育，可能为性发育抑制，应请医生及时诊断。

37. 性发育迟缓的原因有哪些？

由体质、遗传引起的性发育迟缓

可不予治疗，以后可有正常的性发育。由中枢神经系统异常引起的性发育迟缓，包括下丘脑或垂体肿瘤、先天性血管异常、性幼稚－多指畸形综合征等，一些内分泌疾病也可导致性发育迟缓。凡是由疾病导致的性发育迟缓均需到医院诊断治疗。

38. 什么是性早熟？存在哪些认知误区？

性早熟是指第二性征过早地发育。一般女孩在 8 岁以前，男孩在 9 岁以前出现第二性征，即为性早熟。女孩性早熟的表现有乳房发育、月经初潮，出现阴毛、腋毛，身高、体重迅速增长。性早熟多见于女孩。

儿童性早熟主要是受外部因素的影响，真正由内分泌疾病导致的儿童性早熟非常少见。

富含激素的食品、空气污染、装修污染等与儿童性早熟的发生有关。电影或电视剧中的一些少儿不宜的镜头，容易刺激孩子的垂体释放促性腺激素，促使孩子性早熟。

对于儿童性早熟，家长常存在以下认知误区：

❶ 有的家长认为现在生活水平提高了，孩子提前发育算不上大问题。其实，性早熟常影响青少年的身心健康。性早熟意味着儿童在心智未达到一定成熟度的时候，性器官却已发育得比较完整，这种差异所带来的心理困扰容易引起儿童行为异常，影响身心健康。女性性早熟易使她们成为受攻击的对象。

❷ 有的家长认为孩子一旦出现性早熟，就不能吃有营养的食物了。其实，性早熟孩子的饮食不应受到过多的限制，要确保孩子补充合理、均衡的营养，避免食用含有激素的食品。

❸ 有的家长担心，孩子过早发育会影响将来的身高，要求医生阻止孩子性发育。孩子的身高与遗传、运动锻炼、饮食营养、睡眠、情绪等多种因素有关。有的家长太在乎孩子的身高，给孩子带来了巨大的心理压力。

对儿童性早熟，要及早发现、及时就诊。妈妈应多注意女孩胸部的发育。有的女孩在乳房发育时会向妈妈诉说乳房疼痛等情况。女孩在月经初潮之前阴道分泌物明显增多。男孩先有睾丸增大、喉结明显、声音变粗等

表现，继而出现阴茎发育等。如果这些征兆出现过早，家长要引起重视，及早带孩子到医院儿科就诊。

39. 孩子手淫，家长应该怎么办?

手淫是指用手或其他物体碰触生殖器，出现性快感，伴有自主神经兴奋的现象。手淫不是不道德的行为，其本身是无害的。但手淫毕竟会使身体消耗一些能量，分散注意力。那么，当发现孩子手淫时，父母应该怎么办呢?

❶ 不能体罚或口头侮辱孩子，不能恐吓、讥笑，不要轻易使用"坏孩子""堕落"等贬义词汇。不要对此事大惊小怪，可以不理睬、不谈论此事。

❷ 检查孩子的内裤是否太紧，外阴部是否有炎症、包皮垢等刺激。要督促孩子勤洗澡，勤换内衣。

❸ 建议孩子多进行体育锻炼，如跑步、游泳、打球等，让孩子把旺盛的精力用正常、积极、向上的方式释放出去。

❹ 鼓励孩子多接触社会，多交朋友，把孩子以自我为中心的兴趣模式逐渐培养成向外发展型的兴趣模式。

❺ 手淫的原因未必全是性欲望。一些与性无关的压力、矛盾和焦虑同样可能导致手淫。家长应观察、分析

孩子的精神压力根源，对症下药。

❻ 要注意孩子所接触的文艺作品，引导孩子吸取正常、健康的知识。

总之，对孩子的手淫问题，家长应客观看待，适当引导。

40. 孩子总招惹人，家长应该怎么办？

一些孩子特别顽皮，他们捣乱别人的游戏，搞恶作剧，故意打人、撞人，与人争吵、骂人，做事唐突、冒失，故意破坏别人的东西。同学们都不喜欢这样的孩子。家长和老师也因为这样的孩子而烦恼。孩子总招惹人，家长应该怎么办？

首先，教孩子用合理的方式表达自己的情感。一些孩子选择用打人、骂人、破坏东西等方式来发泄怒气。对此，家长和老师要教孩子用合适的语言来表达自己的情绪，让孩子学会讲道理，能向同伴清楚地表达自己的意见，也能耐心地听取别人的意见。

其次，指导孩子用正确的方式与同伴交往。有的孩子为了吸引同伴的注意、表现自我，故意招惹别人。家长要积极引导孩子，使孩子学会主动、大方地与人交往，礼貌待人，举止文明，懂得与同伴合作，帮助别人，学会控制自己，不随便发脾气等。

最后，对孩子的进步表现要及时表扬和奖励。让孩子了解怎样做才是受大家欢迎的。

41. 孩子爱看电视，家长应该怎么办？

有的孩子放学回家后就看电视，一看就是两三个小时。虽然看电视是儿童获得知识、认识世界的一条重要途径。但是，儿童过度看电视，会对其生理、心理的健康产生不良影响，诸如视力下降，妨碍语言能力、抽象思维能力的发展，活动范围及兴趣范围缩小，学习注意力分散等。因此，在看电视的问题上，家长需要给予孩子必要的引导和限制。

首先，家长应帮助孩子选择电视栏目。为孩子选择知识性、趣味性和思想性都较强的节目。

其次，要控制孩子看电视的时间。每次看电视的时间最好不要超过半个小时。引导孩子读书、唱歌、下棋、做游戏等，既有利于孩子的身心健康，又有助于孩子兴趣的全面发展。

最后，家长应利用电视教育孩子。孩子往往有逆反心理，越限制他，他就越想看。家长应充分利用电视教育孩子，可以与孩子一起讨论电视内容，激励孩子参加各种知识竞赛等。激发孩子的求知欲，培养孩子的理解力、观察力，让电视成为孩子的良师益友。

42. 孩子为什么经常做噩梦？

8岁的丽丽是一个活泼可爱的小姑娘。最近一段时间，不知道为什么她常常在半夜突然惊醒，随即又哭又闹，不断地喊"妈妈，我怕，我怕"，紧紧地抱着妈妈，全身发抖，她说自己做了一个可怕的梦，很久才能再入睡。为此，妈妈专门带丽丽来心理门诊就诊。

这种在梦中惊醒的情况，在医学上被叫作梦魇。梦魇又称梦中焦虑发作，是指儿童因做内容恐怖的梦而焦虑、恐惧，常见于学龄前及学龄期儿童。这些梦都非常可怕，比如被怪兽追赶、从悬崖上掉下等。梦境使儿童焦虑、紧张、表情惊恐、面色苍白、出汗、心跳快等。因为肌肉高度松弛，所以梦魇者常常想挣扎却动不了，想逃跑却迈不开腿，犹如被"鬼"压住

一般。梦魇者很容易被叫醒，或被噩梦惊醒，醒后很快意识清醒，能清楚地回忆刚才所做的梦，往往不会很快再入睡。梦魇常发生于快速眼动睡眠阶段，多见于下半夜。

心理学家研究发现，儿童发生梦魇前常有内心矛盾冲突或情绪焦虑，或者白天看了恐怖电影或听了恐怖故事。有些儿童患有躯体疾病，如上呼吸道感染，肠道寄生虫病，入睡前过饱、饥饿等均易诱发梦魇。

应积极寻找并去除躯体诱因。平时应当避免让孩子看内容恐怖的视频、听恐怖的故事。一般在消除病因之后，梦魇就不再发作。随着儿童年龄的增长，梦魇也可减少或停止发作。

43. 如何帮助学习困难的孩子？

学习困难一般是指有学习机会的学龄儿童，由于环境、心理和素质等方面的原因，致使学习能力的获得或发展出现障碍，表现为经常性的学习成绩不良。这类儿童一般无智力缺陷，学习困难以学习成绩差为主要表现。

学习是十分复杂的心理活动。学习成绩作为教育成果的评价。学习困难型孩子受到多种因素的影响。

❶ 环境因素：比如父母的文化素质低，家庭气氛不良，父母对孩子教养不当（溺爱或苛责）等。

❷ 心理因素：包括学习动机不足、心理障碍、情绪问题（焦虑、抑郁等）、品行障碍、注意力和社会适应能力障碍等。

❸ 素质因素：主要包括遗传因素、不良气质、智力结构和神经心理功能缺陷等。

如果孩子出现学习困难，应及早明确原因，必要时进行智力、学习能力测试，以便有针对性地给孩子提供帮助。首先，不能简单地斥责学习困难型孩子，要努力培养他学习的兴趣，及时给予他肯定和鼓励，增强他的自信心。其次，明确学习障碍的种类和神经心理学缺陷，在医生的指导下对孩子进行基本的训练，提高孩子的学习技能。只有正确对待学习困难的孩子，并尽可能为他提供良好的学习、生活环境，才能有效地提高他的学习成绩，并防止他出现心理、行为问题。

44. 孩子不敢提问题，家长应该怎么办？

孩子不敢提问题，怎么办？家长应该怎样培养孩子提问的能力呢？

首先，要锻炼孩子的胆量。孩子不敢提问的主要原因是胆子太小，不敢与人直接接触。对此，家长要设法锻炼孩子的胆量，比如让孩子自己购买所需要的物品或主动到同学家串门，节假日带孩子到亲戚、朋友家做客，或去公园、商场玩，外出参观、旅游等。孩子接触的人多了，实践的机会多了，胆子自然就大了，也就敢提问了。

其次，要营造宽松和谐的家庭气氛。如果家庭气氛紧张，孩子常受训斥，总处于被动地位，就不敢提问。相反，如果家庭气氛宽松、和谐，孩子与父母的地位平等，家长对孩子的提问行为大加赞赏，对孩子提出的问题耐心解答，即便一时不能解答的问题，也与孩子一起查阅资料，那么孩子不但能从中获得知识，而且能获得提问的信心，自然就养成了敢于提问的习惯。

最后，要教给孩子提问的技巧。家长教给孩子一些提问的技巧，使孩子会问、善问，比如让孩子注意提问题的角度，把握好提问的时间等。只有问得合适，才能得到满意的答复。孩子只有在提问题后，获得了成功的体验，才能激发起再问的欲望。

45. 孩子患了多动症，家长应该怎么办？

一些孩子多动不安，做作业、上课注意力不集中，做事缺乏持久力和耐心。出现这种情况，家长应该怎么办呢？

首先要区分孩子是一般性多动行为还是属于多动症。随着孩子年龄的增长，配合恰当的教育，一般性多动行为可逐渐减少。而多动症则难以单靠教育训练来纠正。

儿童多动症是一种颇常见的儿童行为障碍，男孩明显多于女孩，其主要表现为以多动不安为主的行为障碍、注意障碍，易分心、易激惹、好冲动、坐立不安等，严重影响孩子的学习及人际关系。

这类儿童常受批评、斥责、打骂或同学讥笑，其自尊心、自信心、上进心等受到损害。据调查，虽然多动症儿童人多智力正常，但是有这样或

那样的问题，如人格障碍、注意障碍、人际关系不良等。

因此，应带过分好动、注意力不集中的孩子及时就诊。一般性多动行为的孩子，应根据不同年龄和爱好选择一些训练活动，以提高自控能力。儿童多动症的治疗需要耐心和细心，并且越早治疗，效果越好。

46. 什么是感觉统合及感觉统合失调？

人通过感觉器官（视、听、嗅、味、触）将外界的各种刺激输入脑内。大脑的某一区域将这些信息综合分析，并做出适应性反应的能力，这一过程就是感觉统合。儿童感觉统合失调是指儿童的大脑中枢神经系统不能对各

种外界刺激进行和谐、有效的组合，导致整个身体不能做出适当的反应。

0~6岁小儿的学习主要是以感觉学习为主，尤其是在婴幼儿期，感知觉和运动发展极为迅速。大脑接收的信息有赖于感官和运动的输入，必须在生活实践中体验、学习、调整，不断提高综合能力，才能有正确的思考、恰当的行为。如果这一能力不足，人体便会由于不协调而混乱，出现感觉统合失调，影响各种行为和运动能力，产生各种不协调表现。

47. 感觉统合失调的原因及症状表现是什么？

感觉统合失调既有神经系统本身的原因，又有环境（社会、教养）的原因。正常的感觉统合来源于健全的神经系统与良好的环境。在婴幼儿期，活动空间不足、爬行不足、缺少伙伴，家长对孩子太放纵或过度干涉、过分保护及包办替代，以及不恰当的早期教育等，都不利于孩子感觉统合的正常发育，甚至导致孩子的感觉统合失调。

感觉统合失调的表现很多，因年龄和个体差异而有不同表现，可能有几种或多种表现，常见的有好动不安，常抽动身体，行动缺乏目的性，对安静的活动不感兴趣，经常丢三落四，注意力不集中；语言发育迟缓，发音不清晰，语言表达不清；动作不协调，易失去平衡而跌倒，手脚笨拙，坐相、站相不好，使用剪刀、系鞋带、系扣子、跳绳等均较困难；做事或写作业磨蹭；学习困难，写字时常写出格、不整齐，笔画或左右偏旁颠倒，朗读常漏字或跳行；计算粗心，反应慢；脾气急躁，黏人爱哭，孤独，冷漠，人际关系不良，攻击性强，喜欢招惹人等。

48. 如何预防与治疗感觉统合失调？

孩子感觉统合失调的主要原因是：从小缺少玩伴，失去了许多与同龄儿童共同玩耍、磨炼和互相学习的机会；活动空间不足，家长害怕孩子磕伤，没能使孩子得到应有的锻炼。要让孩子天天动起来。协助感觉统合失调的儿童进行有计划的、成套的游戏与运动锻炼，如袋鼠跳、平衡木等。

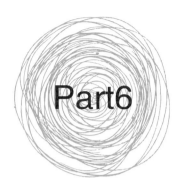

Part6

儿童常见不适症状与处理

🌹 发热

1. 什么是发热？

发热，亦被称为发烧，是小儿最常见的疾病症状之一。在儿科门诊中，发热是家长带孩子看病的主要原因之一。孩子为什么会发热？怎样才算发热？

正常人的大脑中有一个叫作体温调节中枢的组织，它可以让一个人的体温维持正常水平。因为小儿的体温调节中枢功能还没有发育完善，所以小儿的体温会受环境条件的影响，比如喝奶、运动或哭闹，以及衣被过厚、室温过高等。当受到某些外来的刺激，例如受到细菌、病毒等其他病原体的感染时，人体就会产生能引起体温升高的物质，这时大脑中的体温调节中枢会暂时失灵，导致发热现象。

2. 孩子患哪些疾病时易发热？

易引起发热的疾病包括流行性感冒、扁桃体炎、咽炎、气管炎、肺炎、败血症、中耳炎、肠道感染（如痢疾、肠炎）、尿路感染等；某些皮肤传染病，如麻疹、水痘等。有时发热还可由一些非感染性因素引起，如药物过敏、中暑、脱水热等。

3. 怎样测量体温？

对于婴儿来说，可用肛门测温法。测试时，婴儿须侧卧，在肛温表上涂一些凡士林或液体石蜡，由婴儿肛门插入，插入2~4厘米，过3~5分钟后取出，读数。

对于较大的小儿，可用口腔测试法，把消毒后的体温表放在小儿舌下，让小儿紧闭口唇3~5分钟。

腋下测试法是指把体温表放在小儿腋下，用上臂夹紧，测试时间为5~10分钟。腋下测试法既安全，又方便、卫生，适宜小儿应用。

4. 怎样护理发热的孩子？

很多年轻的父母一旦发现自己的孩子发热，就非常着急，总希望一天之内就把孩子的体温降下来。这种想法是错误的。

一个因患普通感冒而发热的孩子，需2~3天才能让体温完全恢复正常。发热是机体抵抗外来病毒、细菌等病原体的一种正常反应，急于把体温降下来反而不利于疾病的痊愈。那么，父母应该怎样护理发热的孩子呢？

首先，应让发热的孩子，尤其是高热的孩子卧床休息，多喝温开水。饮水多，出汗和排尿就多，这样有助于散发体内多余的热量，从而起到降温的作用。

其次，在饮食方面，宜给予患儿流质或半流质饮食，如米汤、稀饭、牛奶、豆浆等食物。当孩子出现高热时，可将冷湿毛巾或冰块（用毛巾包好）放在孩子的前额部、枕部、腋下及腹股沟处，须经常变换冷敷部位，以免冻伤孩子的皮肤。患儿体温超过38.5℃时，可口服退烧药或及时到医院就诊。

最后，常用的退烧药有对乙酰氨基酚、布洛芬等。由于退烧药都有一定的副作用，因此小儿不能太频繁地服用退烧药，每次服药间隔时间应在4小时以上。对于有高热惊厥病史的孩子，应及时给予退烧药，密切观察孩子的体温变化。

惊厥

1. 惊厥是怎么回事？

惊厥是小儿常见的疾病症状。患儿表现为全身或局部肌肉抽动，并伴

有不同程度的意识障碍。惊厥时，患儿的两个黑眼球往上翻，牙关紧闭，口吐白沫或口唇发紫，呼之不应，四肢僵硬，有时可伴有四肢一跳一跳地抽动。惊厥发作的时间可由数秒钟至几分钟，严重者可持续十几分钟或更长时间，或一天内反复多次发作。

2. 孩子得哪些疾病时易惊厥？

根据惊厥时有无发热，可将惊厥分为两大类：

❶ 有热惊厥：惊厥伴有发热。上呼吸道感染、中耳炎、败血症、脑炎等疾病容易引起高热惊厥，多见于3岁以下的小儿。其特点是惊厥常常发生在体温突然升高的时候。惊厥发作的时间短，仅有几十秒或几分钟。大多数小儿在一次发热中只发作一次惊厥，很少有连续发作两次以上惊厥的情况。惊厥停止以后，小儿意识很快恢复。

❷ 无热惊厥：不伴发热的惊厥被称为无热惊厥，多是由低钙血症引起的低钙性惊厥，在医学上被称为维生素D缺乏性手足搐搦症。本病常见于婴儿，主要表现为全身抽动，或单个手、单个下肢的抽动，发作时间普遍很短，只有几秒钟，发作时间长者可有口唇发紫的情况。惊厥过后，宝宝依然活泼，会吃、会笑。但这种惊厥

会反复发作。其他无热惊厥还见于新生儿颅内出血、胆红素脑病、低镁血症等。

3. 当孩子惊厥时，家长应该如何处理？

惊厥是小儿科急症之一。患儿惊厥时，在未送患儿到医院之前，家长一定要镇静，不要惊慌，可先对症处理：

❶ 用拇指指甲掐患儿的人中穴以止痉。

❷ 立即使患儿平卧，头转向一侧，以防止患儿吸入呕吐物发生窒息。

❸ 解开患儿的衣领，尽量保持呼吸道通畅。随后拨打急救电话，立即将患儿送医院抢救。

🌀 咳嗽

1. 小儿咳嗽的原因有哪些？

咳嗽是呼吸道的一种保护性反射运动。通过咳嗽，人体可以把呼吸道内的黏液分泌物排出，有利于疾病的康复。

咳嗽常见的原因有：上呼吸道感染、气管炎、支气管炎、肺炎；胸腔内炎症，如胸膜炎、纵隔炎等；过敏性疾病，如支气管哮喘等；小儿吸入

花生米、黄豆、瓜子等异物，可引起突发的剧烈咳嗽；呼吸道受压迫，比如支气管肿大、胸腔积液等均可引起咳嗽。

2. 咳嗽有什么特点？

由于咳嗽的原因不同，因此咳嗽的性质、时间、病程及伴随的症状也不相同，家长应注意区分，了解一些基本常识。

首先，从咳嗽的性质来看，干咳多见于异物吸入、呼吸道感染的早期、吸入刺激性气体、咽炎等；痉挛性咳嗽多见于百日咳、哮喘、肺水肿等；犬吠样咳嗽，咳嗽声像小狗叫似的，多见于喉炎。

其次，从咳嗽的时间来看，晨起咳嗽伴有多痰，可见于支气管扩张症、慢性支气管炎、慢性咽炎等；以夜间咳嗽为主，多见于百日咳、急性喉炎、哮喘等。

最后，从咳嗽伴随的症状来看，咳嗽伴有胸痛，多见于胸膜炎、大叶性肺炎、自发性气胸、化脓性心包炎

等；咳嗽伴有气喘，多见于哮喘、急性喉炎、呼吸道异物、气胸、肺水肿等；咳嗽伴有发热，常见于急性上呼吸道感染、气管炎、肺炎等。

3. 怎样治疗小儿咳嗽？

咳嗽是小儿常见的疾病症状之一。在遇到孩子咳嗽时，年轻的父母们不必过分担忧，先要了解清楚孩子的病情，在医生的指导下，针对病因彻底治疗孩子的原发病，而不是一味地镇咳。如果孩子只是轻咳，痰不多，也不发热，精神和胃口都正常，那么几天后孩子的病情就会好转，甚至不治而愈。若是由急性上呼吸道感染、气管炎、肺炎引起的咳嗽，持续的时间会长些，可能持续几天，甚至几个月。

🌀 呼吸困难

1. 什么是呼吸困难？

呼吸困难是以呼吸频率、节律、深度发生紊乱为特征的呼吸障碍，也是小儿常见的疾病症状之一。

2. 孩子呼吸困难的原因有哪些？

呼吸困难的原因有很多。从呼吸困难的性质来看，大致可分为三种类

型，即吸气性呼吸困难、呼气性呼吸困难和混合性呼吸困难。

❶ 吸气性呼吸困难：此类呼吸困难多见于上呼吸道阻塞引起的吸气不畅。这类患儿可表现为两侧鼻翼扇动，出现三凹征，即吸气时胸骨上部、剑突（胸骨的最下端）下方和肋骨间隙明显凹陷，这是吸气性呼吸困难的特征。常见的原发病有鼻炎、鼻后孔闭锁、咽后壁肿胀、急性喉梗阻、气管或支气管异物等。

❷ 呼气性呼吸困难：这类呼吸困难的患儿常会出现咳嗽、喘鸣等现象，多不能平卧。易引起呼气性呼吸困难的疾病有喘息性支气管炎、支气管哮喘、腺病毒性肺炎等。

❸ 混合性呼吸困难：这类呼吸困难不伴随吸气或呼气困难的特征，多因酸碱平衡失调或脑部病变直接影响呼吸中枢，导致呼吸节律紊乱。

3. 当小儿出现呼吸困难时，家长应该如何处理？

小儿呼吸困难属危重病症，年龄越小，往往病情越重。因此，当小儿出现呼吸困难时，家长一定要抓紧时间，分秒必争地将小儿送医院抢救。若患儿暂时不能去医院，家长应为患儿做以下处理：

❶ 保持呼吸道通畅、湿化。患儿

居室内可用空气加湿器，湿化空气。对于痰液黏稠且不易被咯出者，要勤拍背或吸痰，以免呼吸道被阻塞。

❷给氧。一般缺氧者，可用鼻导管、面罩等吸氧，以缓解缺氧症状。

◉ 青紫

1. 青紫是怎么回事？

青紫又被称为发绀，是因为血液中不携带氧的血红蛋白（还原血红蛋白）含量增加，引起全身或局部皮肤黏膜颜色发蓝、发紫。皮肤青紫可由多种原因引起。当孩子出现青紫时，家长应配合医生查明原因。

2. 孩子出现青紫的原因有哪些？

由寒冷或压迫等因素导致的局部血液循环不良可引起局部皮肤青紫。新生儿窒息、吸入性肺炎、肺透明膜病均可引起青紫。如果孩子的全身青紫，就应注意筛查孩子是否患有先天性心脏病。一些病人的血液中含有大量的无携带氧能力的血红蛋白，也可能引起全身性青紫，如遗传性高铁血红蛋白血症等。

患急性喉炎时，患儿喉头的水肿和炎症引起憋气、咳嗽及吸气性呼吸困难，容易出现青紫，此时应立即送患儿到医院抢救。气管、支气管的异物也容易引起青紫。

◉ 睡眠异常

1. 睡眠异常的原因有哪些？

新生儿每天的睡眠时间约为 20 个小时，年幼的儿童每天的睡眠时间为 10~12 个小时。小儿得病以后，正常的睡眠规律就会受到影响，表现为入睡难、睡得少，有的小儿表现为夜间哭闹不安、烦躁，也有的小儿表现为睡眠过多、嗜睡等。

由各种原因引起的疼痛，如牙痛、头痛、腹痛、肌肉痛、神经痛等，尤其是发生在晚上的疼痛，常可使小儿入睡困难，表现为入睡时辗转不安，睡眠时间缩短。夜间疼痛严重时，患儿会突然从睡梦中醒来，大声哭闹。皮肤瘙痒、鼻塞、呼吸困难、剧烈咳嗽、气喘，恶心、呕吐、腹胀、腹痛等消化道症状，还有一些早期的大脑病变，均可使小儿睡眠异常，表现为入睡困难、睡眠浅、易醒、睡眠时间短等。

患有维生素D缺乏性佝偻病的小儿睡眠差，夜间常哭闹不安、烦躁。

部分癫痫患儿有睡眠异常的表现，如夜间突然醒来、惊恐不安、哭喊等，这些患儿常伴有一侧面部或四肢肌肉的抽动。

有的小儿睡眠时间过长，一天能睡20个小时以上，这类小儿多患有尿毒症、病毒性脑炎等疾病。

2. 家长应该怎样对待睡眠异常的孩子?

当孩子出现睡眠异常时，家长不要紧张，应仔细查找原因。不要把孩子的睡眠异常不当回事，更不要擅自给孩子服用安眠药。服药虽然能改善孩子的睡眠状况，但会掩盖病情。家长应及时带孩子去医院，请医生为孩子寻找病因，然后针对病因进行治疗。家长应配合治疗，细心地护理和抚慰孩子。

◎ 腹痛

1. 孩子腹痛的原因有哪些?

腹痛是婴幼儿常见的疾病症状。

因为婴幼儿不能准确地表达腹痛的性质及部位，所以家长要细心观察婴幼儿，以便配合医生做出正确诊断。

腹痛的原因大致可分为两大类：

❶ 功能性腹痛：这一类孩子的内脏本身没有病变，腹痛多由单纯的胃肠痉挛引起。对于这类孩子，必须在排除了其他疾病后才能考虑本症。胃肠痉挛常是由饮食不当、暴饮暴食、食大量冷饮或甜食引起的。痉挛性腹痛的特点是阵发性、一过性且无固定疼痛部位。

❷ 由内脏器质性病变引起的腹痛：这类腹痛多见于外科急腹症，腹痛是由炎症、肿胀、梗阻、损伤、缺血等导致的，可见于肠套叠、阑尾炎、肠穿孔、胆结石、急性腹膜炎、肝破裂、脾破裂等。这类腹痛的特点是持续且有固定的压痛点，常伴有呕吐、腹泻、腹胀、便血或全身中毒症状，症状会

持续存在几个小时。对于这类患儿，家长应立即将其送医院就医，以免延误治疗。

2. 怎样区分各类腹痛?

由于一些孩子不能准确地说出腹痛的部位、性质，因此，家长不妨学着鉴别一下孩子腹痛的原因，以便帮助医生做出正确诊断。

❶腹痛的原因不同：在新生儿期，腹痛常见于先天性消化道畸形所引起的肠梗阻、胎粪性腹膜炎等；在婴儿期，腹痛常见于肠炎、肠套叠等；在学龄前期，腹痛常见于肠炎、肠道寄生虫病等；在学龄期，腹痛常见于阑尾炎、溃疡病等。

❷腹痛的性质及部位不同：突然发作的上腹部阵发性剧痛多见于胆道蛔虫病及急性出血性小肠炎等；腹痛位于脐周且为间歇性，多见于肠系膜淋巴结炎、腹型癫痫等；隐隐腹痛多见于消化道溃疡等；全腹持续性剧痛则可能为胃肠道穿孔、腹膜炎等。

❸腹痛伴随的症状不同：如果腹痛伴有发热的症状，则多为感染性疾病，如肠炎、肝炎等。肠梗阻多伴有呕吐、腹胀、便秘、腹部包块。泌尿系统感染或结石多伴有尿痛、尿急、血尿、脓尿等症状。

3. 孩子腹痛时，家长应该怎么办?

家长应仔细观察孩子腹痛发生、发展、变化的情况，包括发病时间、疼痛剧烈程度、持续时间、并发症状以及既往病史等，这样有利于医生做出正确诊断。

在没弄清病因之前，家长千万不要给孩子吃止痛药，或者要求医生马上给孩子打止痛针。因为用过止痛药或止痛针后，表面上腹痛减轻了，实际上病情还在发展，这样就掩盖了症状，影响医生观察病情，造成诊断困难，甚至延误治疗。所以对于急性腹痛患儿，最重要的是明确诊断，针对病因进行治疗，这样才能从根本上治愈腹痛。

◎ 腹泻

1. 什么是腹泻?

腹泻是指每天大便次数增多，同时大便的性状改变，水分增加，可含有未被消化的食物、黏液或脓血等。一些吃母乳的婴儿大便次数较多，质软，有酸味，但无恶臭，其他身体情况正常，体重正常增长，这种情况不属于腹泻。这里所讲的腹泻是指由疾病引起的一种病态症状。

2. 孩子腹泻的原因有哪些？

腹泻的原因有很多，大致可分为感染性腹泻和非感染性腹泻两大类。

❶ 感染性腹泻：这类腹泻是由某种细菌、病毒等病原体感染引起的，比如由痢疾杆菌、致病性大肠杆菌、柯萨奇病毒等病原体引起的痢疾、肠炎等。

❷ 非感染性腹泻：这类腹泻主要是由喂养不当所致，如小儿一次吃得过多，或吃了大量的凉食，或喝了过多的饮料等。另外，天气突然变冷，或者孩子晚上睡觉不老实，蹬掉了被子，使腹部受凉，导致肠蠕动加快，从而引起腹泻。

3. 孩子腹泻时，家长应该怎么办？

腹泻可导致人体丢失大量营养物

质、水分和必需的多种电解质。严重的腹泻可致小儿脱水，甚至危及生命。家长们必须学会分清小儿腹泻的程度和类别，及时带小儿就医治疗。

❶ 轻型腹泻：多数轻型腹泻是由饮食不当或肠道感染引起。患儿的大便次数不是很多，大便为黄色或绿色，水分不多，患儿精神好，偶有呕吐，不易发生脱水现象。必要时，可让患儿少量、多次服用口服补液盐，再适当调节患儿的饮食，合理喂养。

❷ 重型腹泻：重型腹泻多是由致病性大肠杆菌或病毒引起，也可由轻型腹泻转化而来。患儿的大便次数很多，大便很稀，有时完全呈清水样，往往由肛门喷射而出，从大便中排出的水分很多。这类患儿常伴有呕吐、厌食等现象，以致体内的水分大量丢失，易发生脱水。患儿精神萎靡，表情呆滞，严重者会出现意识不清，甚至昏迷的现象，可伴有发热。患儿哭的时候没有眼泪，尿少或无尿，口唇发干。用手捏起患儿的皮肤，再松开，皮肤不容易平复，这说明患儿皮肤的弹性很差。必须立即将这类患儿送医院补液治疗。

4. 什么是诺如病毒感染？

诺如病毒，又被称为诺瓦克病毒，是人类杯状病毒科中诺如病毒属的一种病毒。诺如病毒感染性腹泻曾在全球流行，成人和学龄期儿童是主要的感染对象，全年均可发病，在寒冷季节呈现高发病率。诺如病毒可以通过粪－口、水、食物等多种渠道传播。

感染诺如病毒后，潜伏期为1~2天，因为其临床表现和感冒相似，所以诺如病毒感染又被称为肠道流感。该病发病急，以腹泻、腹痛、恶心、呕吐为主要症状，病情轻重不等，呈黄色稀水便或水样便，每天10余次，有时出现腹部绞痛，可伴有发热、头痛、食欲减退、乏力等症状表现，一般持续3~5天，可自愈，极少出现死亡病例。儿童患者先出现呕吐，然后出现腹泻。成人发病以腹泻为主，大多无黏液便，也可出现头痛、寒战和肌肉痛，严重者可因呕吐、腹泻导致脱水。

为避免感染诺如病毒，应注意个人卫生、食品卫生及饮食卫生。要养成勤洗手、不喝生水、将生食和熟食分开、不吃生冷食物和未熟透食物的良好生活习惯。减少去饭店聚餐和参加大型活动的次数，不去街边无证小店就餐，不直接接触感染诺如病毒的病人，不接触诺如病毒感染者的呕吐物、粪便等其他污染物，避免交叉感染。

感染诺如病毒的病人，在症状消失后的3天以内，其携带的病毒仍具有较强的传染性。所以，应将病人隔离至症状消失后3天。儿童病愈后不要急于返校，以免被再次感染。

要注意开窗通风，每日2次，每次不少于30分钟。多做户外活动，尽量不去人员密集、空气不流通的公共场所，如剧院、超市、饭店等处。

诺如病毒感染属自限性疾病。目前尚无针对诺如病毒感染的特效药物。临床上以对症支持治疗为主。针对呕吐严重的患儿，可让其短时间禁食。为了预防和治疗脱水，可少量多次给予患儿口服补液盐。当体温高于38.5℃时，患儿可口服退热剂。

5. 什么是轮状病毒？

在电子显微镜下，完整的轮状病毒颗粒形如车轮状。

轮状病毒分为7个组，其中A组轮状病毒易引起婴幼儿腹泻。A组轮状病毒在外界环境中比较稳定，在粪便中可存活数日或数周，耐酸、耐碱。当人体感染轮状病毒以后，大便中会含有大量轮状病毒。

轮状病毒主要经粪－口传播，主要感染婴幼儿，成人也可被感染。但成人被感染后多无明显症状或症状轻微。婴幼儿被感染发病时，一般先吐后泻，大便多呈水样或黄绿色稀便，严重者会出现明显脱水现象。病程多为 1 周，但少数患儿的病程可持续数周或数月。严重脱水的患儿，若未能及时控制病情，可出现循环衰竭和多器官功能衰竭，最终死亡。

呕吐

1. 呕吐是怎么回事？

呕吐是由于食管、胃或者肠道反方向蠕动，并且伴有腹部肌肉的痉挛性收缩，迫使食管或胃的内容物从口、鼻腔涌出。

2. 呕吐与溢奶有什么不同？

一旦咽部、消化道受到刺激，将神经冲动传导到呕吐中枢，就会引起呕吐。当脑内有异常时，可直接刺激呕吐中枢而引起呕吐。溢奶的原因是小儿神经系统发育不全，功能不成熟，对刺激的反应比成人更敏感，而且小儿的胃呈水平位置，胃的入口处（贲门）肌肉又比较松弛，当奶液进入胃后，小儿处于平躺姿势，少量奶液容易从小儿口角流出。

3. 孩子呕吐的原因有哪些？

易引起小儿呕吐的疾病有很多种。下面将根据小儿的年龄、呕吐物的性质和伴随的症状来分析。

❶ 年龄：在新生儿期，容易引起呕吐的常见疾病有食管闭锁、肠道闭锁、肠旋转不良、肥厚性幽门狭窄、肺炎、脑膜炎等。

在婴儿期和幼儿期，容易引起呕吐的常见疾病有肠套叠、肠梗阻、先天性巨结肠、脑膜炎、脑炎、肺炎等。

在学龄前期及学龄期，易引起呕吐的常见疾病有胃肠道感染、呼吸道感染、泌尿道感染、代谢异常性疾病（比如代谢性酸中毒）。

❷ 呕吐物的性质：根据呕吐物的性质，可以推测呕吐的原因。若呕吐物为奶或其他食物，则呕吐的原因有可能是喂养不当、胃肠道感染、幽门痉挛等。若呕吐物含有胆汁，则呕吐的原因有可能是小肠狭窄或闭锁。若呕吐物带有粪臭味，则呕吐的原因有可能是低位肠梗阻。

❸ 伴随的症状：若呕吐伴有发热，则应考虑脑膜炎、阑尾炎、胃肠炎等。若呕吐伴有腹痛，则多见于阑尾炎、肠套叠、肠梗阻等。若呕吐伴有头痛，则多见于脑膜炎、脑瘤等。

4. 孩子呕吐时，家长应该怎么办？

虽然呕吐有时对人体有保护作用，比如食物中毒时吐出毒物，胃炎感染时吐出部分细菌或毒素，但是，在一些情况下，呕吐是严重疾病的信号。剧烈呕吐会使患儿感到痛苦，引起水、电解质代谢紊乱。当小儿呕吐时，家长要立即让小儿把头侧向一边，以免小儿将呕吐物吸入气管，引起气管阻塞，或发生吸入性肺炎。密切观察患儿病情，及时将患儿送医院治疗。

🌹 厌食

1. 孩子厌食的原因有哪些？

❶ 疾病引起的厌食：许多急、慢性感染及全身各系统疾病都会引起消化液分泌减少，胃肠道肌张力降低，从而导致患儿厌食。例如：肝炎的初发病症就是厌食，尤其厌食某些油腻的食物，继而患儿会出现疲乏无力、黄疸、发热等症状。贫血的患儿常出现食欲减退的现象，进食不足又可加重贫血，形成恶性循环。人体缺乏某些微量元素，如缺锌等，也可以引起厌食或异食癖现象。佝偻病、寄生虫病等均可导致患儿厌食。

❷ 非疾病引起的厌食：有些孩子厌食与疾病毫无关系，而与精神因素、环境因素或不良的饮食习惯有关。孩子在不同的年龄阶段，生长发育的速度不同，对食物的需求也不同。有些家长不了解孩子的这些生理特点，只是凭着自己的主观愿望，一味要求孩子多吃。甚至有的家长还硬性规定孩子每餐必须吃多少食物。这样做很容易使孩子产生逆反心理，因情绪抵触而拒食。

孩子厌食，有时是因为不愿意长期进食某种单一的食物；有时是因为环境的突然改变，比如孩子第一次去幼儿园，处在陌生的人群中，内心恐惧；有时孩子是因为学习紧张、休息不足等因素，影响食欲，从而引起厌食。有些孩子是因为饮食习惯不良造成厌食，比如喜欢吃过多的零食。如果孩子的运动量小，食量就相应减少。摄入过多的高蛋白食物可导致小儿便秘，进而影响食欲。

2. 如何纠正孩子厌食？

当孩子出现厌食症状时，家长不要过分担心，首先要找到孩子厌食的原因。如果孩子患有原发病，就应先积极治疗原发病，例如纠正贫血、驱除寄生虫、补充微量元素等。另外，要让孩子养成良好的饮食习惯。按时为小儿添加辅食，变换饭菜花样，以促进小儿食欲。当孩子吃饭时，家长不要谈论影响孩子情绪的事情，更不要批评、责骂孩子。适当加大孩子的活动量，减少高蛋白食物的摄入量。

便秘

1. 什么是便秘?

便秘是指大便次数少，排便间隔时间长，而且粪便坚硬，排出困难的现象。一般来说，人们排便的次数和间隔时间没有绝对的标准，有人可以每天排大便 1~2 次，也有的人可以1~2 天排大便 1 次，只要没有排便困难，无不适感，都属于正常现象。

2. 小儿便秘的原因有哪些?

小儿常见的便秘原因有饮食不合理、胃肠功能紊乱、患有某些先天性疾病等。有些婴儿吃得太少，经肠道消化、吸收以后，食物的残渣就少，大便自然也少。

大便的干硬程度与食物的成分有关。若小儿吃鸡、鸭、鱼、肉较多，很少吃蔬菜、水果等富含纤维素的食物，且吃面食较少，就容易大便秘结。某些会引发腹壁及肠壁张力低下的疾病也可引起便秘，如营养不良等疾病可使肠肌或腹肌松弛，肠功能失常，肠蠕动减弱，从而引起便秘。另外，某些先天性疾病，如先天性肛门直肠狭窄，先天性巨结肠，先天性肛裂等，均可导致便秘。

3. 怎样预防和治疗便秘?

首先，应注意合理饮食，从小培养小儿按时排便的习惯，这是预防便秘的主要手段。

其次，对于小儿常见的营养不良等疾病，要积极防治。对于婴儿，提倡母乳喂养。

如果孩子出现经常性、持续性便秘，就一定要查明原因。可带孩子到医院做相关检查，尽早明确诊断，必要时进行手术治疗。对于某些年龄较大的便秘患儿，可让其服用缓泻药，如大黄丸、果导片等，还可将甘油栓、开塞露或泡软的肥皂条塞入患儿肛门，以刺激肠壁，润滑粪便，促进排便。近年来，研究发现，食用肠道益生菌有助于缓解便秘症状。

水肿

1. 什么是水肿?

水肿也被称为浮肿，一般是指水分过多地聚集在皮下、软组织等组织间隙。

水肿严重时，胸腔、腹腔、心包腔等部位都可能出现积液。全身性水肿的最早表现是体重迅速增加。随着水肿症状的加重，病变部分的表皮紧张、肿胀，甚至看上去发亮，失去原有的皱褶和弹性，按压之后可形成凹陷。水肿容易发生于组织张力比较小的松软组织，如眼睑、阴囊等部位。由于重力的关系，水肿常常最先发生于躯体最低的位置，比如下肢等。

2. 哪些疾病可引起水肿?

小儿水肿常见于肾脏疾病，如肾病综合征、急性肾小球肾炎等。肾病综合征多见于学龄前及学龄期儿童。急性肾小球肾炎多见于学龄期儿童，

发病前 1~3 周常有上呼吸道感染或猩红热等病史，有少尿、水肿、血尿及高血压等症状，水肿多见于面部。由心脏病引起的水肿，患儿常伴有心悸、气短、憋气、发绀等症状。由肝病引起的水肿，患儿常伴有腹胀、面色发暗等症状，有时会出现黄疸。营养不良也会引起水肿。内分泌疾病，比如甲状腺功能低下、肾上腺皮质增生等疾病，也可引起水肿。

另外，有一些疾病引起的水肿只见于身体局部，比如口唇、手背等处，可能是由过敏造成的。这类水肿发生得突然，消失得也快。

血尿

1. 尿色变红就是血尿吗?

血尿是指尿液中红细胞数量超过正常水平，如 1 升尿液中有 1 毫升以上的血液，可使尿色变红，被称为肉眼血尿。

有时候尿色变红并不一定就是血尿。服用某些药物后尿色有可能变红，如服用利福平或中药大黄、黄芩等。一些食用色素也会使尿色变红。一旦发现尿色变红，就应留取尿液，通过化验尿液来判断是不是血尿。

红，之后无血尿，说明病变可能发生在尿道；如果只在排尿结束时尿色鲜红，说明病变可能发生在膀胱；如果在整个排尿过程中尿液均为棕红色，说明病变可能发生在肾脏。当孩子发生血尿时，家长应慎重对待，千万不可大意。

2. 哪些疾病可引起血尿？

如果孩子在出现血尿的同时，出现水肿、少尿、高血压等症状，很可能得了急性肾小球肾炎。如果孩子在出现血尿的同时，还出现尿频、尿急、尿痛等症状，很可能得了泌尿系统感染。如果孩子在出现血尿的同时，还伴有腰痛或腹痛等症状，很可能患有泌尿系统结石。过敏性紫癜、泌尿系统先天性畸形等疾病均可引起血尿。

3. 孩子出现血尿时，家长应该怎么办？

孩子出现血尿时，应当去医院请医生检查，找出发生血尿的原因。在明确诊断以前，应让孩子充分休息，不要随便服用任何药物，暂时停止接种各种疫苗。要注意观察孩子排尿时的情况，如果只在排尿开始时尿色鲜

遗尿症

1. 什么是遗尿症？

遗尿症是指患儿在白天不能控制排尿，或在睡眠中反复不自主地排尿，症状轻者可数日遗尿1次，症状重者可一夜遗尿数次。1~2岁的孩子遗尿属于正常现象。5岁以上的小儿遗尿，在无器质性疾病（如糖尿病、尿崩症、尿路感染、癫痫等）的情况下，被称为遗尿症。遗尿症的发病率随着年龄的增长而降低。在未经治疗的遗尿症患儿中，一部分患儿的症状可自行缓解。

2. 孩子遗尿的原因有哪些？

孩子遗尿的原因有很多，最常见的因素是精神因素，如受惊、精神紧张、疲劳等。与控制排尿的神经、肌肉有关的疾病，如脑炎及脑膜炎后遗症、脑损伤、脊髓炎、隐性脊柱裂等，

以及某些全身性疾病，如糖尿病、尿崩症、癫痫等，均可引起遗尿。

3. 如何治疗遗尿症？

遗尿症的治疗原则主要是针对病因进行治疗。如果是精神紧张引起的遗尿症，就应首先去除紧张因素，进行合理的排尿训练。如果是由某种疾病引起的遗尿症，就应积极治疗原发疾病。

🌹 鼻出血

1. 孩子鼻出血的原因有哪些？

鼻出血是指鼻腔血管破裂，血液自鼻腔中流出。鼻出血多发生在小儿身上，因为小儿的鼻黏膜娇嫩，血管丰富，鼻子容易受损伤、出血。

那么，孩子鼻出血的原因有哪些呢？

❶ 局部原因：最常见的局部原因是鼻炎。小儿患鼻炎的时候，鼻黏膜肿胀，血管充血，若再反复地用力擤鼻涕，则可引起局部的鼻黏膜破损或糜烂，导致血管破裂、出血。有的小孩将小玩具等塞入鼻腔，或经常挖鼻孔，使鼻黏膜受到损伤，也可致鼻出血。

❷ 全身原因：常见的全身原因是血液病，如白血病、血友病、再生障

碍性贫血、血小板减少性紫癜等。另外，小儿高热时，鼻黏膜上的毛细血管扩张，或因剧烈咳嗽使毛细血管破裂，均可引起鼻出血。

❸ 外界环境原因：气候干燥也易引起鼻出血。比如在冬季，室内有暖气或火炉，室内空气干燥，就会让鼻黏膜也变得干燥，从而引起鼻出血。

啊，流鼻血啦！

2. 孩子鼻出血时，家长应该怎么办？

当遇到孩子鼻出血时，家长不要慌张，要立即用手指压迫流血一侧的鼻翼顶端，使鼻翼紧紧贴住鼻中隔，一般只要压迫几分钟，然后轻轻放开，就可将出血止住。若只用干棉球或软纸团塞入鼻腔，这时从外面看血好像已经被止住，实际上这样做并不能压准出血点，血仍在流，只是从咽后部流入了胃中。有的小儿会吐出暗红色的血，这是鼻血被胃酸作用的结果。若经指压法仍不能为孩子止血，则应立即送孩子到医院耳鼻喉科诊治，以免造成大出血。

3. 怎样预防鼻出血?

容易发生鼻出血的小孩平时应多吃些水果和蔬菜,以保证多种维生素的供给。在干燥的季节,或在干燥的房间里,孩子要多喝水,并用加湿器增加室内的湿度。

另外,要禁止孩子经常用手挖鼻孔,这样可以避免鼻黏膜受损伤,减少鼻出血的机会。患有鼻炎的小儿要根治鼻炎。小儿发高烧时,应尽量保持鼻腔湿润,多喝水。若鼻出血是由全身性疾病引起的,则患儿应积极治疗原发病。

◎ 皮疹

1. 什么是皮疹?

皮疹是小儿常见的症状和体征之一。皮疹是由表皮或真皮内局灶性水肿、炎性浸润或毛囊角化发生炎症而形成的。皮疹有时可融合成大片,有时很稀疏。皮疹的病因不同,其形状也各不相同。

2. 常见的皮疹有哪几种?

常见的皮疹有以下几种:

❶斑疹:局限性皮肤颜色变红,既不高于皮肤表面,也不凹陷。

❷丘疹:局限性皮肤隆起,质地稍软或稍硬,从针尖大小至豌豆大小,颜色不一。

❸疱疹:局限性皮肤凸起,内含浆液,呈半球状。

❹脓疱疹:形状与疱疹相同,腔内含有脓液,表示已有细菌感染。

❺风团样皮疹:表现为一团一团的局限性皮肤隆起,扁平状,高出皮肤,颜色苍白或粉红,与正常皮肤间有清楚的界限,奇痒,可突然出现或突然消失,在医学上被称为荨麻疹。

❻汗疱疹:常见于新生儿,是由皮肤角质层下潴留汗液所致。呈小米粒大小或者更大,内含澄清的液体,容易破损。多见于额部、胸背部和手臂等处。若护理不当,易引起细菌感染,转变成脓疱疹。若汗液渗入真皮层内,就会形成痱子。出现汗疱疹的原因多是给孩子包裹太多的衣物,孩子过热。

❼尿布疹：由尿或粪便刺激皮肤所致，又被称为红臀。凡是与尿布接触的皮肤，包括臀部、会阴部、大腿根部、下腹部均可见红斑、丘疹或疱疹，严重时皮肤表皮会剥脱或糜烂。

◎ 皮肤紫癜

1. 什么是皮肤紫癜？

小儿身上有出血点或乌青块，这是怎么回事呢？这是由皮肤或皮下组织血管内的红细胞外渗引起的。从表面上看，可见皮肤有大小不等的紫红色出血点和淤斑，呈紫红色或青紫色，用手指压下去颜色不变，在医学上被称为紫癜。

2. 哪些疾病可引起皮肤紫癜？

❶过敏性紫癜：本病在小儿时期较常见。本病常见的症状是皮肤出现紫癜。部分患儿伴有严重腹痛，有时便血，有时出现膝关节、踝关节的肿痛，不能行走。有 30%~60% 的患儿会在皮肤紫癜发生后的 1~8 周发生肾脏疾病，表现为血尿、蛋白尿、高血压及水肿等。这种肾脏疾病的症状持续时间可能是几个月，也可能是几年，少数人会变成慢性肾炎。若孩子有不明原因的腹痛、关节肿痛，则应及早检查孩子的皮肤有无紫癜。

❷血小板减少性紫癜：该病在小儿时期也较常见。正常人外周血中血小板计数的参考范围为（100~300）×10^9/升，如果外周血中血小板计数减少到（70~100）×10^9/升，就容易出血。有的患儿血小板数目并不少，但功能不良，也会出现皮肤紫癜。这种紫癜一般不高出皮肤，像针尖大小，但如果在某一局部出血面积比较大，形成乌青块，就会高出皮肤，并有痛感。紫癜初起为紫红色或青斑，2~3天后变为黄褐色，数日后消退，可反复出现。部分患儿会同时出现鼻出血、吐血、便血，甚至颅内出血。

❸再生障碍性贫血：这种病是以造血障碍为特点，患儿血液中的红细胞、白细胞、血小板数目均会减少，常常伴有皮肤出血点或淤斑。

❹白血病：俗称血癌，如同血液系统的恶性肿瘤。患儿会出现不规则发热、贫血、乏力、食欲减退等症状，同时伴有全身皮肤出血点，也会出现鼻出血。部分类型的白血病患儿，经积极治疗后可暂时缓解病情，延续生命。

❺流行性脑膜炎：流行性脑膜炎是由脑膜炎双球菌引起的，多发于冬季和春季，发病急，进展快，在发病的 24 小时内就会出现皮肤紫癜，并出现严重的感染中毒症状。患儿出现

高热，脸色差，精神萎靡不振。部分患儿的紫癜会融合成片。有的患儿可伴有休克、昏迷、惊厥等症状。

总之，不管是什么原因引起的皮肤紫癜，都应及早送患儿去医院，以便明确诊断，及时为患儿治疗。

关节痛

1. 哪些疾病可引起关节痛？

关节痛是指关节部位的疼痛，并不等于关节炎。关节痛也是小儿常见的疾病症状之一。

风湿性关节炎可伴有关节痛。本病在出现关节症状前常有先驱感染，如猩红热、上呼吸道感染等。病人的皮肤可出现斑状或环形皮疹，多伴有发热。风湿性关节炎的特点是病症呈游走性，即一处的关节好转或恢复，另一处关节又出现病变，好发病的关节多为膝、踝、肘、腕、肩等大关节，炎症消退后，关节多无明显病变。化脓性关节炎多有外伤史，患儿会出现不同程度的发热，关节活动明显受限，局部会出现红、肿、热、痛等症状。

结核性关节炎多见于年龄较大的儿童，常有密切的结核病接触史，同时可能患有其他部位的结核，起病缓慢，膝、踝、脊柱等关节红、肿、热、痛，伴有结节性红斑、皮下结节等。

类风湿性关节炎的特点是多侵犯几个关节，常常以小关节为主，不游走，日久关节变形，活动受限，关节疼痛及运动障碍在早晨起床时最为严重。患者年龄越小，全身症状就越重，多伴有高烧、皮疹、食欲减退、体重减轻等症状。

由外伤造成的关节痛多有跌伤、扭伤、挫伤、压伤史，某些较重的损伤在急性期过后容易导致慢性关节痛或关节炎。

有一种关节痛叫作生长痛，在此类患儿身上找不到明显的病史，却多伴有腿痛、腿酸、走路易跌倒的症状。这类患儿可不治而愈。

佝偻病也可引起关节痛。这类患儿容易出现多汗、夜惊、夜哭等佝偻病的症状。当调整饮食、补充适量的钙剂及维生素 D 后，关节痛的症状可逐渐消失。

2. 怎样诊治关节痛？

当小儿出现关节痛时，家长应详细了解有关情况，以便向医生报告，及早诊断。

首先要弄清是关节痛，还是邻近关节的肌肉、骨骼痛；是一处关节痛，还是多处关节痛；是静止时关节痛，还是运动时关节痛；是白天关节痛，还是晚上关节痛；关节运动受不受限；采取何种体位时关节疼痛明显；疼痛的关节有无红、肿、热等症状；有无伴随的全身症状等。了解了这些情况以后，再结合某些化验、检查结果，明确诊断，针对病因进行治疗。若是化脓性关节炎患儿，可采用足量的抗生素治疗；若是结核性关节炎患儿，可采用抗结核法治疗；若是风湿性关节炎患儿，可采用抗风湿治疗法等。患儿应按照医生的治疗计划，接受系统的治疗。

3. 什么是生长痛？

生长痛多表现为双腿或单腿发作性疼痛，重者剧烈疼痛。每次发作持续的时间不等，有时仅持续1~2分钟，有时长达数小时，患儿可在夜间发生疼痛。患儿双下肢的外观没有异常。

去医院检查时，医生也未发现患儿有明显异常的情况，患儿双腿无器质性病变。由于疼痛发生在生长期，故称其为生长痛。生长痛的发生可能与患儿过度疲劳、受凉有关。出现生长痛时，可对患儿进行热敷和按摩。患儿经过充分休息后，疼痛会自然缓解。

当孩子出现腿痛时，家长一定要带孩子去医院就诊。经过医生检查，排除器质性病变后，才能做出生长痛的诊断。

◎ 小儿头痛

1. 什么是小儿头痛？

头痛是小儿常见的疾病症状之一。小儿头痛的原因有很多。有的小儿会表达头痛，有些年龄小的小儿说不清哪里痛，只表现为烦躁、哭闹或边哭边打自己的头。遇到这种情况时，家长应首先了解患儿的全身情况，如患儿发生头痛的同时，还有什么其他伴随症状，有没有发热、呕吐、头部外伤等情况，行为举止有无异常，头痛的程度如何。

2. 哪些疾病可引起小儿头痛？

❶ 高热是小儿头痛的常见原因。高热时，一些易导致头痛的化学物质

在患儿体内的含量增加，如前列腺素等。另外，发热时，患儿心跳加快、血流加速、脑部的血管充血，也容易引起头痛。发热引起的头痛大多在患儿退热后自行消失。若退热后，患儿仍有头痛、精神不振、呕吐等情况，应立即送患儿去医院明确诊断，及时让患儿接受治疗。

❷脑膜炎、脑炎可引起头痛。这类头痛多伴有喷射性呕吐，且呕吐次数很多，患儿精神很差，总想睡觉，同时伴有发热。要及早送这类患儿去医院治疗。

❸急性、慢性鼻窦炎均可引起头痛。这类头痛是由鼻窦内的分泌物不能被小儿排出导致的。头痛的部位一般与患病的鼻窦同侧。患儿常流脓鼻涕。

❹屈光不正容易引起头痛。对于屈光不正的孩子，家长要及时给他们佩戴合适的眼镜，纠正屈光不正，养成良好的用眼习惯，这样可以减少头痛的发生率。

❺中耳炎容易引起小儿头痛。头痛的部位与患病耳同侧，小儿在头痛的同时往往伴有患侧的耳痛，有时可见该侧耳流脓。

❻高血压可引起小儿头痛。在急性肾炎并发高血压时，患儿会出现头痛症状，同时伴有水肿、少尿、血尿

等症状。

❼癫痫可引起头痛。患儿在发作时有可能只表现为剧烈的头痛，严重者会出现呕吐，发作持续数分钟至数小时，轻重不等，发作后会出现嗜睡的情况。脑电图检查可发现患儿的病情。

婴儿哭闹

1. 婴儿哭闹与疾病有什么关系?

婴儿哭闹往往是因为有某种需要或感到不舒服。婴儿患病时常常哭闹，比如给婴儿喂食淀粉（如营养米粉）过多，使胃肠产生不适。腹痛常见于肠套叠、肠痉挛、阑尾炎、嵌顿性腹股沟斜疝等疾病。患上这些疾病时，婴儿会因为腹痛而哭闹。如果婴儿患有肠套叠，有可能出现阵发性剧烈哭闹，同时伴有面色苍白、呕吐、排出

像果酱一样的大便等症状。患阑尾炎时，婴儿会出现持续性哭闹。如果婴儿的阑尾穿孔，哭闹会加剧。

婴儿感冒时常会鼻塞。鼻塞的婴儿在吃奶时可能会因呼吸受影响而哭闹。患口腔溃疡的婴儿会在吃奶时因口腔黏膜受刺激引起疼痛而哭闹。患中耳炎、外耳道疖肿的婴儿会在吃奶时哭闹。由各种原因引起的头痛、皮疹或皮肤损害等均可引起婴儿哭闹。

2. 什么是生理性哭闹？

婴儿不会讲话，常通过哭闹来表达自己的要求。饥饿、口渴时婴儿的哭声很洪亮。抱起婴儿时，婴儿会转头寻觅奶头，一旦将奶头含在嘴里，就会停止哭泣。吃奶的时候，如果婴儿吃得太急，就容易被呛着，吐出奶头，哭闹不安。对于人工喂养的婴儿，要注意奶液是否过热或过凉。如果奶粉冲得过稀，婴儿就容易因吃不饱而哭闹。

3. 怎样对待哭闹的婴儿？

当婴儿哭闹时，家长应注意识别婴儿哭闹的原因是生理性的，还是病理性的。属于生理性哭闹的婴儿精神正常，面色较好，哭声比较响亮，没有其他方面的异常。属于病理性哭闹的婴儿面色不好，精神较差，有时呈惊恐状，或出现突发性剧哭、持续性剧哭，声音嘶哑，时有尖叫，常伴有发热、呕吐、腹泻、便血等症状。此时，家长应及时带婴儿到医院就诊，不要把病理性哭闹误当作生理性哭闹，从而延误婴儿病情。

◎ 黄疸

1. 什么是黄疸？黄疸有哪几种类型？

黄疸在临床上表现为皮肤、黏膜及巩膜等其他组织被染成黄色。胆红素生成、代谢、排除发生障碍，致使血液内胆红素浓度增高，从而使巩膜、皮肤、黏膜等组织黄染。红细胞衰老后在体内释放出血红蛋白，血红蛋白再经脾、肝、骨髓等组织内的网状内皮细胞处理，变为胆红素。胆红素在肝内代谢，经粪便、尿液排出。黄疸不是一种独立的疾病，而是由多种疾病引起的一种症状。根据胆红素增高的原因和特点，常将黄疸分为以下三种类型：

（1）肝前性黄疸：由于溶血，胆红素生成过多。

（2）肝细胞性黄疸：肝细胞受到损害，摄取、处理、转运和排泄胆红素的功能发生障碍。

（3）肝后性黄疸：胆管阻塞使胆汁不能从胆道正常排出。也有可能存在混合型黄疸。

2. 哪些疾病可引起婴幼儿黄疸？

新生儿出现生理性黄疸的原因是体内胆红素代谢异常，引起血中胆红素水平升高。母乳性黄疸也属于生理性黄疸。除了以上两种情况之外，其他类型的黄疸均属于病理性。引起婴幼儿黄疸的常见疾病有以下几种：

❶溶血性黄疸：多发生于新生儿期，如母子血型不合（ABO溶血）等。

❷肝性黄疸：如新生儿患肝炎综合征、胆汁黏稠综合征、传染性肝炎等。

❸阻塞性黄疸：如先天性胆管闭锁、先天性胆总管囊肿等，主要表现为黄疸持续不缓解或进行性加重、尿色变深、大便灰白等。

❹遗传性疾病：葡萄糖-6-磷酸脱氢酶缺陷，核黄疸发生率较高。

3. 怎样分辨生理性黄疸和病理性黄疸？

新生儿出现了黄疸，可以从以下几个方面来分辨是生理性黄疸，还是病理性黄疸。

❶黄疸出现的时间：生理性黄疸大多在新生儿出生后2~3天开始出现，4~5天达高峰，5~7天消退，最迟不超过2周。早产儿的生理性黄疸出现得晚一些，一般在出生后3~5天出现，5~7天达高峰，7~9天消退，最长可持续3~4周。病理性黄疸大多在新生儿出生后24小时以内出现，持续时间长。如果黄疸消退或减轻后，又重新出现或加重，则可能是病理性黄疸。

❷黄疸的颜色：患生理性黄疸的新生儿皮肤颜色呈浅黄，白眼球微黄，尿色黄但不染黄尿布。患病理性黄疸的新生儿全身皮肤呈黄色或金黄色，

白眼球明显发黄，眼泪也略显黄色，尿色深黄，可将尿布染黄。

❸ 其他方面：患生理性黄疸的新生儿精神好，一切如常。患病理性黄疸的新生儿，有精神萎靡、烦躁不安、不愿意吃奶、四肢无力、很少活动、对外界反应差等异常表现。

4. 病理性黄疸对新生儿有什么危害？

新生儿出现病理性黄疸，如能及时治疗，一般不会有什么严重后遗症。但也有一部分病理性黄疸患儿，血中胆红素含量很高，不仅使皮肤黏膜、尿液黄染，而且使相应的神经细胞黄染，致使神经系统受到严重的损害，出现一系列症状，被称为新生儿核黄疸。

新生儿核黄疸一般在重度黄疸高峰后 12~48 小时出现症状，患儿精神

萎靡或烦躁、吸奶无力或不吃奶、呕吐、反应差（如打针时不哭）、四肢软弱无力。如果黄疸继续加重，患儿可出现抽搐、角弓反张、发热、尖叫等症状。核黄疸的患儿多有严重的智力低下，手足不自主地乱动，落日眼，听力差，牙釉质发育不全等后遗症。

5. 什么是母乳性黄疸？

母乳性黄疸多见于纯母乳喂养的婴儿，在生后 3 个月内仍有黄疸。母乳性黄疸不是病理性黄疸。婴儿的生长发育正常，一般没有其他不良症状。母乳性黄疸的发生可能是因为母乳中存在一种特殊的酶，可使婴儿肠内已被肝脏转化的胆红素重新被吸收到血液中，从而减缓体内胆红素的排泄。母乳性黄疸患儿一般不需要特殊治疗，停喝母乳 24~48 小时，黄疸症状可明显减轻。但对于胆红素水平较高者，家长应密切观察。

Part7

小儿常见疾病防治

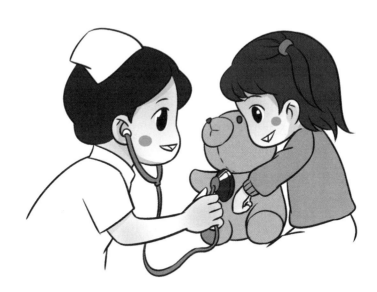

营养不良

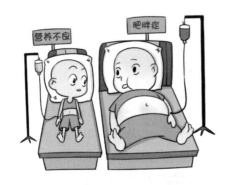

1. 什么是营养不良?

营养不良是一种营养缺乏症,多见于3岁以下的儿童。由于生活水平的提高,严重的营养不良患者数量很少。但是由于一些家长缺乏有关小儿喂养的知识,在临床上仍可见轻度营养不良的小儿。营养不良的患儿主要表现为逐渐消瘦或体重不增,皮下脂肪减少,水肿,贫血,反复消化不良,便秘,精神差,不活泼、少动,对外界事物反应淡漠,常常躺着不动。严重营养不良时,小儿的智力和体格发育停滞不前,有时甚至倒退。营养不良的小儿抗病能力降低,容易发生各种感染性疾病。

在医学上,常根据小儿体重减轻的程度、皮下脂肪减少发生的部位,把营养不良的程度分为三度。

❶ I度(轻度)营养不良:体重比正常同龄儿的平均值减少15%~20%,腹部及躯干部皮下脂肪变薄,皮肤颜色正常或稍显苍白,腹部皮下脂肪厚度小于0.8厘米,肌肉不坚实。

❷ II度(中度)营养不良:体重比正常同龄儿的平均值减少25%~40%,身高也低于正常值。腹部脂肪基本消失,腹部变得平坦或微凹陷。胸部、背部、臀部、腰部及四肢的皮下脂肪消失。面部皮下脂肪减少,但面部不是很消瘦。皮肤苍白、干燥、松弛,而且没有弹性。原来已学会站、走的小儿,变得不能站、走。精神差,烦躁,爱哭,哭声无力,睡眠不安,对周围环境缺乏兴趣,可伴有智力低下。抗病能力差,易发生腹泻及贫血,易患各种感染性疾病及各种维生素缺乏症。

❸ III度(重度)营养不良:体重比正常同龄儿的平均值减少40%以上,全身的皮下脂肪几乎消失,面部皮下脂肪也消失,明显消瘦呈皮包骨状,外貌像老人,各方面情况比II度营养不良者更差。

2. 小儿营养不良的原因是什么?

小儿营养不良的主要原因是长期饮食不足,如母乳不足时未及时添加辅食,饮食习惯不良,或饮食中长期缺乏蛋白质,食用单一的淀粉类食物。某些急、慢性疾病,如迁延性腹泻、迁延性肺炎、寄生虫病、肝炎等,均可引起营养不良。多胎儿、未成熟儿出生后，需要的营养较多，而消化、吸收的能力差，容易引起营养不良。

3. 怎样治疗小儿营养不良?

治疗营养不良应采取综合治疗法。积极治疗引起营养不良的疾病。

调整饮食结构，以补充营养为主。应设法增进小儿食欲，选择食物时以易消化、符合营养要求为原则，按先稀后干、先少后多、先单种后多种的原则，使食物的色、香、味俱佳。

🌀 肥胖病

1. 什么是肥胖病?

肥胖病是指皮下脂肪过多，体重超过同年龄、同性别、同身高人群的参考值范围。它是一种营养障碍性疾病。

2. 小儿患肥胖病的原因是什么?

小儿肥胖病按其病因可以分为两大类：一类是单纯性肥胖，这类肥胖不是由疾病引起，而是由于小儿进食过多，运动量太少，其摄入的能量超过消耗量，剩余的能量被转化为脂肪，使体重增加。小儿体重越重，越不愿意活动，形成恶性循环。儿童时期的

肥胖症大多属于这类单纯性肥胖病。肥胖与遗传有关。如果父母双方的体重都超过正常参考值，他们的孩子发生肥胖的概率较高。

另一类肥胖病是由疾病引起的，被称为继发性肥胖病。如库欣综合征，这种肥胖是向心性的，患儿头、面部及躯干肥胖，四肢较细，面如满月，背部、腹部脂肪堆积，生长速度迟缓，也可有高血压等症状。脑部病变亦可引起肥胖，这是由垂体肿瘤、脑炎、脑膜炎等病的后遗症引起的食欲亢进或代谢紊乱所致。

3. 小儿患肥胖病有什么临床表现?

单纯性肥胖病的患儿食欲超过一般孩子，喜欢吃肉类及甜食，不喜欢吃蔬菜、水果等清淡食物，进食速度快。

单纯性肥胖病的患儿体格发育

好，智能正常。肥胖使患儿动作不灵活、体态不雅，常有自卑感，性格可能比较孤僻。体态肥胖，全身各处的脂肪均匀堆积，乳房、腹部、臀部、大腿、面颊、肩及上臂等处的脂肪较多。一些男孩的外生殖器因会阴部脂肪肥厚而被掩盖，可被误认为外生殖器发育不良。

4. 肥胖病对小儿有什么危害？

肥胖病会使小儿的体态不雅，动作笨拙、迟缓，影响小儿的身心健康，容易让小儿自卑、孤僻、不合群，或有其他心理障碍。因为肥胖可影响心肺功能，所以一些患儿稍一活动就会气喘吁吁、大汗淋漓，体育成绩往往达不到标准，容易受凉感冒。

肥胖病患儿还常有高脂血症和血液黏稠度的改变，故以后容易并发高血压、冠心病、糖尿病等疾病。

5. 肥胖病患儿应注意什么？

小儿患单纯性肥胖病时一般不需要药物治疗，以饮食管理为主。小儿患继发性肥胖病时应积极治疗原发病。

❶ 限制饮食：应注意保证小儿正常发育和基本营养的需要，采取改善饮食结构、给予低热量食物等方法，限制脂肪的摄入，不吃肥肉、奶油蛋糕、炸鸡腿等食物；限制碳水化合物类食物的摄入，如面食、米饭、粥类等食物的摄入；多进食体积大、产热能少的食物，如蔬菜、瓜果等，既可补充各种维生素，又可有饱腹感。避免不吃早餐或晚餐过饱，不吃零食，减慢进食速度等。

❷ 适当的运动：运动量应逐渐增加，避免剧烈运动引起的食欲骤增。坚持锻炼身体，不仅可以增加能量消耗，减少体内过多的脂肪，而且可以增强体质，提高抗病能力。

❸ 解除思想顾虑：要鼓励患儿多参加集体活动，改变孤僻的性格，消除自卑感。应定期带患儿到儿童保健门诊测量身高、体重，接受专业医生的指导。

🌹 佝偻病

1. 什么是佝偻病？

佝偻病在医学上被称为维生素 D 缺乏性佝偻病，是一种常见的慢性营养不良性疾病。佝偻病是由于体内缺乏维生素 D，影响钙、磷的吸收，使身体内钙、磷代谢失调，钙盐不能正常地沉积在骨骼生长部分，使骨骼发生病变。

2. 佝偻病有哪些临床表现？

佝偻病的主要临床表现是骨骼改

变、肌肉松弛和神经精神症状。佝偻病早期最常见的表现是神经精神症状，如小儿易激惹、烦躁、好发脾气，不活泼，对游戏和运动的兴趣降低；睡眠不安，夜惊、夜啼。佝偻病患儿多汗，在吃奶和睡眠时出汗更多，汗味酸臭，头后部因与枕头摩擦而使头发脱落。佝偻病中期骨骼改变的症状逐渐明显。

3~6个月的患儿可出现颅骨软化，用手按压头部枕骨和顶骨中央部分，可感到明显的弹性，囟门大、闭合晚，颅骨骨缝增宽，出牙迟。

8~9个月的患儿因头两侧的额骨、顶骨及枕骨向外隆起形成方颅，有时形成鞍形颅或十字形颅等。胸部因肋骨骨骺端膨大，可摸到或看到佝偻病性串珠。严重时胸骨和邻近软骨向前突起，形成"鸡胸"样畸形，肺部可因受压而发生萎陷，容易发生肺炎。患儿会坐与站立后，因韧带松弛可导致脊柱畸形。腕部及脚踝部形成钝圆形环状隆起，形成佝偻病性手镯或脚镯。由于骨质软化，下肢骨骼承重能力下降，容易出现弯曲，形成"O"形或"X"形腿。

3. 婴儿为什么容易患佝偻病？

婴儿缺乏维生素D主要有以下原因：

❶ 阳光照射不足：紫外线不能透过玻璃窗。如果婴儿缺少户外活动时间，或让婴儿隔着玻璃晒太阳等，那么内源性维生素D生成不足。

❷ 维生素D的摄入不足：母乳中的维生素D的含量极少。母乳喂养儿的维生素D摄入不足。

❸ 生长发育速度过快：婴儿的生长速度越快，维生素D的需要量就越大。由于婴儿期是生长发育最快的时期，因此，婴儿容易发生维生素D缺乏症。早产儿和双胎儿体内的钙、磷储备少，生长发育快，如果不及时补充维生素D，更易发生佝偻病。

❹ 母体因素：足月胎儿需要的钙大部分是从母体获得的。如果母体在妊娠期或妊娠后期不注意营养，饮食中缺乏维生素D，又很少晒太阳，早产、双胎，均可使婴儿体内维生素D贮存不足。

❺ 疾病因素：胃肠道疾病或肝胆疾病可影响维生素D的吸收，如婴儿肝炎综合征、慢性腹泻等。

4. 怎样预防佝偻病？

小儿佝偻病的预防应从母亲怀孕时期开始。孕妇要注意饮食营养，多吃富含维生素 D、钙、磷的食物，多晒太阳，坚持户外活动。

提倡母乳喂养，因母乳中的钙、磷比例适当，有利于婴儿对钙的吸收和利用。

阳光对小儿的生长发育极为重要。要让小儿每天在户外活动，接受日光浴。夏天可在树荫下晒太阳，不要在烈日下直晒，以免小儿中暑及晒伤皮肤。

足月儿出生 2 周后开始补充适量维生素 D，每天 400 国际单位。早产儿、低出生体重儿、双胞儿出生 1 周后即可开始服用维生素 D，每天 800 国际单位，连服 3 个月，3 个月后每天服 400 国际单位。

2 岁以后，小儿户外活动的时间增多，一般不易发生佝偻病，可不再补充维生素 D。小儿一般不加服钙剂，但乳类摄入不足和营养欠佳时，可适当补充钙剂。

5. 怎样治疗佝偻病？

得了佝偻病的孩子应尽早进行治疗，以免骨骼病变越来越重。医生根据病情轻重决定维生素 D 和钙剂的用量、方法。

不主张采用大剂量维生素 D 治疗，治疗的原则应以口服维生素 D 为主，一般剂量为每日 2000~5000 国际单位，持续 4~6 周；之后，1 岁以下婴儿改为每日 400 国际单位，1 岁以上婴儿改为 600 国际单位，同时服用多种复合维生素。治疗 1 个月后，应带患儿复查治疗效果。

主张从母乳、配方奶、牛奶和豆制品中获取钙和磷。只要摄入足够的乳制品，基本不需要额外补充钙剂，仅在有低血钙表现、严重的佝偻病和营养不足时额外补充钙剂。

患儿应加强营养，保证足够的奶量，及时添加辅食，坚持每日在户外活动。

6. 给孩子补钙时，家长应注意什么？

根据中国营养学会对钙的推荐摄入量标准，学龄前儿童每日钙的推荐摄入量为 800 毫克，学龄期儿童每日钙的推荐摄入量为 1000 毫克，成人每日钙的推荐摄入量为 800 毫克，而孕妇、乳母则每日钙的推荐摄入量为 1000 毫克。从全国营养调查结果来看，儿童需要在膳食之外补充适量钙。

两岁以内的婴幼儿，由于户外活动少，接受日照时间短，体内合成的维生素 D 少，不利于钙的吸收，故应适量补充维生素 D。

处于生长高峰期的儿童，为保证骨骼正常生长发育，需要适量补钙。生长高峰期过后补钙，则可以充实"骨库"，以防骨质流失。孩子在长牙、换牙期补钙，有利于牙齿正常萌出，可避免出牙晚、牙齿排列稀疏不齐等情况的发生。患湿疹、反复呼吸道感染、腹泻、营养不良，以及因病长期服用激素类药物的孩子容易出现缺钙症状，应合理补充钙和其他营养素。

那么，在给孩子补钙时，家长应该注意什么？

❶注意补钙的剂量。家长应知道每天给孩子补了多少钙。儿童每天需钙约 800 毫克，每天除去从膳食中吸收的钙以外，额外补充的钙量不应少于 600~1000 毫克。

补钙很重要，但补充的钙并非越多越好。补钙过多对人体是有害的，故应防止补充过量的钙。

❷钙的吸收问题。膳食对钙的吸收有影响，如饮食中蛋白质含量过高，会使尿钙增多；饮食过咸、吃盐过多也会使尿钙增加；高脂肪饮食和富含磷酸、咖啡因及镁的食物会影响钙的吸收与排泄。菠菜、茭白、竹笋等富含草酸的食物，因与钙结合形成草酸钙，影响钙的吸收。这些食物用开水

焯过以后，草酸的含量会大大减少。最好随餐服用、餐后服用或晚上临睡前服用钙剂。一次服用大剂量的钙剂不利于人体吸收。因钙离子在形成的过程中会消耗胃酸。一次服用大剂量的钙剂后，那些不能形成钙离子的钙会以化合物的形式被排出体外。

❸维生素 D 的摄入量。维生素 D 与钙的吸收、代谢有关。缺乏维生素 D，易导致人体对钙的吸收不好，钙在骨骼内的沉积也会受到影响。皮肤经过日光照射后可以生成维生素 D。故应让孩子多晒太阳。

在寒冷季节，日光照射不足，孩子户外活动时间少，应注意补充维生素 D。但每天补充的维生素 D 的剂量应控制在 400 国际单位，最多不超过 800 国际单位。因为过量补充维生素 D 后，维生素 D 不能从尿、粪便中排泄，而是储存于肝脏、肌肉和脂肪组织之中，储存过多，易致血中维生素 D 含量增加，使肠道对钙、磷的吸收增加。血钙、磷浓度升高，易致食欲缺乏、便秘、口渴、尿频、烦躁、低热、消瘦、贫血、头痛、血压升高、心律不齐等。大量钙盐沉积于骨骼和软组织中，使内脏器官钙化，严重者可发生肝、肾衰竭而死亡。所以，应严格控制维生素 D 的摄入量，切勿滥用，不缺不补。

7. 孩子出汗多是不是生病了？

正常人在活动量增大、体内代谢旺盛时，通过神经反射活动，汗液分泌增多。人体通过出汗来调节体温，使体温稳定在正常生理水平。

一般情况下，孩子在入睡后1~2小时内，头部及全身出汗较多，多为正常生理现象，不是生病。为什么会出现这种生理现象呢？孩子入睡后由于体温调节中枢发育不健全，体温调节功能不协调，在体内未出现代谢增加、体温升高时，就分泌了较多的汗液。随着孩子的年龄增长，中枢神经系统功能的成熟，这种生理性多汗现象会逐渐减少。

因疾病而多汗的孩子不仅在入睡后不久即出汗较多，而且，往往在后半夜，甚至天快亮的时候仍然在出汗，此时，孩子的身上凉凉的，这种情况被称为盗汗。如果孩子多汗伴有口周发紫、生长发育慢、体能较差，应去医院检查，排除先天性心脏病；如果孩子多汗伴有夜啼、枕后环秃、方颅等，则可能为维生素D缺乏性佝偻病；如果孩子多汗伴腹痛、阵发性哭闹，则应警惕肠套叠、肠痉挛等；如果孩子多汗伴面色苍白、乏力，应警惕低血糖。患结核病的孩子不仅有发热、疲乏无力、食欲减退、面颊潮红等症状，而且白天出汗也较多。

多汗的孩子需要由医生排除器质性疾病，必要时可接受有关的辅助检查，如胸部X线平片、结核菌素试验等。家长应给出汗多的孩子勤洗澡、勤换衣物，保持皮肤清洁，避免皮肤感染。病理性多汗的孩子要积极治疗原发病。

维生素D、维生素A中毒

1. 什么是维生素D中毒？

维生素D是预防和治疗佝偻病的主要药物，过量应用后可在体内蓄积，引起维生素D中毒。一般小儿每天服用维生素D 2万~5万国际单位，连续几周或几个月即可发生中毒。敏感小儿每天服4000国际单位，持续1~3个月即可中毒。

维生素D中毒后，血钙浓度升高，钙盐沉积在身体各组织，并影响其功能。血钙浓度升高，使神经系统和肌肉的兴奋性降低。

发生维生素 D 中毒时，应立即停用维生素 D 及钙剂，减少含钙食物的摄入，可口服氢氧化铝和泼尼松，减少肠道对钙的吸收。

2. 什么是维生素A中毒？

成人一次摄入维生素 A 的剂量超过 30 万~100 万国际单位，儿童一次摄入维生素 A 的剂量超过 30 万国际单位，即可发生急性中毒。成人多为大量食用富含维生素 A 的食物，如鲨鱼肝和鳕鱼肝等，发生中毒。儿童中毒则多因意外服用大量维生素 AD 制剂。急性维生素 A 中毒的表现有嗜睡或过度兴奋，头痛，呕吐，皮肤红肿，婴幼儿以高颅压为主要临床特征，囟门未闭合者可出现前囟隆起。

成人每天摄入 8 万~10 万国际单位的维生素 A，婴幼儿每天摄入 5 万~10 万国际单位的维生素 A，持续半年，即可发生慢性中毒。这种情况多见于采用口服鱼肝油制剂治疗维生素 D 缺乏性佝偻病。由于许多鱼肝油制剂既含有维生素 D，又含有维生素 A，口服大剂量的此种鱼肝油，极易造成维生素 A 过量。慢性维生素 A 中毒的表现有体重下降，皮肤干燥、皲裂，毛发干燥、脱发，嘴唇干裂，贫血，肝脾肿大等。

维生素 A 中毒后，应立即停止服用维生素 A 制剂和含有维生素 A 的食物。急性维生素 A 中毒的症状一般在 1~2 周内消失。对于高颅压引起的反复呕吐患儿，应积极给予对症治疗。本病预后良好，个别患儿病程较长。

 麻疹

1. 麻疹患儿有哪些症状表现？

麻疹，俗称"出疹子"，它是由传染性很强的麻疹病毒引起，任何年龄都可以发病。因普遍接种麻疹减毒活疫苗，小儿麻疹的发病率已大幅下降。

孩子感染了麻疹病毒以后，经过 6~18 天开始出现症状。最初的症状类似感冒，患儿发热、咳嗽、流涕等。口腔颊黏膜及唇黏膜可出现大小不等的灰白色斑点，周围有红晕，被称为麻疹黏膜斑，常在出疹前 1~2 天出现，对早期诊断麻疹有特殊意义。出现麻疹黏膜斑后，患儿的皮肤开始出现疹子，先从耳后、发际，渐及额、面、颈部，自上而下蔓延至躯干、四肢，最后达手掌、足底。皮疹初为红色斑丘疹，稍高出皮肤，大小不等，有时可融合成片，疹间皮肤正常。出疹时，病情达到高峰，疹子越多，症状越重，患儿体温可高达 40~40.5℃。出疹 3~4 天后，疹子出齐，然后再按出疹的顺序，从颈、面部开始消退，体温开始下降，患儿的精神、食欲等全身症状逐渐好转。皮疹消退时有细小的皮肤脱屑。疹退后遗留褐色的色素沉着，一般 7~10 天消退。

有的孩子刚刚注射过麻疹疫苗，或在接触麻疹病人后 5 天内用过免疫球蛋白，那么再患麻疹后，病情可能较轻，发低热，上呼吸道症状轻，麻疹黏膜斑不容易被看到，疹子稀疏、色淡，消失快，疹退后无色素沉着或脱屑，无并发症。

2. 麻疹对孩子有什么危害?

在出疹期，麻疹患儿的抵抗力弱。如果护理不当，患儿容易出现并发症。患儿年龄越小，发生并发症的可能性越大。常见的并发症有喉炎、肺炎、脑炎、营养不良与维生素 A 缺乏症等。

如果患儿在出疹过程中出现声音嘶哑、犬吠样咳嗽及呼吸困难，病情严重时喘憋明显、面色发绀，说明患儿已并发喉炎。如果患儿咳嗽加重、呼吸急促，则可能并发了支气管炎或肺炎。若患儿的疹子出得不透，或疹子出现后又突然隐退，面色灰白、四肢冰凉，则患儿出现了循环衰竭的表现。还有的患儿在出疹时发高烧，疹退时高热不退，甚至体温反而升高，同时出现精神萎靡、嗜睡、烦躁、呕吐，甚至惊厥、昏迷，此时很可能并发了脑炎。还有的患儿因为高热导致食欲缺乏，引发了营养不良，可出现维生素 A 缺乏的症状，如角膜混浊、软化，严重者可出现角膜穿孔、失明。此外，如果患儿体内有潜在的结核病灶，可使结核病恶化，甚至发生播散，引起粟粒性肺结核或结核性脑膜炎。

3. 接种过麻疹疫苗的孩子还会得麻疹吗?

接种过麻疹疫苗的孩子基本上不会得麻疹。但有少数打过麻疹疫苗的孩子得了麻疹。这是为什么呢?

人体接种麻疹疫苗 7~12 天就开始产生对抗麻疹病毒的抗体，这种抗体的浓度在接种后 30 天左右达到高峰。接种麻疹疫苗后 1 个月以内，尤其是半个月以内，或 4~6 年以后，人体内的麻疹病毒抗体浓度较低。这时如果孩子接触了麻疹病人，就可能得麻疹，但是症状较轻，低热，甚至不发热，呼吸道症状轻，一般没有麻疹黏膜斑，皮疹稀少，病程也短，一般不超过 1 周。只要护理得当，这类患儿一般不发生并发症。但是，这类患儿仍有传染性，如果不注意隔离，容易传染给别的孩子。

所以，在此提醒家长注意，不要以为孩子已经打过麻疹疫苗，就不会再得麻疹了。对有麻疹接触史，出现类似麻疹症状的孩子，家长应及时请医生诊治。

4. 家长应怎样护理麻疹患儿？

麻疹是一种急性呼吸道传染病。如果患儿没有并发症，最好在家里隔离休息，慢慢恢复，可以自愈。护理麻疹患儿时应注意以下几点：

❶隔离：麻疹患者出疹前后的5天均有传染性，因此，在这段时间里，不要让患者接触其他没有得过麻疹的孩子，特别是体质虚弱的孩子。如果麻疹合并了肺炎、脑炎等并发症，隔离的时间要更长，以免引发麻疹传播、流行。另外，患儿的免疫力低下，应避免过多的亲友探视，防止细菌感染。

❷休息：要让患儿绝对卧床休息，直到皮疹消退、咳嗽停止，才可下床活动。

❸环境及衣着：患儿的居室要安静、舒适，室内温度、湿度要适宜，空气要新鲜，但要注意避免对流风直吹患儿。不要在患儿居住的室内吸烟。患儿的居室内光线不要太强，可稍用窗帘遮掩，但也不要过暗。患儿要保暖，避免受凉，防止疹子隐退。但患儿也不能过热，过热可使汗多、衣被潮湿，反而让患儿更易受凉。

❹饮食：多给患儿饮水。可用鲜芦根、鲜茅根或荸荠煎汤代水饮用，能促进血液循环，让疹子出透，有利于病毒的排出。给患儿吃容易消化、清淡而富有营养的食物，如蛋羹、烂粥、碎菜、新鲜水果等。

❺眼部护理：麻疹患儿大多眼睛发红、眼皮肿、泪水多、怕见光，眼睛的分泌物较多，常把上下眼皮粘在一起。如果患儿同时患有营养不良、维生素A缺乏，可发生角膜软化、溃疡，甚至角膜穿孔、失明。应经常用温开水将毛巾浸湿，擦洗患儿眼部，保持患儿眼部清洁。

❻用药：目前尚无特效的药物治疗麻疹，主要为对症治疗、加强护理和预防并发症。患儿高热时，可酌情使用退热剂，但应避免急骤退热，特

别是在出疹期。患儿烦躁时，可适当使用镇静剂。

5. 怎样预防麻疹？

随着医学的发展，麻疹已成为完全可以预防的疾病，主要的预防措施如下：

❶ 控制传染源，切断传播途径。对病人做到早发现、早隔离、早治疗。一般麻疹患儿应隔离至出疹后 5 天，如果患儿有并发症，则应隔离至出疹后 10 天。对已接触麻疹病人的孩子应观察 3 周，并给予被动免疫。患儿的衣物应在阳光下暴晒，居室要通风，如有条件用紫外线照射消毒。易感儿童应尽量少去公共场所。

❷ 主动免疫。接种麻疹减毒活疫苗是积极预防麻疹的有效措施。婴儿出生后 8 个月为麻疹疫苗的初种年龄，1.5~2 岁小儿要完成第二剂次接种。此外，可根据麻疹流行病学的情况，在一定范围内对高发人群进行强化免疫接种。

已密切接触过麻疹病人的孩子，应在 5 天内尽快注射免疫球蛋白。

 风疹

1. 小儿患风疹有哪些症状表现？

风疹是儿童时期常见的一种急性呼吸道传染病，它是由风疹病毒引起的，传染性很强，多见于 1~5 岁的儿童。

患儿病情比较轻，起初有低热或中度发热，可持续 1~3 天。发热时，患儿常伴有耳后、枕部或颈部淋巴结肿大，触之有痛感。患儿的皮疹大多是散在斑丘疹，也可以是大片皮肤发红或针尖样类似猩红热的皮疹。皮疹通常从面部开始出现，迅速遍及颈部、躯干及四肢，手心、脚心一般无皮疹。躯干皮疹一般持续 3 天就开始消退，疹退后皮肤无色素沉着及脱屑。

孩子得了风疹后应隔离至出疹后 5 天，以防疾病传播。风疹很少有并发症，患儿一般不需要特殊护理。症状显著者，应卧床休息，预防并发症的发生，饮食以营养丰富、易消化的食物为主。

2. 风疹对孕妇有什么危害？

孕妇在孕早期感染风疹病毒后，虽然症状轻微，但可感染胎儿，引起流产、死胎、畸形儿。因此孕妇要尽量不与风疹患儿接触，少去人多拥挤的地方。

3. 怎样预防风疹？

风疹病人是风疹唯一的传染源，所以应隔离风疹病人。隔离时间从出疹前 5 天到出疹后 5 天。感染过风疹病毒或接种风疹疫苗后可获得持久性免疫。人体在幼儿期接种风疹疫苗后，应在成年之前再进行一次加强免疫，可获持久免疫力。育龄期妇女在接种疫苗 3 个月内应避免怀孕。

已密切接触风疹病人的易感儿童可肌内注射免疫球蛋白。

幼儿急疹

1. 什么是幼儿急疹？

幼儿急疹也被称作婴儿玫瑰疹，是由人类疱疹病毒引起的出疹性疾病，多见于 2 岁以下儿童。幼儿得了幼儿急疹后，会获得持久的免疫力，再次得病的概率极低。

2. 幼儿急疹有什么症状表现？

幼儿急疹的特点是突然高热，持续 3~5 天后，热退疹出。

患儿虽然体温较高，但全身症状轻，精神好，高热持续 3~5 天后，体温忽然下降，在体温下降后或开始退热时出现皮疹。皮疹为玫瑰色斑丘疹，压之能褪色，大多呈分散性，稀疏分明。也有少数病人的皮疹融合成片。皮疹主要见于躯干、颈部、上肢、面部。皮疹消退后，皮肤无脱皮，也无色素沉着，不留任何痕迹。

3. 孩子得了幼儿急疹，家长应该怎么办？

幼儿急疹一般无并发症，患儿预后良好，不需要特殊治疗，充分休息，多饮水，食用易消化且营养丰富的食物。应适当给高热患儿使用退热剂及镇静剂，以防发生惊厥。

水痘

1. 水痘有哪些症状表现？

水痘是由水痘-带状疱疹病毒引起的传染性极强的出疹性疾病。任何年龄都可以发此病，2~6 岁为发病高峰期。感染水痘后，人体可获得持久免疫力。水痘的传染性极强，主要通过病人的呼吸道或直接接触疱疹浆液传播。

出疹前 24 小时，患儿可有发热、全身不适、厌食等症状，24~48 小时

出现皮疹。起初为红色斑疹或丘疹，但很快变成透亮、饱满的水疱，24小时后水疱混浊并呈中央凹陷，然后破溃、结痂。再过几天，痂皮脱落，一般不留疤痕。

水痘皮疹的特点有三：一是"向心性"，以头、面部、躯干多见，末端稀少；二是皮疹分批出现，也就是说，水痘出了一批还没好，又出现了第二批，在患儿身上可同时出现斑丘疹、疱疹和结痂，常被称为"三代同堂"；三是皮疹可以出现在口腔内、眼结膜及外生殖器黏膜等处，易破溃形成浅溃疡。

患有恶性疾病、免疫功能受损或正在应用肾上腺皮质激素的孩子患水痘后病情比较严重，也容易恶化。

此外，如果孕妇在怀孕早期患水痘，可导致胎儿多发性畸形；若孕妇患水痘数天后分娩，可致新生儿水痘，病死率可达 25%~30%。

2. 孩子得了水痘，家长应该怎么办？

患儿应该被严格隔离，一直到水痘皮疹全部结痂、不再出新皮疹为止。

患儿应卧床休息，多喝水，吃清淡且容易被消化的食物，最好多吃新鲜水果。高热时，可给患儿使用退热剂。要做好患儿的皮肤护理，保持患儿的皮肤清洁，勤给患儿换内衣，剪短指甲，戴手套，以减少抓破疱疹而发生感染的机会。如果瘙痒较重，可让患儿外涂炉甘石洗剂；如果疱疹已破溃、糜烂、化脓，则让患儿应用抗菌药物。疱疹结痂后要让其自然脱落，不要过早用手抠掉结痂，以免留下疤痕。

正在使用大剂量激素、免疫功能受损的患儿，可在 72 小时内肌内注射水痘-带状疱疹免疫球蛋白。

一般患儿无须特殊治疗即可自愈。只有少数患儿伴有心肌炎、肺炎、肝炎等并发症。

3. 怎样预防水痘？

水痘的传染源是出水痘的病人。要预防水痘，应严格隔离患水痘的病人，不要接近患水痘的病人。

水痘减毒活疫苗已在国内外广泛应用，皮下接种后可产生抗水痘-带状疱疹抗体，能有效预防水痘的发生。

为防范水痘在幼儿园、小学流行，应做到以下几点：

❶ 小儿一旦出现发热，皮肤出现红斑、水疱等症状，就应及时就医。

❷ 水痘主要通过飞沫和直接接触传播。对水痘患儿要进行严格隔离（在院或在家），隔离到皮疹全部结痂为止，以免传染他人。

❸ 注意保暖，用温水（不是热水）洗澡，保持皮肤清洁，避免因瘙痒难耐而抓破水疱，导致继发感染。

❹ 可为染上水痘的婴幼儿戴上厚手套，避免其用手揉眼，以防水痘病毒感染眼睛，引起角膜炎，影响视力。

❺ 患儿以易消化、营养丰富的流质或半流质饮食为主，忌油腻、辛辣等刺激性食物，多饮白开水。

❻ 居室、教室等场所应经常开窗通风，应对水痘患儿待过的室内进行严格消毒。

❼ 应为小儿接种水痘疫苗。

❽ 已发生水痘病例的小学、幼儿园要做好晨检工作，做到早发现、早报告、早隔离、早治疗。

◉ 手足口病

1. 什么是手足口病？

手足口病是一种由肠道病毒引起的急性传染病，多见于婴幼儿，一年四季都可以发病，但夏季和秋季为手足口病高发期。这种病毒通过呼吸道飞沫，也可以通过接触被疱疹液或粪便污染的手、玩具、食具等传播。

手足口病的潜伏期多为2~10天。在潜伏期，患儿可有轻微的咳嗽、流鼻涕、流口水、不愿吃东西、烦躁、哭闹、呕吐、发热等症状。之后，手、足、臀部出现斑丘疹、疱疹。患儿口腔内可见散发的疱疹或溃疡。

2. 怎样预防和治疗手足口病？

手足口病是由病毒引起的，目前尚无特殊有效的治疗方法，主要为对症治疗。要保持疱疹局部清洁，护理好患儿的口腔和皮肤，预防继发细菌感染。患儿因口腔内有溃疡，应食用清淡、易于消化的食物，多喝水，常漱口。皮疹消退后不留瘢痕或色素沉着。患儿多在1周内痊愈，预后良好。如果患儿持续高热、呕吐、烦躁，应及时就医。

患儿应进行隔离。在该病流行的季节，尽量少带儿童到公共场合。注意保持环境卫生，居室要经常通风，勤晒衣被。培养孩子良好的卫生习惯，做到饭前、便后洗净手。

流行性腮腺炎

1. 流行性腮腺炎有哪些症状表现？

流行性腮腺炎，俗称为痄腮，是一种由腮腺炎病毒引起的急性呼吸道传染病，多在幼儿园和学校中流行，以5~15岁患者较为多见。

腮腺炎病毒通过口、鼻侵入机体后，在上呼吸道黏膜和淋巴组织中增殖，导致局部炎症和免疫反应，并进入血液引起病毒血症，进而扩散到腮腺和全身各器官。本病潜伏期为14~25天，平均18天。患儿多以腮腺肿大、疼痛为首发特征，一般先见于一侧，然后发展至对侧，也有两侧同时肿大的情况。腮腺肿大以耳垂为中心，逐渐向耳前、耳下、耳后发展。肿胀处表面发热但多不红，触压时有痛感。患儿咀嚼或进食酸性食物时，疼痛加剧。

感染流行性腮腺炎病毒或接种腮腺炎疫苗后可获得持久的免疫力。患儿可有不同程度的发热，持续时间不一，短则1~2天，多则5~7天，亦有体温始终正常者。如果腮腺炎病毒侵入中枢神经系统或其他腺体、器官，可引起脑膜炎、睾丸炎、卵巢炎、胰腺炎等。

2. 孩子得了流行性腮腺炎，家长应该怎么办？

由于流行性腮腺炎是一种呼吸道传染病，因此应及早对患儿进行隔离，直至患儿腮腺肿胀完全消退为止。对于接触过患儿的其他儿童，应检疫3周。

患儿应卧床休息，卧室要通风换气，保持室内空气新鲜、阳光充足。患儿要多喝水，保证液体摄入量，以利于毒素排出。可用温开水或淡盐水漱口，保持口腔卫生，预防继发细菌感染。给患儿吃一些清淡、营养丰富、易于消化的食物，如米汤、蛋汤、面片、米粥等。不让患儿吃酸、辣等刺激性强的食物，因为刺激性强的食物可使唾液腺分泌增强，导致患儿疼痛加剧。

被患儿口、鼻分泌物污染过的生活用品、玩具、文具可煮沸消毒，或在阳光下暴晒。

对高热、头痛或并发睾丸炎者给予解热镇痛药物。当睾丸肿痛时，可用丁字带托起睾丸。中医治疗此病时，多用清热解毒、软坚消痛法，常用普济消毒饮、青黛散调醋局部外敷等。

猩红热

1. 猩红热有哪些症状表现？

猩红热是由乙型溶血性链球菌引起的急性呼吸道传染病，主要临床症状为发热、咽部肿痛、全身弥漫性鲜红色皮疹和疹后脱屑。本病可见于任何年龄的人，但多见于儿童，在冬季和春季发病率较高。

乙型溶血性链球菌侵入人体后，有 1~12 天的潜伏期，大部分患儿表现为突然发热，轻者 38~39℃，重者可达 40℃以上，较大的患儿会诉说嗓子痛，不敢咽东西。如果检查患儿咽部，可发现患儿扁桃体明显肿大、充血，表面常有白色的脓液渗出。患儿的舌面鲜红，肿胀的舌乳头凸出于白苔之外，在医学上被称为"草莓舌"。患儿颈部淋巴结肿大，还常伴有头痛、恶心、呕吐等症状。

猩红热的皮疹多在发病 12~48 小时内出现，为成片的猩红样皮疹，在皮肤充血、发热的基础上出现密集而均匀的红色细小丘疹，就像寒冷时起的"鸡皮疙瘩"一样，比较粗糙。用手指按压患儿皮肤时，红色可暂时消退，显出苍白色，松手后又显出红色皮疹。

患儿多在发热第二天开始出皮疹，始于耳后颈部及胸部，然后迅速蔓延至全身。颜面部一般没有皮疹，仅有充血，口、鼻周围充血不明显，显得口唇周围发白，被称为"口周苍白圈"。

皮疹在腋窝、肘窝、大腿根部等皮肤皱褶处较为密集，常由于摩擦出血形成紫红色线条，在医学上被称为"帕氏线"。皮疹多在 48 小时达高峰，然后按皮疹出现的顺序逐渐消退，患儿的体温也随之降到正常。皮疹消退 1 周后，按出疹先后次序开始脱皮，皮屑像米糠一样，也可以呈片状。皮疹越多，脱皮越重。

近年来，由于抗菌药物的广泛应用，临床上见到的猩红热常为轻型，患儿发热、咽痛的症状较轻，皮疹稀疏，病程较短。

2. 猩红热对小儿有什么危害？

猩红热是由乙型溶血性链球菌引起的传染性疾病，细菌及其毒素可以侵入血液，引起败血症和毒血症。病情严重者可高热持续不退、头痛、呕吐、嗜睡，甚至昏迷、惊厥。有的患儿可并发中毒性心肌炎、中毒性肝炎、肺炎、中耳炎等疾病。细菌在咽部也可以直接向周围组织器官扩散，可并发咽后壁脓肿，甚至颈部蜂窝组织炎。

另外，患儿的机体可对细菌、毒素发生变态反应，引起急性肾小球肾炎、风湿病（风湿性关节炎、风湿性心脏病）。

3. 孩子得了猩红热，家长应该怎么办？

猩红热是一种急性细菌性传染病，应隔离患儿，以防传染他人，同时也可以避免继发感染其他疾病。患儿应被隔离至症状消失，咽部红肿消退为止。若孩子出现咽喉肿痛、发热、皮疹等症状时，应迅速带孩子就医。早期、足量使用抗生素有利于本病的治疗和预后。

除了药物治疗以外，患儿应卧床休息；居室要安静、舒适，经常开窗通风换气；多喝水；食用清淡、营养丰富、易于消化的食物；勤漱口，保持口腔清洁、卫生。

要严密观察患儿病情，及时发现

并发症。例如，发现患儿心悸气短、脉搏快，应警惕是否并发心肌炎。病情比较严重或有并发症的患儿要及时住院治疗。

由于患儿容易得急性肾小球肾炎，因此，家长应注意观察患儿的眼睑是否水肿，是否有头痛、头晕的症状。同时，定期给患儿测量血压，注意患儿尿的颜色，以便及早发现异常，及早对患儿进行治疗。

◎ 痢疾

1. 小儿为什么会得急性细菌性痢疾？

急性细菌性痢疾（简称急性菌痢）是由痢疾杆菌引起的急性肠道传染病，一年四季都可发病，但以夏季和秋季多见，以全身中毒、腹痛、腹泻、排脓血便或黏液便为主要临床表现。本病的发生与不良的饮食卫生习惯有密切的关系。

痢疾杆菌存在于病人肠道内，可随粪便被排出体外。这种粪便可以污染食物、饮用水源，造成痢疾的传播。痢疾杆菌通过小儿的口腔进入消化道，引起痢疾。小儿的手是重要的传播因素，苍蝇是重要的传播媒介。此外，还有一些带菌者，本身并没有腹泻、腹痛等痢疾的症状，像健康人一样，但其肠道内存在着痢疾杆菌，同样也是痢疾的传染源。

痢疾杆菌经过口腔进入消化道后，如果数量比较少，毒性比较弱，而人体的抵抗力又比较强，那么它可以被机体消灭而不发病；如果人体的抵抗力比较弱（如受凉、过度疲劳、体质虚弱等情况），侵入的痢疾杆菌数量比较多，那么痢疾杆菌容易在肠道内大量繁殖并释放出毒素，导致发病。

2. 急性细菌性痢疾有哪些症状表现？

急性细菌性痢疾起病一般比较急，患儿突然发热，体温较高，发病同时或数小时后出现腹泻，开始时为稀便或水样便，稍后出现黏液便、脓血便，一天大便几次至十几次，甚至几十次，有明显的里急后重感（肛门有下坠感，大便后感觉未排完，仍有便意），常伴有一阵阵腹痛，左下腹可有压痛。患儿全身无力，常恶心、呕吐、食欲减退。腹泻、呕吐严重者，会有脱水、酸中毒的风险。

在临床上，急性细菌性痢疾的病情轻重差别很大，轻者可以不治而愈，严重者可以发生中毒性休克，甚至死亡。

3. 什么是中毒型细菌性痢疾？

中毒型细菌性痢疾是急性细菌性痢疾的一种特殊类型，多见于 2~7 岁的健康儿童，起病非常急骤，病情变化迅猛，若不及时治疗，可于数小时内死亡。患儿突发高热 40℃以上，烦躁不安、胡言乱语，或精神萎靡、昏迷，反复惊厥，呼吸快慢、深浅不一，可出现呼吸暂停或叹息样呼吸，还可有面色灰白、唇周青紫、四肢发凉、指（趾）端发绀、皮肤发花、脉搏细微而快、尿量减少等休克表现。

大多数中毒型菌痢的患儿肠道症状不明显，甚至无腹痛或腹泻，也有在发热、排便后 2~3 天才开始发展为中毒型菌痢。中毒型菌痢的发生与痢疾杆菌的毒力强有关，更与人体对痢疾杆菌内毒素的敏感性强有关。

4. 小儿得了急性细菌性痢疾，家长应该怎么办？

小儿得了急性细菌性痢疾，家长要及早发现，及早带小儿治疗。重症患儿应立即住院治疗，一般的患儿可在家中隔离和治疗。患儿应卧床休息，以容易消化的流质或半流质食物为主，禁食油腻食物，以减轻胃肠道负担。患儿腹泻时，很容易发生脱水，所以要多喝水。应按医嘱，坚持按疗程足量服用抗菌药物。保持患儿肛周皮肤清洁干燥，防止糜烂。

5. 怎样预防急性细菌性痢疾?

由于病人与带菌者是急性菌痢的传染源，因此应隔离病人和带菌者。患儿的食具要煮沸消毒。病人的粪便应用漂白粉液浸泡、消毒后才能倒入粪池或下水道。要培养孩子良好的卫生习惯，注意个人卫生和饮食卫生，把住"病从口入"关，饭前、便后要用流水和香皂洗净双手。食物要新鲜，不吃腐败变质的食物，不饮生水。生吃瓜果、蔬菜时要洗净，要把菜板、菜刀生熟分开。应注意食物、食具防蝇。积极消灭苍蝇、蟑螂等害虫。

 肝炎

1. 什么是病毒性肝炎?

病毒性肝炎是由不同的肝炎病毒引起的一种常见传染病。肝炎病毒主要侵犯肝脏，引起肝细胞的变性及坏死。

病毒性肝炎的临床表现为肝脏肿大、肝功能异常及消化道症状等。肝炎病毒有多种，目前按病原学明确分类的肝炎病毒有5型，分别为甲、乙、丙、丁、戊型肝炎病毒。

各型肝炎病毒可分别引起各型肝炎，各型肝炎之间无交叉免疫性，双重感染者比较多见。也就是说，得了某一型肝炎之后，患儿体内产生相应的抗体，有免疫作用。但如果患儿又感染了其他类型的肝炎病毒，仍然可以发病，得其他类型的肝炎。在我国，甲型肝炎患者比较多见。甲型肝炎的感染力极强，没有免疫力的人接触甲型肝炎病毒后，大多不能幸免。但有的人感染甲型肝炎病毒后，临床表现的症状可能较轻，不典型，容易被忽略，特别是无黄疸的病人。

2. 病毒性肝炎有哪些症状表现?

多数甲型肝炎患儿起病较急，可有轻、中度发热，倦怠，食欲减退，特别厌食油腻性食物，腹胀，肝区疼痛或不适，重者可有恶心、呕吐，皮肤、眼睛发黄，尿色变深呈浓茶色。

乙型肝炎以无黄疸型者为多见，起病较缓和，症状相对较轻，常常不能被及时发现。乙型肝炎容易转成慢性肝炎。慢性活动性肝炎的病程较长，患儿的一般健康情况较差，可影响生长发育，肝脏增大，质地较硬，肝功能化验单上有许多异常项目。如果患儿的病情继续恶化，容易发展成为肝硬化。

3. 什么是乙肝表面抗原阳性？

乙肝表面抗原（HBsAg）是检测乙肝病毒感染的一项血液化验的指标，简称表抗。人体感染乙肝病毒后，在血液中出现表抗。表抗阳性表示人体内存在着乙肝病毒感染。一部分表抗阳性的人会有转氨酶升高、肝功能异常的表现。

如果只有表抗长期阳性，而转氨酶、肝功能和其他有关乙型肝炎的化验检测指标均长期正常，也没有乙型肝炎的症状，这种情况属于乙型肝炎病毒的隐性感染，不能被诊断为乙型肝炎。在医学上，这种单一表抗长期阳性的人被称为乙肝病毒携带者。

一部分乙肝病毒携带者在经过一段较长的时间后，表面抗原可以消失，即表抗阳性转为阴性。也有一部分乙肝病毒携带者，当其体内的乙肝病毒的毒性增强、数量增加或自身免疫功能低下时，容易转为乙型肝炎病人。

乙肝病毒携带者不需要治疗，少

吃油腻食物，切忌饮酒（包括啤酒），注意饮食有节，避免过度疲劳，定期进行体格检查和肝功能检查。如果患儿表抗阳性的同时，乙肝病毒脱氧核糖核酸也为阳性，应请医生诊治，进行抗病毒治疗。如果一个人表抗阳性的同时，e抗原或 c 抗体阳性，表明这个人已经患上乙型肝炎，而且具有传染性，应该被隔离治疗。

4. 病毒性肝炎有哪些传播途径？

各型病毒性肝炎的传播方式不完全一样。甲型肝炎（简称甲肝）多见于 15 岁以下儿童，尤以 4~6 岁的小儿最为多见，感染后可获得持久的免疫力。甲肝病人及无症状的甲型肝炎病毒携带者是甲肝的主要传染源。甲肝病人发病后 2~3 周以内传染性最强。甲肝主要通过粪–口途径传播，日常生活接触是重要的传播方式。健康人接触了被甲肝病毒污染的物品或吃了被甲肝病毒污染的食物可被传染。甲肝在托幼机构及学校的发病率很高。水源、食物被污染是甲肝暴发流行的原因。甲肝病毒也可以通过输血或使用被污染的注射器传播。

乙型肝炎简称乙肝。乙肝病毒存在于乙肝病人和乙肝病毒携带者（表抗阳性）的血液、唾液、乳液、尿液、汗液等中。乙肝病毒主要通过血行传播，如通过输血、注射血液制品传播。对于乙肝病人用过的物品，如果消毒不彻底，健康人使用后可被传染。乙肝病毒还可经过健康人破损的皮肤、黏膜传播，也可通过口腔传播。

乙肝病毒还有一种特殊的传播方式——母婴传播，在医学上被称为"垂直传播"。母亲在孕期将乙肝病毒通过胎盘传染给胎儿，或胎儿在分娩时经产道吸入含乙肝病毒的阴道分泌物、母血或羊水而感染。

丙肝、丁肝的主要传播途径是血行感染，戊肝病毒主要通过消化道传播。

5. 怎样预防肝炎？

注意饮食卫生、个人卫生，饭前、便后要用流水和香皂洗净手。尽量不要在小商贩那里购买直接入口的饭菜或零食。不要把手帕、零食和钱混放在一起。管理好粪便，保护公共水源不被污染，必须煮沸饮用水。

提倡应用一次性注射器和注射针头，用毕统一处理后废弃。对献血人员进行有关肝炎抗原、抗体的检测，以防止病毒性肝炎的传播。

按时接种肝炎疫苗。新生儿应在出生后24小时内、1个月、6个月时各接种1次乙肝疫苗。1岁以上的儿童应接种甲肝疫苗。

隔离肝炎病人。对患儿用过的物品、排泄物进行严格的消毒。碗筷要煮沸30分钟，被褥要在阳光下暴晒4~6小时，病人的大便、呕吐物和污水放入漂白粉（按5:1比例），放置2小时后再倒进下水道。如果接触了甲肝病人，要在1周以内注射胎盘球蛋白或免疫球蛋白。胎盘球蛋白对预防乙肝无效。

接触乙肝病人后可在24小时内注射乙型肝炎免疫球蛋白，并分别在2周之后、1.5个月后、6.5个月后各注射一针乙肝疫苗。

6. 小儿肝大是不是病?

食物经过消化道吸收后，要经过肝脏变成人体所需要的能量或转化成人体所需要的成分。一些有毒的物质也要通过肝脏分解后，被排出体外。因此，肝脏是人体不可缺少的一个重要器官。医生在给孩子检查身体时会摸一下孩子的腹部，有时会告诉家长，孩子的肝大。孩子肝大是不是病?

正常成年人的肝脏是不能被摸到的，但小儿的肝脏在肋下常能被触摸到，质地较柔软，边缘锐利，很光滑。如果小儿没有什么不适症状，那么这种肝大是正常的生理现象。因为小儿生长发育迅速，代谢旺盛，肝脏的负担比较重，肝脏的体积相对成人要大。

但是，家长应该注意，一些疾病也可以引起小儿肝大，如营养不良、佝偻病、贫血、肺炎等。

小儿肝大不一定是由疾病引起的。应根据年龄、病史和血液化验的结果进行综合分析，确定是由哪种疾病引起的肝大，以便于治疗。

❁ 结核病

1. 什么是结核病?

结核病是由结核分枝杆菌引起的一种慢性传染病。小儿受到结核分枝杆菌侵袭时，不一定都会引起结核病。当侵入的结核分枝杆菌数量不多、毒力不强，而且人体的抵抗力比较强时，人体内的免疫细胞被激活，可吞噬和杀灭大部分结核分枝杆菌，使结核分枝杆菌不能在体内形成明显的结核病灶，也无明显的症状，这种情况被称为结核感染。

当机体的抵抗力下降时，或侵入的结核杆菌在体内大量地繁殖，毒力大大增强时，结核感染可进一步发展，在人体内的各个器官形成结核病灶，被称为结核病。结核病是全身性疾病，除了最常见的肺结核以外，还有结核性胸膜炎、心包炎、脑膜炎、腹膜炎等。

2. 结核病有哪些传播途径?

一些肺结核病人的痰液里有大量的结核分枝杆菌，他们在说话、打喷嚏、咳嗽时，大量的结核分枝杆菌就会随着呼吸道飞沫被排出。结核病人的痰在地上干燥后会随尘土飞扬，污染空气。健康人将含有结核分枝杆菌的空气吸入肺部，就可能感染上结核病。另外，人喝了被结核分枝杆菌污染而又未经消毒的牛奶，结核分枝杆菌进入胃肠道，也会引起结核病。结核病灶中的结核分枝杆菌可以经淋巴管侵入淋巴结，引起淋巴结结核，也可侵入血管，经血液循环在全身播散，引起全身粟粒性结核病。在血液中的结核分枝杆菌可侵入中枢神经系统，引起结核性脑膜炎。

3. 怎样发现孩子得了结核病?

一向活泼可爱的孩子，忽然变得精神不振，不愿意活动，胃口也不好。这是什么原因呢? 家长应仔细观察。原因不明的低热，反复咳嗽不愈，睡觉时出汗多，消瘦，面色发黄，肌肉松弛无力，身长、体重增长速度慢，甚至停滞不增等，这些都是结核感染后的中毒症状。家长一旦发现孩子有上述症状，就应及时带孩子到医院做详细检查，可拍胸片、查血沉、做结核菌素试验等。

4. 常见的小儿结核病有哪几种?

小儿最常见的结核病有原发性肺结核、血行播散性肺结核和结核性脑膜炎。

❶ 原发性肺结核: 原发性肺结核是小儿肺结核的主要类型。当结核分枝杆菌初次侵入呼吸道后，可在肺内大量繁殖并引发炎症，形成结核分枝杆菌感染的原发病灶，病变可沿着淋巴管向肺门淋巴结蔓延，使肺门淋巴结肿大。该病的临床症状轻重差异很大。轻者可无症状，偶尔可在查体拍胸片时被发现以往曾得过肺结核。病情重者可有精神差、长期低热、食欲差、消瘦、多汗等症状，查体时可发现周围淋巴结有不同程度增大。

❷ 血行播散性肺结核: 血行播散性肺结核多见于婴幼儿，在免疫力较低下时（如感染或营养不良时），原发结核病灶发展、破溃，大量的结核分枝杆菌进入血流，累及全身主要器官，在间质组织中形成细小结节。患儿起病急，多表现为高热、咳嗽、呼吸急促、发绀等症状，浅表淋巴结、肝、脾均可肿大，胸部 X 线平片上密布着大小一致、分布均匀的粟粒状阴影。血行播散性肺结核病情较重，容易合并全身其他部位的结核，特别是并发结核性脑膜炎，病程进展快，病死率高，故需选择合适的抗结核药物进行强化治疗和巩固治疗。

❸ 结核性脑膜炎: 结核性脑膜炎是小儿结核病中最严重的类型，常发生在结核原发感染之后，多见于 3 岁

以内的小儿，死亡率很高。除了结核病的中毒症状以外，患儿还有精神和神经系统的症状、体征，如头痛、不明原因的呕吐、昏睡，严重者可有昏迷、反复惊厥、肢体僵直等症状。

5. 结核病的治疗原则是什么？

治疗结核病应按照"早期、联合、适量、规律、全程、分段"的六项原则。早期治疗有利于疾病的恢复，有利于病变的修复，更重要的是可降低传染他人的概率。联合治疗是指选择两种以上的抗结核药物组成化疗方案，可保证治疗效果，并延缓和减少因耐药而导致的化疗失败。适量是指药物剂量要适宜，药量过小不仅不能杀灭结核分枝杆菌，还容易产生耐药性；药量过大则易发生毒副作用。应按医嘱服用规定剂量的药物。要按照治疗方案规定的服药次数和时间规律用药，避免漏服或中断服药。全程是指按要求完成规定的疗程，一般不少于6~12个月。若疗程未满而停止治疗，会引起治疗失败或导致疾病复发。但超疗程、无限期用药不会增加疗效，且副作用大。分段是指两阶段疗法，即在强化治疗阶段和巩固治疗阶段，分别选用不同的药物治疗。结核病患者一定要请专科医生对其进行规范治疗。

6. 怎样护理患结核病的小儿？

小儿得了结核病，除病情严重者需要住院治疗以外，大部分患儿可在家中治疗。护理患儿时应注意以下几点：

❶ 患儿居室应保持清洁、整齐，注意空气流通，阳光充足。

❷ 生活要有规律，按时起居，保证充足的睡眠，进行适量的户外活动。

❸ 由于结核病是一种慢性传染病，疾病使机体的消耗很大，因此应保证患儿摄入富含蛋白质和维生素的食物。

❹ 密切与医务人员合作，按时、足量用药，坚持按疗程进行治疗，一般要治疗1年左右。不能因病情好转而中断治疗，否则病情反复会使治疗更加困难。

7. 怎样预防小儿结核病？

预防小儿结核病应采取综合性预防措施。

❶ 接种卡介苗。接种卡介苗4~6周以后，人体可产生对结核病的免疫力，再接触结核分枝杆菌时，一般就不会再被传染了。

❷ 定期进行体格检查，及早发现结核病。痰液中含有结核分枝杆菌的病人是小儿结核病的主要传染源。早

期发现及合理治疗是预防小儿结核病的根本措施。

❸要有良好的卫生习惯和生活习惯。不随地吐痰，居室要经常通风换气。牛奶要经严格消毒后再被人体饮用。平时注意锻炼身体，摄入营养丰富的食物，以增强机体抵抗疾病的能力。

❹预防性治疗。结核菌素阳性反应特别强烈的儿童应进行预防性治疗，一般服用异烟肼，疗程6~9个月。未接种过卡介苗而结核菌素阳性的儿童或密切接触过家庭内开放性肺结核者也应进行预防性治疗。

🌀 感冒

1. 什么是感冒？

急性上呼吸道感染简称感冒或上感。上呼吸道包括鼻、咽、喉等部位，这些部位的急性炎症被统称为急性上呼吸道感染。如果某一部位的炎症比较突出，又可被单独称为急性咽炎、急性扁桃体炎、急性喉炎等。

急性上呼吸道感染是小儿时期的常见病，70%~80%是由病毒引起的，常见的有流行性感冒病毒、副流感病毒、腺病毒、柯萨奇病毒、埃可病毒等。少数感冒是由细菌或肺炎支原体引起。

2. 婴幼儿为什么容易反复感冒？

在小儿的常见病中，感冒的发病率是最高的，尤其是在冬季和春季。这是什么原因呢？

❶婴幼儿对外界环境适应能力差。当天气突然变冷，有烟雾、灰尘刺激呼吸道，休息不好或精神过度紧张时，小儿不能很快地适应，抵抗力降低，就容易感冒。

❷婴幼儿呼吸系统未发育成熟，比如呼吸道比成人狭窄，黏膜的血管丰富，发炎时容易肿胀，影响气体交换。婴幼儿的黏液腺发育不成熟，黏膜容易干燥，没有鼻毛，不能很好地阻挡进入鼻腔的粉尘和致病微生物。小儿的免疫系统发育不成熟，免疫能力差，不能及时杀灭进入体内的致病微生物。

❸家长护理不当，如小儿穿衣过

多或过少，居室通风不良，室内空气污浊、干燥等。

3. 小儿感冒时有哪些症状表现？

小儿患上感冒时症状轻重差异很大。轻者可以不发热，只有流涕、鼻子不通气、打喷嚏、流眼泪、轻微咳嗽或嗓子不舒服等症状。感冒时，由于鼻子不通气，小儿常张口呼吸。因为吃奶时要用嘴含奶头，影响呼吸，所以小儿会哭闹不止、呛奶或拒绝吃奶。一些孩子感冒时常发热，体温一般较高，可达 40℃，甚至更高。患儿全身无力，不愿意吃东西，流大量鼻涕，频繁咳嗽。热退之后，小儿的精神状态明显好转，喜玩耍，能说能笑。普通感冒患儿一般 5~7 天痊愈，伴并发症者可致病程迁延。

4. 感冒对小儿有什么危害？

感冒不是什么大病，一般预后良好。但婴幼儿感冒时，若不及时治疗，可引起许多并发症。这些并发症要比感冒严重得多，常见的并发症有口腔炎、鼻窦炎、中耳炎、眼结膜炎等。并发中耳炎时，小儿高热不退，因耳痛而哭闹不安。若不及时治疗中耳炎，会影响小儿听力。并发咽后壁脓肿时，小儿常有吞咽困难、拒食、言语不清等症状。

如果不能及时治疗急性上呼吸道感染，炎症可向下发展，引起下呼吸道感染，如支气管炎、肺炎、胸膜炎，对儿童的健康威胁比较大。其中，肺炎是婴幼儿死亡的主要原因之一。

感冒之后，变态反应（过敏反应）可引起急性肾小球肾炎、心肌炎、过敏性紫癜等疾病。感冒也是许多传染病和某些严重疾病的早期表现，如麻疹、风疹、幼儿急疹、脑炎、脑膜炎等。感冒会影响小儿的生长发育，使小儿的抵抗力下降。家长应重视小儿急性上呼吸道感染，积极为小儿治疗，精心护理小儿，避免各种并发症的发生。

5. 怎样护理感冒的小儿？

感冒大多是由病毒引起的，没有什么特效的药品。精心的护理有助于感冒的小儿康复。家长应从以下几个方面护理好患儿。

❶休息：应让患儿充分休息。小儿发热时应卧床休息，待体温正常后再起床活动。病情越重，休息的时间越长。

如果小儿感冒时仍像平常一样活动，休息不充分，会使身体消耗的能量增加，抵抗力下降。

❷饮食：患儿感冒、发热时，出汗多，呼吸频率加快，身体代谢率提高，需大量水分，应及时补充水分。

多饮水有降温、利尿和促使病毒排出的作用。应给予患儿清淡、易消化的食物，如稀粥、烂面条、牛奶、豆浆等。如果患儿无食欲，不要勉强进食，以免引起呕吐和消化不良。

❸居室环境：室内温度以 20~25℃为宜，应尽可能保持恒定。在寒冷的季节，室内空气干燥，可用加湿器使室内相对湿度保持在 55% 左右。定时开窗通风换气，保持空气清洁、新鲜。不要给孩子穿戴过厚，以免捂得厉害，导致孩子大汗淋漓，更易受凉，不利于感冒的康复。

❹其他：鼻塞患儿可用棉棒将分泌物轻轻擦出，然后用盐酸麻黄碱溶液滴鼻。当小儿体温超过 38.5℃时，应该让小儿及时服用退烧药。

6. 怎样预防小儿感冒?

反复感冒可使小儿的抵抗力下降，影响生长发育，并可诱发多种并发症。因此，积极预防感冒有助于小儿健康。主要的预防措施如下：

❶积极锻炼身体。多做户外活动，多晒太阳，多呼吸新鲜空气，有助于小儿增强体质，适应寒冷的气候和气温的骤然变化。

❷避免诱发因素。穿得过多或过少，室温过高或过低，环境不良，室内空气污浊，过度疲劳，精神过于紧张，气候突变等都是感冒的诱因，应注意防范。

❸避免交叉感染。尽量避免孩子与感冒病人接触。在寒冷季节或感冒流行季节，尽可能不带孩子去公共场所，因为这些地方的空气不流通，便于细菌、病毒的繁殖和传播。

❹防治营养不良性疾病。某些营养不良性疾病可诱发呼吸道疾病，如佝偻病、维生素 A 缺乏症、贫血等。小儿患病后应及时治疗，尽快康复。

❺哺乳期母亲患感冒时要预防传染婴儿。乳母感冒时，应在洗净双手和戴上口罩后给婴儿喂奶。

7. 预防孩子感冒有哪些常见误区?

预防孩子感冒有如下常见误区。

误区一：捂得严实。许多家长唯恐孩子感冒，把孩子捂得严实。其实，孩子越捂越娇，因为捂得越严实，御寒能力越差。孩子好动，捂得越严实，越易出汗，出汗后易受凉，反倒容易感冒。

误区二：不让孩子出门。把孩子限制在室内，减少孩子户外活动的机会。户外活动时间少，不利于孩子增强体质。

误区三：注射丙种球蛋白或免疫球蛋白。因为引起上呼吸道感染的病原体有病毒、细菌和支原体等，每一种病原体又可被分为若干型，所以，每次引起人体上呼吸道感染的病原体可能是不同的。目前尚无有效预防儿童上呼吸道感染的药物。注射丙种球蛋白或免疫球蛋白虽有一定的抵抗病原体的作用，但作用维持时间短暂。

误区四：一感冒就用抗生素。绝大多数的上呼吸道感染的病原体为病毒。抗生素对引起上呼吸道感染的病毒并无治疗作用。感冒后，应用过量抗生素可能会产生毒副作用。目前还没有针对病毒的特效药。

8. 怎样提高孩子的免疫力？

孩子的自身免疫力受自身先天因素的影响，也与营养、睡眠、体格、预防接种等后天因素有关。

初乳中含有孩子所需的免疫活性物质，可以增强孩子的免疫力，故应坚持母乳喂养。充足的营养是孩子全身各部（包括免疫系统）发育的物质基础，及时添加辅食也有利于增强孩子的抵抗力。因为任何一种食物的营养都是不全面的，所以孩子的食物要多样化，膳食搭配要均衡、合理。培养孩子良好的饮食习惯，让孩子做到不挑食、不偏食，以保证孩子对各种营养素的需求。

要为孩子提供安静的睡眠环境，保证孩子有充足的、良好的睡眠。帮助孩子养成良好的个人卫生习惯，饭前、便后洗手，按时洗澡，勤换内衣。尽量少带幼儿去人多、空气不流通的公共场所，如剧院、超市等场所，减少幼儿接触病原体的机会。

现代医学已经证实，阳光可增强人体的免疫力。所以要让孩子多做户外活动，接受阳光照射，呼吸新鲜空气。孩子积极参与各种有益的游戏或体育活动，能增强体质，保持愉悦的心情，有助于提高免疫力。

预防接种能提高孩子的抵抗力，降低特定相关传染性疾病的发生率。

支气管炎

1. 小儿患支气管炎时有哪些症状表现?

支气管炎是由生物、理化或过敏等因素引起的气管、支气管黏膜炎症。支气管炎是小儿时期的常见病。支气管炎大都是由病毒引起的，少数是由细菌或支原体引起。患儿有时会在病毒感染的基础上，又继发细菌感染。患佝偻病、贫血、慢性鼻炎以及过敏体质的孩子容易得支气管炎。

支气管炎的发病可急、可缓，病初可有感冒的症状，如鼻塞、流涕等，以后逐渐出现咳嗽，最初为干咳或伴有少量黏液痰，随后痰量增多，咳嗽加剧，偶见痰中带血。咳嗽、咯痰可持续2~3周。幼儿一般不会咯痰，喉部常发出呼噜呼噜的声音，痰液大多经咽部被咽下，有时也会在剧烈咳嗽后被咯出。医生检查时，可在患儿两肺闻及散在干、湿性啰音，部位不固定，咳嗽后可减轻或消失。胸部X线检查可发现患儿肺纹理增强。

2. 什么是喘息性支气管炎?

喘息性支气管炎是婴幼儿时期的一种特殊类型的支气管炎，起病较急，患儿出现感冒症状后不久，就出现气喘和呼吸困难，两侧鼻孔随着呼吸一扇一扇的，口唇周围青紫。这种疾病多见于1~3岁小儿。患儿往往比较虚胖，容易吐奶，长湿疹，或有其他过敏病史，发病与过敏体质有关。喘息性支气管炎可反复发作。随着小儿年龄增长，发作次数会减少，仅有少数患儿至成年后发展为支气管哮喘。

3. 什么是毛细支气管炎?

毛细支气管是支气管中最细的部分，与肺泡紧密相连。毛细支气管炎就是支气管中最细的部位发炎，炎症累及肺泡，实际上是肺炎的一种类型。毛细支气管炎大多数是由病毒引起的，少数可由肺炎支原体引起，多发生于1岁以下的孩子，尤以6个月以下的婴儿多见。在寒冷的冬季和春季，该病的发病率较高。

患儿先有流涕、打喷嚏、轻微咳嗽等感冒症状，之后突然出现持续性干咳，伴气喘发憋，有喘鸣音，呼吸急促，呼吸频率为每分钟60~80次，甚至更快，口唇周围发青、发紫。患儿的脉搏也增快，有时每分钟超过160次。患儿面色苍白，精神疲乏，烦躁不安，食欲差，体温一般不会很高，多在 38℃左右，少数患儿体温高于 39℃。

经过及时、恰当的治疗，本病会很快好转、痊愈。少数患儿可发生心脏功能衰竭等并发症。如果新生儿或早产儿发生本病，病情常比较严重。

大多数毛细支气管炎的患儿可痊愈，不再复发。少数患儿痊愈后可复发。极少的患儿会反复发作，最终发展成为支气管哮喘。这类患儿多属于过敏体质，常有湿疹史，应引起家长注意。

4. 孩子久咳不愈时，家长应该怎么办？

如果孩子长期咳嗽，家长就应及时带孩子就医，找出咳嗽的原因，并积极为孩子治疗。咳嗽持续 4 周以上，被称为慢性咳嗽。慢性咳嗽发生的原因包括：

特异性咳嗽，能够发现咳嗽的病因，如支气管炎、支气管哮喘、支气管肺炎、支气管扩张、支气管异物以及先天性气道发育异常等。

非特异性咳嗽，咳嗽是唯一症状，胸片无异常。见于以下情况：

❶ 感染后咳嗽：感染后持续咳嗽，为刺激性干咳，或有少量白色黏痰，胸片无异常，血象指标不高，无发热，咳嗽可呈自限性，诊断时需排除其他引起咳嗽的疾病。

❷ 咳嗽变异性哮喘：咳嗽持续或反复发作 1 个月以上，常在夜间或清晨发作，痰少，运动后加重；无感染，应用抗生素无效；应用支气管扩张剂可使咳嗽缓解；有个人或家族过敏史，气道反应性测定或过敏原检测有助于诊断。

❸ 上气道咳嗽综合征：由鼻炎、鼻窦炎、咽炎等上气道炎症引起的咳嗽。

❹ 心因性咳嗽：多见于年长儿，以白天咳嗽为主，多伴焦虑，需排除其他疾病。

◎ 肺炎

1. 什么是肺炎？

肺炎是由各种病原体或其他因素引起的肺部炎症，根据病因不同可分为病毒性肺炎、细菌性肺炎、支原体肺炎、真菌性肺炎等类型。按肺部病变的部位和病理特点又可分为大叶性肺炎、小叶性肺炎（支气管肺炎）和间质性肺炎三种。肺炎是小儿常见病，尤其多见于婴幼儿。肺炎是婴幼儿死亡的主要原因之一。

2. 为什么婴幼儿容易患肺炎？

因为婴幼儿的呼吸系统发育不完

善，气管、支气管的管腔狭窄，黏液分泌少，血管丰富，容易充血，肺泡数量少，容易被黏液阻塞，所以婴幼儿容易发生肺部的炎症。另外，婴幼儿的免疫系统发育得也不完善，自身的抵抗力差，遇到细菌等病原体侵袭时容易发生肺炎，而且病情多较严重。

3. 什么是大叶性肺炎？

正常人的胸腔内有左、右两肺，左肺有上、下两叶，右肺有上、中、下三叶。大叶性肺炎主要是因为病原体进入肺泡后，损伤肺泡壁，并引起局部炎症和肺实变，病变累及肺叶的大部或全部。

在大多数情况下，患儿突然发病，或者先有上呼吸道感染症状，然后出现高热、咳嗽、呼吸困难、胸痛等症状。患儿常先怕冷或打寒战，继而发热，体温很快升到 39~40℃。患儿发热时，由于缺氧，精神不好、厌食、疲乏，常诉头痛，面色潮红或发绀，呼吸浅而快。

病变波及胸膜时，患儿常有像针刺一样的胸痛。患儿最初咳嗽无痰，不久就有少量黏痰。由于有红细胞渗入到肺泡，患儿的痰中可带血丝。当红细胞被破坏时，血红蛋白变成含铁血黄素混入痰中，可出现铁锈色痰。病情严重的患儿可出现面色苍白、手脚发凉、大汗淋漓、脉搏微弱、血压下降等休克症状。有的患儿会出现腹泻、恶心、呕吐，甚至神志不清、谵妄、昏迷及抽搐，如果没有得到及时抢救，易发生意外。

4. 什么是支气管肺炎？

支气管肺炎是常见的一种肺炎，其病原体有葡萄球菌、链球菌、病毒、肺炎支原体等。

支气管肺炎多见于婴幼儿，大多起病较急，主要症状为发热、咳嗽、气急，也可以先有 1~2 天上呼吸道感染症状。早产儿、重度营养不良的患儿可以不发热，甚至体温反而降低。患儿咳嗽较频繁，起初为刺激性干咳，之后咳嗽有痰。

病情严重时，由于病菌和毒素不仅侵犯肺部，还可侵犯心脏、大脑和胃肠道，引起患儿心力衰竭、中毒性脑病和中毒性肠麻痹。心力衰竭时，患儿会突然烦躁不安，面色青灰，呼吸困难，脉搏明显增快，尿量也会减少。患儿发生中毒性脑病时，精神萎靡、昏睡、意识不清，甚至惊厥或昏迷。如果患儿肚子胀、呕吐，吐出咖啡色的东西，这是发生了中毒性肠麻痹，并引起肠出血，甚至肠坏死。如果患儿有上述情况之一，家长必须立即带患儿去医院抢救。重症肺炎患儿可并发脓胸、肺脓肿和肺大疱，使疾病迁延不愈，对健康危害极大。

5. 间质性肺炎有什么特点？

间质性肺炎是一种由多种病因引起的肺间质炎性和纤维化疾病，病变主要侵犯肺间质和肺泡腔，最终引起肺间质的纤维化，导致肺泡–毛细血管功能的丧失。

因病变在肺间质，故患儿的呼吸道症状较轻，呼吸困难明显。多数患儿为持续性干咳，部分患儿可伴有发热、乏力等全身症状。X线平片表现为一侧或双侧肺下部不规则阴影，可呈磨玻璃状，网格状，可有小片肺不张阴影。

6. 支原体肺炎有什么特点？

支原体肺炎是由肺炎支原体引起的。肺炎支原体是一种介乎于细菌和病毒之间的微生物，主要经过呼吸道传染。本病在秋、冬季节发病率较高。

本病的潜伏期约为 2~3 周，起病较缓慢。患儿的主要临床症状有乏力、咽痛、头痛、咳嗽、发热、食欲不振、腹泻、耳痛等。咳嗽多为阵发性、刺激性呛咳，有少量黏液痰。发热可持续 2~3 周，患儿体温恢复正常后，可能仍会咳嗽。一些患儿可有胸骨后疼痛，咽部可有充血症状。极少的患儿可偶发鼓膜炎或中耳炎，颈部淋巴结肿大。

早期使用适当的抗生素可减轻症状，缩短病程。大环内酯类抗生素为首选，比如阿奇霉素、红霉素、罗红霉素等。对剧烈咳嗽患儿，可给予镇咳药。

7. 怎样护理肺炎患儿？

良好的护理能使患儿很快好转。肺炎患儿需要安静的环境，以保证充足的休息，减少对氧的消耗，保护心肺功能。要注意避免能引起患儿哭闹、咳喘及妨碍睡眠的各种因素，如大声喧哗、吸烟等。室内应及时通风，注意避免对流风。应注意维持适当的空气湿度。当患儿喘憋不安时，可将患儿抱到室外，让患儿呼吸新鲜空气，数分钟后，患儿即可平稳呼吸，安静入睡，面色也转为红润。

让患儿多饮水。勤给患儿翻身和变换睡眠姿势，不要让患儿长时间平躺着，以防止肺部充血、肺不张和影响炎症的吸收。当患儿咳嗽时，可轻拍患儿背部，以利于痰液排出。

🌀 支气管哮喘

1. 支气管哮喘有哪些临床表现？

支气管哮喘简称哮喘，是一种气道的慢性、炎症性疾病。患儿的气道处在高反应（过敏）状态下，当吸入某些外来刺激物（如花粉、尘螨、兽毛等）时，会发生异常反应，气管、支气管黏膜充血、水肿，支气管内炎性分泌物增多，同时支气管管壁的平滑肌收缩，支气管变细，使气道堵塞，从而引起发作性咳嗽和带有哮鸣音的呼吸困难。气道慢性炎症是哮喘的基础病变，能引起哮喘发作的外来刺激物在医学上被称为过敏原。

支气管哮喘病人常有过敏史或家族过敏史，其发病具有家族集聚现象，常在夜间及凌晨突然发作哮喘。发作时，患儿往往先有一阵剧烈的刺激性咳嗽，可咯出大量白色泡沫痰，接着气喘不止，喉中发出很响的如哨笛一样的声音。由于缺氧，患儿可出现烦躁不安或被迫坐位，咳喘剧烈时还可出现腹痛。患儿一般不发热。

一般的止咳药物和抗生素不能缓解哮喘发作，但到户外呼吸新鲜空气后，一部分患儿的哮喘症状会明显减轻。少数患儿哮喘严重，发作可持续24小时以上，这种情况在医学上被称为哮喘持续状态。患儿可因严重的呼吸困难导致脱水、缺氧和代谢障碍，必须及时治疗。哮喘发作停止后，患儿可无任何症状，玩耍如常。但哮喘长期反复发作可引起肺气肿，患儿的胸廓像桶一样（桶状胸），导致生长发育落后和营养不良。

2. 小儿哮喘发作的原因有哪些？

小儿支气管哮喘发作的原因包括小儿自身特异性体质的内因和引起变态反应的外因（即过敏原）。在内因方面，患儿本身属于过敏性体质，皮肤和黏膜有渗出性病变的倾向，容易长湿疹。

在外因方面，能够引起变态反应的过敏原有很多。尘土，内含多种过敏成分，是哮喘的主要诱因之一。尘螨,是一种微小生物,像针尖一样大小,棕色,很难被肉眼发现,常滋生在床铺卧具中,易引起哮喘发作。花粉、棉絮、兽毛、刺激性气味(化妆品、油漆、汽油等的气味)、细菌、病毒、药物、食品等都可成为过敏原,引起哮喘发作。

另外,突然接触冷空气可以诱发哮喘。剧烈的运动导致患儿过度换气,也可诱发哮喘。精神过度紧张、心理压力大等均可诱发哮喘。

哮喘发作的原因有很多。家长应配合医生找出患儿哮喘发作的原因,采取相应的预防措施,以减少患儿哮喘发作的次数。

3. 哮喘患儿能被治愈吗?

支气管哮喘是一种很容易反复发作的慢性疾病。患儿经过一段时间的治疗后,哮喘症状可以完全消失,几个月甚至更长的时间不复发。但这并不意味着哮喘已经被治愈了,患儿只是处在哮喘缓解期。医生最初的治疗目的是控制哮喘发作,然后再通过进一步治疗使哮喘缓解期延长,尽量减少哮喘发作次数。如果当哮喘急性发作时,患儿就接受治疗,哮喘症状被控制后就停止治疗,那么患儿哮喘的发作会越来越频繁,病情也会越来越严重。因此,家长应带哮喘患儿到专科门诊,请医生根据病情制订长期的治疗方案,严格按治疗方案进行系统正规的治疗,并定期带患儿到医院进行复诊,以根据病情变化调整治疗方案。

因为哮喘是一种慢性气道炎症,短期的治疗不会得到很好的效果,所以患儿千万不能半途而废,更不能有病乱求医,延误正规治疗。患儿经过较长时间的治疗后,哮喘的缓解期会明显延长,可能几个月,甚至1~2年不发作。

目前认为如果哮喘的缓解期达3年以上,而且患儿的气道反应性检查恢复正常,就可以认为哮喘临床治愈。由于哮喘病人的过敏性体质与遗传有关,因此患儿在临床治愈之后,仍应采取相应的预防措施,以免再复发。

4. 怎样预防哮喘发作?

在哮喘发作间歇期采取积极的预

防措施，防止哮喘发作。

要避免导致患儿哮喘发作的诱发因素。家长要仔细观察，弄清楚患儿的过敏原，并尽量避免让患儿接触。还可以到医院做过敏原试验，查找过敏原，采用脱敏疗法。要根治慢性病灶，如鼻炎、鼻窦炎、扁桃体炎、龋齿等，因为病灶中的各种致病菌均可成为过敏原，引起哮喘发作。注射哮喘疫苗对防止呼吸道感染及哮喘发作有一定疗效。

患儿可加强体育锻炼，多做户外活动，提高自身体质。运动量应从小到大，逐渐延长锻炼的时间。

🌀 异物

1. 什么是呼吸道异物？

呼吸道异物是指喉、气管及支气管的异物。小儿会把各种小物品（如玻璃球、纽扣、硬币等）往嘴里塞。这时如果小儿仰脸哭、笑或突然大吸气，会把含在嘴里的东西吸进呼吸道。小儿在吃东西的时候哭、笑或大吸气，食物也会掉进呼吸道。

异物进入气管后首先刺激气管内膜引起呛咳，继而引起呼吸困难。较大的异物被吸入后可因阻塞在喉或气管腔引起喉或气管痉挛，导致小儿窒

息死亡。较小的异物可进入小儿支气管或其深处，如果不能被及时取出，常常导致继发感染，出现与慢性支气管炎、肺炎或肺脓肿相似的症状。

呼吸道异物直接危及小儿健康和生命安全，应注意预防。不要让小儿把硬币、玻璃球、果核等细小的物品含在口中玩耍，更不要让小儿把带尖的物品（如铁钉等）放入口中。在小儿进食时，不要逗小儿笑、哭闹，要让小儿的情绪稳定，细嚼慢咽。给小儿喂药片时，应将药片研成粉末用水调匀，再加少许糖，在小儿张口时用小勺轻压舌尖，将药慢慢送下，药物被咽下之后，再给小儿一些糖水。千万不要捏小儿的鼻孔，将药物强行灌入小儿口中。

把花生米放下啊，宝贝！

2. 小儿将异物吸入气管时，家长应该怎么办？

小儿将异物吸入气管时，家长应该怎样进行现场急救呢？首先，家长要保持镇静，让小儿不要哭闹，并减

少小儿活动。可抓住小儿的双脚，倒提，使小儿头朝下，用力拍打小儿后背，有时较小的异物可被咯出。如果以上措施无效，家长应尽快将孩子送到医院，让医生借助气管镜，及时将异物取出。气管异物自然排出的概率很小。因此，家长不要存在侥幸心理，有一点儿延误都可能造成孩子窒息死亡。

3. 什么是消化道异物？

1~3 岁的孩子常将硬币、玻璃球、纽扣、别针或玩具零件等含在口中而不慎吞下。一些孩子在进食时不能排出食物中的异物，如枣核、鱼刺等，经常囫囵下咽。儿童的食管比较狭窄，异物容易停留在食管而发生梗阻。食管异物的症状与异物的大小、种类及其停留的部位有关，患儿的主要症状有异物感、吞咽困难和吞咽疼痛。如果异物停留在食管上端，压迫气管后壁，患儿可有憋气感，甚至产生呼吸困难，颈强直和转动困难。尖锐的消化道异物或停留时间较久的消化道异物可引起患儿剧烈疼痛。

如果异物能通过食管狭窄处，则往往能通过整个消化道经肛门排出。如果小儿吞入的异物表面不够光滑或是有棱角的异物，可多吃些蔬菜，把异物包住，以免损伤胃肠道。家长应仔细观察小儿的大便，以确定异物是否被排出。千万不要让患儿乱服泻药。如果异物过长，不能通过十二指肠时，则容易停留在十二指肠处，或刺入肠壁。异物停留在食管或胃肠道不能被排出时，可通过食管镜、胃镜取出。如果上述方法都不能取出异物，患儿则需手术治疗。

家长应警惕异物可能引起的各种意外，不要让婴幼儿拿玻璃球、纽扣等小东西玩耍，不给婴幼儿吃花生、松子之类的食物。吃带骨、带刺、有核食物时，应先为小儿剔除骨、刺、核。避免让小儿食用太大或含有异物的食物。

4. 异物进入小儿外耳道，家长应该怎么办？

一些小儿在玩耍时将豆类、小石子等塞入外耳道。有时小昆虫也可爬入孩子的外耳道。这些耳内异物可影响小儿听力，引起耳痛、反射性咳嗽或继发外耳道炎症。发现小儿耳内有异物时，应尽快为小儿取出。取时一定要固定小儿的头部，以免小儿因为乱动而损伤鼓膜及耳道。如果小儿合作，可让小儿将头部歪向异物侧，单脚跳让异物从耳内脱落出来。如果异物在耳内位置较深，应及时带小儿到医院取出，不要自行处理，以免发生意外。当昆虫爬入小儿耳内时，可先用灯光照射，引诱昆虫爬出耳朵。如果此方法无效，可将酒精、白酒或油类滴入耳内 2~3 滴，将昆虫闷死后，再用镊子取出。

5. 异物进入小儿鼻内，家长应该怎么办？

一些小儿会将黄豆、花生、小玩具等塞入鼻腔，如果不及时取出，异物膨胀可引起鼻腔阻塞、继发感染，导致鼻部肿痛，流出有异臭的脓血涕等。

异物塞入一侧鼻腔时，可按住另一侧鼻孔，让孩子稍低下头来，做擤鼻涕动作，可使不太大的异物随气流排出。也可用纸卷成细绳，蘸一点儿食用油，刺激孩子的鼻黏膜，促使孩子打喷嚏，以便将异物排出。如果异物进入小儿鼻腔较深处或时间较久，或异物膨胀取不出来时，应及时将小儿送医院处理，一般均能将塞入的异物取出，但要防止将异物推至后鼻孔，导致小儿将其吸入喉或气管，造成突然窒息。

6. 异物进入小儿眼内，家长应该怎么处理？

沙子、铁屑、小昆虫或腐蚀性物质等进入眼内，可引起眼睛疼痛、发痒、流泪、畏光等症状。

异物进入眼内时，除了腐蚀性物质以外，不要用手或手帕揉擦眼睛，以免擦伤眼角膜引起继发感染。可闭眼片刻，一般附在眼角膜表面的异物会通过瞬目反射和泪水冲洗被排出。如果无效，可用眼药水将异物冲出，或用生理盐水冲洗眼睛。如果是腐蚀性物质，应立即用生理盐水或冷开水反复冲洗眼睛，然后再根据腐蚀物的性质配制药水冲洗：碱性异物用硼酸水冲洗，酸性异物用碳酸氢钠溶液冲洗，然后速去医院治疗。如果异物嵌在角膜上，应带患儿尽快去医院请医生诊治。

🌀 鹅口疮

1. 什么是鹅口疮？

鹅口疮是由白念珠菌引起的口腔黏膜感染。由于患儿的口腔黏膜上有乳白色的小斑片附着，像白色雪片状，因此本病又被称为雪口病。鹅口疮多见于新生儿和婴幼儿。在正常情况下，口腔内有一定数量的白念珠菌。当孩子的抵抗力降低时，白念珠菌容易导致鹅口疮。母亲乳头或橡皮奶头、奶瓶及其他小儿食具被白念珠菌污染时，可以让小儿患上本病。另外，口腔卫生差、慢性腹泻、营养不良、长期应用抗生素或激素的年长小儿也可并发本病。

鹅口疮初起时，口腔黏膜及舌部略有充血、水肿，患儿可因口腔烧灼感而不愿意进食。1~2 天后，在患儿两侧颊黏膜、舌头、上颚等处均可见乳白色的小点或小片状物，不易被擦去。如果患儿不及时治疗，病变可向四周扩大，可向下蔓延到食道及整个消化道。

2. 怎样防治鹅口疮？

为了治疗鹅口疮，可用制霉菌素鱼肝油混悬液涂抹患儿口腔黏膜的病变处，每天 2~3 次。如果鹅口疮是并发于其他疾病，应该首先治疗原发疾病。如果患儿长期应用激素或抗生素，应根据病情考虑停止或减量使用。小儿应避免长期大量使用抗生素及激素类药物。应注意患儿的口腔卫生。乳母的乳头应保持清洁，对于奶瓶及橡皮奶头等用具应煮沸消毒。营养不良、体弱儿童除增强营养外，应及时补充各种维生素。

◉ 肠痉挛

1. 什么是肠痉挛？引起肠痉挛的原因有哪些？

肠痉挛又被称为肠绞痛或复发性腹痛，是小儿最常见的急腹症之一。肠痉挛是由肠壁肌肉强烈收缩引起的阵发性腹痛。肠痉挛的特点是突然发作，发作过后，医生检查不出患儿的任何身体异常。

肠痉挛的发病原因可能与过敏体质有关，如对牛奶等食物过敏。该病的诱发因素比较多，比如上呼吸道感染，腹部受凉，暴饮暴食，奶中含糖量太高引起肠内积气或消化不良，肠道寄生虫毒素的刺激，以及在饭前或饭后做剧烈的运动等。

2. 肠痉挛有什么症状表现？

肠痉挛的主要症状表现是小儿突然腹痛，以肚脐周围腹痛为多见，也可发生在上腹部或下腹部，疼痛的特点为阵发性、时痛时止、反复发作。每次疼痛持续时间一般为几分钟至几十分钟，少数患儿疼痛时间可达几个小时，个别患儿可持续疼痛几天。大多数患儿的疼痛能自行缓解。病情可轻可重，严重时患儿会持续哭闹、翻滚、出汗，甚至面色苍白。年龄较大的小儿在肠痉挛发作时会弯腰，双手捂着肚子，腹部发紧。医生通过腹部检查可发现患儿除腹部较硬外，还有腹部触疼的症状。

3. 怎样防治肠痉挛？

一般患儿发生肠痉挛后，注意腹部保暖，经过休息，常可自行缓解。对疼痛不能缓解的患儿，可酌情应用解痉的药物，如阿托品、山莨菪碱等。对烦躁哭闹的患儿可酌情应用镇静剂。要积极消除发病诱因。对消化不良的患儿，应减少奶量，并在喂奶后拍出胃内空气。应注意培养孩子良好的饮食习惯，不要暴饮暴食，不要吃过量冷食。

4. 孩子是否需要按时服用驱虫药？

许多家长经常会问：过去幼儿园或小学会给孩子发驱虫药，每年1~2次，让孩子服用，而现在没有人再给孩子发驱虫药了。孩子是否需要按时服用驱虫药？

常见的肠道寄生虫感染是蛔虫感染。蛔虫卵通过食物或手从消化道进入人体。如果蛔虫卵在胃部没有被胃酸杀灭，那么人体就感染了蛔虫病。几十年前，蛔虫病的发病率很高，所以，那个时候的幼儿园或小学会按时让孩子服用驱虫药。而现在，因为蛔虫病的发病率很低，所以现在的孩子不需要按时常规服用驱虫药。

在什么情况下，孩子需要服用驱虫药呢？由于肠道寄生虫病的发病率低，不宜给孩子普遍服用驱虫药。只有证实肠道内存在蛔虫卵、患蛔虫病时，孩子才需要服用驱虫药。也就是说，孩子在服用驱虫药之前，需要化验大便。

5. 巩膜上出现蓝斑，脸上或指甲上出现白斑，是否表明孩子肠道内存在寄生虫？

孩子巩膜上的淡蓝色斑块是巩膜色素斑，随着孩子的生长发育会逐渐被吸收，与体内是否存在寄生虫无关。孩子脸上的白斑是单纯糠疹，一般没有什么不适，也无须治疗，可以自愈。个别孩子有轻微瘙痒的感觉，如果症状明显，可请皮肤科医生处理。脸上有单纯糠疹与肠内感染寄生虫之间没有因果关系。指甲上的白斑也与肠内感染寄生虫无关。

🌀 腹泻

1. 什么是腹泻病?

腹泻病是一组由多病原、多因素引起的以大便次数增多和大便性状改变为特点的消化道综合征。本病多见于2岁以内的婴幼儿。急性腹泻可引起小儿脱水和电解质紊乱,严重者可发生休克。慢性腹泻可引起小儿肠道吸收障碍,导致小儿营养不良。

2. 婴幼儿为什么容易发生腹泻?

婴幼儿的胃肠道功能发育得不够完善,消化酶分泌也少。如果婴幼儿进食过多,吃了不易消化的食物,或突然改变食物的种类,都可以引起腹泻。一些孩子对牛奶蛋白过敏,喝牛奶后就会腹泻。一些孩子受凉后肠蠕动增强,可引起腹泻。大肠杆菌、沙门菌以及轮状病毒等均可引起小儿腹泻。过热、过于疲劳以及情绪紧张时,小儿消化酶的分泌减少,肠蠕动增强,均可引起腹泻。

人工喂养的孩子容易发生腹泻。因为一些人工喂养的孩子消化能力差,抵抗力弱,当食物选择不当、喂养方法不妥时,容易发生腹泻。

3. 小儿腹泻有哪些症状表现?

腹泻分轻型和重型两大类。发生轻型腹泻时,患儿的大便次数不是很多,每次大便的量及水分不多,多为黄绿色糊状便或蛋花汤样便。患儿的精神状况较好,无明显的口干、尿少、眼球凹陷、前囟凹陷等脱水症状。

重型腹泻多由致病性大肠杆菌或病毒感染引起,也可由轻型腹泻发展而来。患儿每天大便十几次,甚至更多次数,大便为水样或稀蛋花汤样,常伴频繁呕吐。由于失去的水分较多,患儿口干、尿少、眼窝凹陷、皮肤弹性差等脱水症状明显。患儿的精神较差,可伴有高热、腹胀、口唇呈樱红色、皮肤发花、脉搏增快、血压下降等症状表现。

4. 怎样护理腹泻的小儿?

要仔细记录小儿大小便的次数、量的多少、大便的形状。要留取大便样品送医院化验。注意观察小儿呕吐的情况。按时喂养小儿或让小儿口服补液盐。

注意观察小儿是否有脱水的症状,如口唇干、前囟凹陷、眼窝凹陷、皮肤弹性差、尿量减少等症状。

要为小儿勤换尿布或尿不湿,预防小儿肛门周围红肿、糜烂及感染,防止小儿尿路感染。小儿每次大便后,用温水为小儿洗净,保持小儿皮肤干燥,为小儿涂抹护臀膏。

要注意隔离感染性腹泻患儿，患儿的食具、衣物等需要消毒，防止交叉感染。

给予患儿清淡、易于消化的食物。

先天性心脏病

1. 什么是先天性心脏病？

先天性心脏病是小儿常见的心脏病，它是在胚胎时期心脏发育异常而形成的一种心脏畸形。本病的发病率在活产婴儿中为 6‰~10‰，我国每年约出生 15 万患有先天性心脏病的新生儿，若未经治疗，约 1/3 的患儿在婴儿期死亡。

在胎儿心脏发育的关键时期，如果孕妇受到病毒感染、接触大量的放射线、有严重的营养不良、长期服用抗癌药或镇静药等，或患糖尿病、结核病等，都可能引起胎儿心脏发育异常。

2. 先天性心脏病有哪些临床表现？

❶ 体格检查时，医生发现小儿有响亮、粗糙的心脏杂音。

❷ 小儿的口唇、手指甲、脚指甲，甚至全身都会青紫。手指或足趾末端软组织增生、肥大、像鼓槌，被称为杵状指。

❸ 患先天性心脏病的孩子生长发育落后，大多数又矮又瘦，而且抵抗力差，容易反复发生呼吸道感染，活动后呼吸急促。

如果小儿出现上述情况，家长应带小儿到医院接受详细检查。

病毒性心肌炎

1. 什么是病毒性心肌炎？

病毒侵犯心肌引起心肌间质炎症细胞浸润和邻近的心肌细胞坏死，导致心脏功能障碍和其他系统损害的疾病。能引起心肌炎的病毒有柯萨奇病毒、埃可病毒、流感和副流感病毒、流行性腮腺炎病毒、单纯疱疹病毒等。

上述病毒侵犯心肌，不一定立即引起心肌炎，它们可暂时潜伏于心肌，当机体抵抗力明显下降时，就大量增殖，使心肌遭到损害。

2. 病毒性心肌炎有哪些症状表现？

在出现心肌炎的症状之前，大多数孩子有病毒感染的病史，有呼吸道及胃肠道症状，如发热、嗓子痛、咳嗽、全身肌肉痛、恶心、呕吐、腹胀、腹痛、腹泻，也可伴有关节疼痛或皮疹。

病毒性心肌炎的症状表现轻重不一，主要取决于年龄和感染的情况。病情轻者仅表现为精神萎靡、面色苍白、疲乏无力、头晕、多汗、心慌、憋气、胸闷、胸痛或上腹部疼痛等。病情重者还可出现水肿、气短、活动受限制等心功能不全的症状。

更严重者发病急骤，突然出现胸痛、面色发灰、皮肤发花、脉搏细弱、血压下降等心源性休克症状。如果做心电图检查，可发现患者心肌供血不良或各种心律失常。

3. 病毒性心肌炎有什么后遗症？

大多数病毒性心肌炎患儿的预后良好，经过数周或数月可以痊愈。有的患儿无病毒性心肌炎的表现，但持续存在心律失常，这可能是病毒侵犯心脏传导系统造成的后遗症。还有少数患儿病情迁延反复，心脏逐渐增大，发展为慢性心力衰竭。极少数严重的患儿可在几小时或几天内死于急性心力衰竭。

🌹 铅中毒

1. 铅中毒对孩子有什么危害？

近年来，铅污染成为威胁人体健康的隐匿"杀手"。儿童对铅的吸收率比成人高，是铅中毒的高危人群。铅中毒是国际公认的危害儿童智力和神经系统发育的"第一杀手"。铅中毒还会抑制造血功能、破坏免疫功能、损伤胃肠道、诱发佝偻病等。年龄越小的儿童，越容易受到铅中毒的影响，而且这种影响可以持续很长时间。

高铅血症是指连续 2 次静脉血铅水平为 100~199 微克 / 升。铅中毒是指连续 2 次静脉血铅水平等于或高于 200 微克 / 升，并依据血铅水平分为轻度、中度、重度铅中毒三种。

当血铅水平高于 200 微克 / 升时，小儿会出现各种程度不同的铅中毒症状，如哭闹、贫血、腹痛、呕吐、头痛、恶心、食欲低下、偏食、注意力不集中、腹泻、便秘或二者交替，免疫功能低下，反复呼吸道、肠道感染等。

当血铅水平等于或高于 700 微克 / 升时，小儿可伴有昏迷、惊厥等铅中毒脑病表现。上述症状多为非特异性，常易造成误诊现象。铅对人体有害无益，不应存在于人体内。家长应做好子女的防病保健工作，预防子女铅中毒。

2. 怎样预防铅中毒?

儿童高铅血症和铅中毒是完全可以被预防的。因为儿童多由消化道、呼吸道摄入铅,所以,家长可从以下几个方面做好防治工作。

❶ 儿童体内的大部分铅是通过手–口途径摄入的。因此,家长要让儿童养成饭前洗手、不吮手指的好习惯。

❷ 经常清洗孩子的玩具,让孩子少接触或少啃咬彩色印刷品、油漆物品、玩具等。

❸ 尽量让孩子少吃或不吃含铅量高的松花蛋、老式爆米花等食品。在日常生活中,家长应确保儿童的膳食平衡及各种营养素的供给,适当让儿童补充可抑制铅吸收的奶制品、新鲜蔬菜和水果。

❹ 不带孩子到交通拥挤的马路边、加油站附近散步或玩耍。让孩子远离蓄电池制造、金属冶炼、印刷、造船等厂区。以上产业从业人员回家前应换下工作服、洗澡。

对于绝大多数的儿童(血铅水平低于 250 微克 / 升)来说,只要加强教育,纠正不良的生活和卫生习惯,血铅水平就会在较短时间内降至正常值,不需要服用任何驱铅药物。

🌀 尿路感染

1. 尿路感染有哪些症状表现?

按照病原体侵袭的部位不同,尿路感染可分为尿道炎、膀胱炎和肾盂肾炎。孩子得了尿路感染,不容易确定感染的具体部位。尿路感染的临床症状因患儿年龄不同存在着较大差异。在新生儿期,本病的临床症状不典型,患儿面色苍白、吃奶少、体重不增等。在婴幼儿期,患儿则表现为高热、拒食、精神差、呕吐、腹泻,少数患儿排尿时哭闹。年长的孩子与成人患尿路感染时的症状表现相似,患肾盂肾炎时,常有发热、食欲减退、腹痛、腹胀、腰部叩击痛;患膀胱炎时,常有尿频、尿痛、血尿;患尿道炎时,尿道有烧灼感,尿道口红肿。

急性尿路感染患儿经合理的抗菌治疗后,多于数日内症状消失、痊愈。

2. 为什么孩子容易患尿路感染?

婴幼儿的输尿管长且弯曲,管壁肌肉及弹力纤维发育不良,容易被压扁、扭曲,产生尿潴留,引起感染。女孩的尿道短、外口暴露,容易被粪便污染引起感染。小儿排尿时,由于膀胱括约肌收缩,一部分尿液反流进入输尿管,引起尿路感染。营养不良、维生素 A 缺乏、穿开裆裤以及玩弄生殖器等都可增加小儿患尿路感染的机会。

🌸 小儿贫血

1. 什么是小儿贫血?

贫血是小儿常见的一种病症。如果孩子的皮肤、黏膜及甲床呈苍白色,应该带孩子去医院做血液检查。0.5~5岁小儿的血红蛋白低限值是 110 克 /升。血红蛋白值 90~110 克 / 升时为轻度贫血,血红蛋白值 60~90 克 / 升为中度贫血,血红蛋白值 30~60 克 / 升为重度贫血,血红蛋白值低于 30克 / 升时为极重度贫血。

2. 为什么小儿容易患营养性贫血?

小儿患营养性贫血的原因有很多。如果母亲在妊娠期间患有营养不良性贫血或发生大出血,那么新生儿体内的铁储备就可能不足。在正常情况下,通过胎盘从母体获得的铁,可满足小儿从出生至体重增长 1 倍左右这段时间的需要。小儿体内铁储备含量明显降低时,容易发生营养性贫血。小儿在婴幼儿时期,特别是在婴儿时期,生长发育迅速,血容量增长快,对造血物质(如铁、维生素 B_{12} 等)的需要量大。如果添加辅食不及时,婴儿容易发生贫血。早产儿、双胎儿更容易发生贫血。长期腹泻、感染也是婴幼儿患营养性贫血的原因。

3. 营养性贫血有哪些临床症状?

轻度贫血患儿常被家长忽视。等到家长发现小儿面色苍白、食欲不好、精神不振时,小儿常已发展为中度贫血。这时的小儿不爱活动,除了面色苍白之外,口唇黏膜、甲床等处均显苍白,肝脏、脾脏、淋巴结可轻度增大。年龄大的患儿可诉说头晕、眼前发黑,注意力不易集中,记忆力减退,理解力下降,严重者可突然晕厥。严重的贫血者还可有贫血性心脏病的表现,如呼吸、心跳快,可听到心脏杂音等。

如果是由维生素 B_{12} 缺乏引起的贫血,患儿显得呆滞、迟钝,不笑,肢体常抖动、震颤。如果是由单纯缺乏叶酸引起的贫血,患儿皮肤蜡黄,食欲差、精神差,一般无神经症状。

4. 怎样预防营养性贫血?

孕妇应保证足够的营养,多进食瘦肉、动物肝脏等富含铁的食物,注意防止妊娠期出血。

当孩子出生以后,坚持母乳喂养。虽然母乳中的铁含量较低,但母乳中铁的利用率高。要及时为小儿添加辅食。

要积极治疗引起贫血的各种疾病,如反复腹泻、反复发生的感染性疾病等。要定期带孩子进行健康查体,以便尽早发现孩子贫血,尽早为孩子治疗。

5. 怎样治疗缺铁性贫血?

小儿缺铁性贫血较轻时,可通过饮食治疗,增加摄入富含铁的食物,如猪肝、动物血、瘦肉等。小儿缺铁性贫血较严重时,要用含铁的药物治疗。为了减少铁剂对胃黏膜的刺激,有利于胃肠道的吸收,应在两餐之间服用铁剂。应从小剂量开始服用铁剂,逐渐增加至治疗量。可同时服用酸性药物,如维生素C,以促进铁的吸收。应避免将铁剂与茶、咖啡、牛奶等碱性液体同服,以免影响铁的吸收。当血红蛋白值恢复正常后,小儿要继续服用铁剂6~8周,使体内储存足够的铁。

治疗缺铁性贫血时,应注意治疗引起缺铁性贫血的原发疾病,如慢性腹泻、肛裂等。一般患儿补充铁剂3周后,血红蛋白值即可升高,如果无明显效果,应请医生认真查找原因,积极对症处理。

6. 孩子需要检测微量元素吗?

微量元素是指在人体内的含量少于体重万分之一的元素。人体必需的微量元素:铁、锌、铜、碘、氟、钴、铬、硒、锡、镍、硅、锰、钼、钒。目前,国内各个医院所测"微量元素"包括锌、钙、铜、镁、铁、铅、铬,其中钙、镁在人体内的含量较高,属常量元素,不属于微量元素;铅是对人体有害的微量元素。

微量元素检测是测定血液中微量元素的含量,一般取末梢指血进行测定。由于各种微量元素在血液中的含量很少,血液中所测微量元素含量只能反映当时末梢血液中微量元素的含量。由于检测微量元素对实验室环境条件和仪器条件要求非常高，目前国内一般医院的实验室难以达到要求，因此，不要盲目为小儿测定微量元素。此外还应注意：检测对象当时的饮食、疾病等因素也会影响检测结果。应结合临床表现，综合分析、判断微量元素检测结果的临床意义。

◎ 高热惊厥

1. 什么是高热惊厥？

高热惊厥是患儿在体温达 38℃ 以上时突然发生的抽搐，多与急性上呼吸道感染、中耳炎等疾病有关。抽搐时小儿意识丧失，两眼发直或上翻、斜视，头后仰或转向一侧，口吐白沫，口周围青紫，四肢不停地抽动，一般数秒钟或数分钟可自行停止，然后入睡。

2. 小儿为什么会发生高热惊厥？

小儿在高热时，容易诱发大脑神经细胞电生理活动的变化，产生异常放电，并且容易扩散，导致高热惊厥。高热惊厥常有家族遗传性。高热惊厥患儿的父母、兄妹或其他有较近血缘关系的亲人有高热惊厥史。

3. 高热惊厥分为哪几类？

高热惊厥分为单纯性和复杂性两种，其治疗及预后情况均不一样。患单纯性高热惊厥的小儿多为0.5~5岁，在体温急骤升高时发生抽搐，抽搐的时间短，不超过 10 分钟，而且只抽搐 1 次，偶有 2 次。患儿脑电图检查结果正常。单纯性高热惊厥很少发展为癫痫，对孩子的智力没有太大的影响。

复杂性高热惊厥可发生于任何年龄，在任何时候均可出现惊厥，抽搐持续时间也较长，可以是身体局部肌肉不停地抽动，24 小时内可反复多次抽搐。患儿脑电图检查结果异常。复杂性高热惊厥将来发展为癫痫的可能性大。

4. 怎样护理高热惊厥的患儿？

首先让患儿平卧，头转向一侧，解开衣领。如果患儿口腔内有呕吐物、分泌物，应为患儿清除干净，让患儿的呼吸道保持通畅。用拇指指甲掐人中、合谷等穴位，有止痉作用。采用物理方法、药物尽快为患儿降低体温。

患儿到医院后，如果仍然抽搐，除应及时吸氧、退热之外，要尽快用药物止痉。

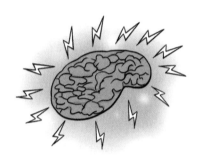

5. 怎样预防高热惊厥？

因为单纯性高热惊厥发展为癫痫的可能性很小，所以患儿在平时不需要长期服药预防。患儿一旦出现发热症状，需要及时口服退热药，并配合物理降温，以防体温进一步升高。复杂性高热惊厥患儿应请医生诊查，平时可服用抗癫痫药物，抽搐停止后再巩固服药，然后根据医嘱逐渐停药。

 癫痫

1. 小儿为什么会患癫痫？

癫痫是由大脑功能一时紊乱而引起的一种发作性疾病，具有突然发作、暂时发作和反复发作的特点。小儿为什么会得癫痫呢？

大脑结构异常可引起癫痫，例如先天性的大脑发育畸形、颅内感染（脑炎、脑膜炎）、脑发育障碍、脑内肿瘤等。

2. 癫痫有哪些临床表现？

癫痫每次发作的时间，短的只有几秒钟，长的可达几十分钟，甚至几小时。有的癫痫患儿每日发作几次、十几次，甚至几十次，发作少的患儿几个月发作一次。由于大脑各个部位的功能紊乱都可以引起癫痫发作，因此癫痫病人的临床表现是多种多样的。

3. 什么是癫痫大发作？

癫痫大发作是常见的一类癫痫。患儿发作时突然不省人事，有时跌倒在地，两手紧握，四肢抽动，全身挺直。患者呼吸快慢、深浅不规则，有时呼吸暂停，口唇青紫，口吐白沫，牙关紧闭，有时可咬破舌头，大小便失禁。癫痫大发作持续时间一般为几十秒钟至几分钟，而后患者自行缓解，继而入睡。少数患者一次发作时间持续较长，或连续发作数次，发作间歇也持续不醒，在医学上被称为癫痫持续状态。

4. 什么是自主神经性癫痫?

自主神经性癫痫的患儿没有肌肉的抽动,神志也基本没有什么异常,常反复出现头痛(头痛性癫痫)、腹痛(腹痛性癫痫)或呕吐(周期性呕吐发作)。诊断这一类型的癫痫时,需要患儿做脑电图检查。经过抗癫痫药物治疗后,患儿的症状会很快消失。

5. 什么是失神发作?

失神发作也被称为癫痫小发作。本病发作时,患儿突然意识丧失,不伴有肌肉的抽动,不跌倒,突然停止活动,两眼发直,神情呆滞无反应,手中所持物品可掉落在地上。一般一次失神发作仅持续 2~3 秒钟,最多不超过半分钟,患儿就可以恢复正常,每天可多次发作。

家长如果发现孩子突然停止一切活动,呆滞,手中的东西掉落到地上,应及时带孩子到医院检查。

6. 什么是婴儿痉挛症?

婴儿痉挛症的初次发病年龄较小,多在 1 岁以内发病,发作时意识可短时丧失。有的患儿在抽搐前先尖声喊叫或哭一声,可引起家长注意。患儿的头及躯干突然急剧向前弯曲,两上肢先向前伸直,然后突然弯曲内收,两下肢弯曲,偶尔也可伸直,每次抽搐 1~2 秒钟,几秒钟后再抽搐,常是连续、有节律地抽搐几次至几十次,有时瞳孔散大、眼球震颤、出汗、面色苍白或青紫。有的患儿只有头颈部的点头样痉挛,而无四肢的抽搐。也有极少数患儿头颈部后仰,躯体挺直,被称为角弓反张。

这类患儿的智力发育明显落后。婴儿痉挛症可转变为其他类型的癫痫发作。

7. 什么是精神运动性发作?

精神运动性发作的患儿表现为意识突然不正常,出现幻觉、恐惧、精神错乱、不认人、打骂、乱语、毁物、乱走乱撞、发笑、狂躁等一些奇怪的表现。每次发作持续时间多为几分钟,也可长达几小时,甚至数日。

8. 怎样确定孩子是否患癫痫？

一旦孩子有了可疑症状，家长就应立即带孩子去医院做相关检查。脑电图检查可以帮助医生确定孩子是否患癫痫，是哪一种类型的癫痫，以及大脑发生病变的部位。脑电图检查还可帮助医生判断癫痫的治疗效果。

9. 癫痫患儿能被治好吗？

抗癫痫药物可以顺利地控制多种类型的癫痫。只有极少的癫痫病患儿不能用药物控制病情。绝大多数癫痫病患儿，在家长和医生的密切配合下，经过积极的治疗，基本可以控制癫痫发作。

10. 在防治儿童癫痫方面，有哪些常见的认知误区？

癫痫是一种需要长期治疗并且危害人们身心健康的常见疾病，儿童的发病率高于成人。在防治儿童癫痫方面，一些人存在以下常见的认知误区。

误区一：惊厥就是癫痫。很多人认为，惊厥发作就是癫痫。实际上，发生惊厥并不代表患上癫痫。应请医生认真诊查，以确定孩子是否患有癫痫。

误区二：短期根治癫痫。不少家长希望能在短期内根治孩子的癫痫，永不发作。目前，不论在国内还是在国外，也不论中医还是西医，都不能达到家长的这个要求。癫痫一旦确诊，

患儿就需要进行长期的治疗。

误区三：正规用药会影响大脑功能，会变傻。不少家长认为，患儿按照正规药物治疗会影响大脑功能，会变傻，或吃坏肝脏。确实，任何药物都可能产生一定的副作用。但是，如果不能及时、有效地控制癫痫，就会使癫痫发作逐渐加重。而反复发作的癫痫及癫痫持续状态可能引起惊厥性脑损伤，影响患儿的智力。因此，一旦被诊断为癫痫，患儿就应该积极治疗。

误区四：用脑会促使癫痫发作。有的人认为，用脑会促使癫痫发作；孩子患有癫痫就低人一等。因此，父母千方百计地隐瞒孩子的病情，怕孩子在学校发作，暴露病情。甚至有的家长就让患儿退学、休学。其实，用脑不会促使癫痫发作，多数患儿应继续学习，不宜休学。

误区五：患有癫痫的孩子将来不能结婚生子。很多人认为，孩子得了

癫痫,长大后不能结婚、生育。其实,癫痫是一种由多因素引发的疾病。只要注意预防,癫痫患儿长大后并非不能结婚、生子。

脑性瘫痪

1. 脑性瘫痪的病因是什么?

脑性瘫痪简称脑瘫,是由各种原因造成的小儿大脑发育畸形或脑损伤,使大脑支配肢体活动的能力丧失,最终导致肢体瘫痪的一种病。

小儿出现脑性瘫痪的原因有很多。如果孕妇缺乏营养,患上糖尿病,感染风疹病毒、巨细胞病毒,频繁接触放射线,服用某些药物等,都可以造成胎儿的脑发育畸形或者脑损伤。难产、产伤、脐带绕颈等因素会对小儿的脑发育产生很大的影响。另外,母子血型不合引起的核黄疸,也是造成婴儿脑损伤的重要原因之一。

2. 脑性瘫痪有哪些临床表现?

由于脑损伤的部位和程度不同,小儿患脑性瘫痪的症状也不同。最常见的是双侧痉挛性脑性瘫痪。这种患儿的手脚都很僵硬,肌张力增强;头向后仰,6个月坐位时,向后倒,两腿夹紧;两下肢伸直,脚尖下垂,像跳芭蕾舞一样。如果患儿要站立,只能用脚尖着地,足跟悬空,不能正常行走。患儿上肢肘关节常弯曲放在胸前。轻型病人只是下肢轻度瘫痪,能够走路,但步态不稳,走路时两脚交叉,像一把剪刀,这种特殊步态被称为"剪刀步"。

另外,有些小儿肌张力减弱,走路时摇摇晃晃,很像鸭子走路。还有的小儿表现为不自主和无目的的手脚乱动。严重的脑性瘫痪患儿智力低下、口齿不清,听力、视力下降,甚至反复发生抽搐。脑性瘫痪患儿大多体弱多病,甚至长大后生活不能自理。

3. 怎样防治小儿脑性瘫痪?

目前,对于脑性瘫痪尚无有效的治疗方法。治疗的重点在于护理和康复训练。要保证患儿的饮食营养,经常带患儿到户外进行日光浴,增强机体抵抗力。要经常给卧床不能自理的患儿变换体位,防止发生褥疮感染。另外,要积极帮助患儿进行运动功能的训练,可以采用理疗、推拿、针灸等多种方法。如果有条件,也可带患儿到儿童康复中心进行有计划的康复治疗。

要减少脑性瘫痪的发病率,关键在于预防。孕妇要定期到医院进行检查,接受产科医生的保健指导,以便尽早发现胎儿不正常的情况，及时治疗，或者采取必要的措施，从根本上减少病残儿的出生率。一旦发现新生儿有颅内出血、核黄疸等疾病先兆时，要及时为新生儿进行治疗，减少脑性瘫痪的发病率。

4. 对脑瘫患儿进行康复训练时，家长应该注意什么？

脑瘫患儿有睡眠少、胆小、依赖性强等特点。脑瘫患儿多为痉挛型，中枢神经系统的兴奋性高，睡眠少。家长怕吓着患儿，总是抱着患儿，更容易使患儿产生依赖感。患儿胆小，常表现为稍有一点儿动静就相当紧张，或稍有一点儿刺激就全身紧张。家长要注意训练患儿的胆量。对脑瘫孩子进行康复训练时，家长要注意以下几点：

❶坚持训练：脑瘫是一种慢性病，短期内患儿不可能康复，需日复一日，坚持训练。

❷让患儿主动训练：帮助患儿做各种动作训练，而不是代替患儿去做。训练的目的是为了让患儿学会各种动作，做到生活自理。在训练的过程中，应让患儿主动训练。

❸坚持"示范→等待→鼓励→再等待→再示范"原则：患儿每恢复一项功能，都要反复地练习上百次、上

千次，甚至上万次。训练患儿时，家长切勿急躁，要遵循"示范→等待→鼓励→再等待→再示范"的原则。

❹避免患儿不正常用力，不要做高难度动作：脑瘫患儿的肢体都有不同程度的功能障碍。患儿长期处于某种异常的活动范围和不正常的用力状态，造成肢体异常。这就需要家长纠正患儿异常的肢体动作，阻止不正常用力，否则患儿的肌张力增高，身体姿势更加异常。勉强让患儿去做难以完成的高难度动作时，会使患儿的肌张力增高。

🌹 阑尾炎

1. 什么是急性阑尾炎？

小儿急性阑尾炎是小儿腹部外科急腹症中最常见的一种，多见于5岁以上的儿童，虽然发病率比成人低，但是病情比成人严重，阑尾穿孔率高，甚至致死，因此必须引起重视。

小儿阑尾的肠壁很薄，口径细小，阑尾发炎后，炎症进展快，容易穿孔，合并腹膜炎。因此，小儿患急性阑尾炎时，应尽早就医与治疗。

2. 急性阑尾炎有哪些临床表现？

腹痛是急性阑尾炎的主要症状。

腹痛开始时，多在胃和肚脐周围疼痛，数小时或过一夜后，右下腹或下腹部疼痛。一些患儿的腹痛点一开始就在右下腹部或下腹部。患儿常蜷曲着右腿卧在床上或弯着腰走路，拒绝按揉腹部，特别是被用力按压右下腹部。如果阑尾腔有严重的梗阻，患儿疼痛更剧烈。

除了腹痛以外，患儿还常恶心、呕吐，3岁以下小儿更易呕吐。大多数患儿在出现腹痛后开始发热，初期温度不高，在38~38.5℃之间，后期体温逐渐上升。

急性阑尾炎常有一些不典型的症状，腹痛表现呈多样化。遇到小儿持续性腹痛的情况，应及时带小儿到医院诊治。

3. 阑尾炎的病因有哪些？

阑尾炎发生的主要原因有：

❶ 阑尾的位置扭曲或异常。

❷ 粪石、异物等阻塞了阑尾腔。

❸ 阑尾痉挛。

❹ 各种原因引起的阑尾壁增厚，使阑尾腔狭窄。

4. 小儿患了急性阑尾炎，家长应该怎么办？

小儿被确诊为急性阑尾炎后，如无禁忌证，应尽早接受手术治疗。手术治疗的效果好，安全性较高。对于不宜进行手术的患儿，应采取保守疗法。患儿一定要卧床休息，按时打针、吃药，饮食要以清淡、易消化的食物为主。

5. 什么是慢性阑尾炎？

急性阑尾炎患者经过保守治疗后，病情得到缓解，以后又经常出现右下腹部疼痛，而且在阑尾部位有压痛，那么就可能患上了慢性阑尾炎。少数患儿没有急性阑尾炎发作的病史，又经常有右下腹部压痛，经医生检查后，也可以被确诊为慢性阑尾炎。慢性阑尾炎的患儿，应选择在适当的时候进行手术治疗，切除阑尾。

◎ 腹股沟斜疝

1. 什么是腹股沟斜疝？

腹股沟斜疝，俗称小肠疝气，是由睾丸下降的管道没有长好引起的，多见于男孩。

腹股沟斜疝是怎样发生的呢？

在孕早期，胎儿的两个睾丸是长在腹腔内靠近脊椎骨的两旁，随着胎儿的发育，睾丸逐渐下降，孕7~8个月时睾丸降到阴囊里。在睾丸下降到阴囊的过程中，腹膜也随之下降。腹膜下降时，在大腿和腹部联结的地方形成一个管道，被叫作腹股沟管。睾丸从这个管道进入阴囊，进入之后，腹股沟管就很快封闭了。如果腹股沟管没有长好，腹腔和阴囊仍相通，那么一部分小肠就可以沿着腹股沟管进入阴囊。这就是腹股沟斜疝发生的原因。医生在检查时，可发现患儿的腹股沟处或阴囊内有圆形的肿块。患儿在站立、哭闹或咳嗽时，腹腔压力增高，肿块增大，平卧后肿块消失。

2. 腹股沟斜疝有什么危害？

一般情况下，腹股沟斜疝对患儿没有很大的影响。小肠进入阴囊后，用手就可以把小肠慢慢送回腹腔。但是，当腹腔内的小肠进入阴囊后被卡住，不能返回腹腔时，小肠和血管受到挤压，血流不畅，时间长了会引起小肠坏死，这时就形成了嵌顿疝。形成嵌顿疝后，坏死的小肠会产生毒素，毒素进入血液，容易引起中毒症状，危及患儿生命。

3. 怎样护理患有腹股沟斜疝的孩子？

患有腹股沟斜疝的孩子，在未做手术之前，要重点预防发生嵌顿疝。患儿应尽量避免受凉、咳嗽、剧烈哭闹。饮食均衡，避免患儿出现消化不良或便秘。当患儿发生嵌顿疝时，家长切不要惊慌，可以用热水袋热敷患儿腹部和阴囊。等患儿入睡以后，嵌顿的小肠常常会慢慢回到腹腔。如果没有效果，患儿不停地哭闹，就要及时送患儿到医院，进行手术治疗。

🌹 脐疝

1. 什么是小儿脐疝？

新生儿的脐带脱落之后，肚脐上有一个薄弱之处，被称为脐环。当腹腔内压力增高，如小儿哭闹、咳嗽或用力大便时，腹腔内的肠道及大网膜可以从脐环向外突出，形成一个像圆球一样的鼓包，这就是脐疝。脐疝越大，愈合越慢。早产儿、未成熟儿由于腹壁发育不良，更容易形成脐疝。

2. 怎样治疗脐疝？

脐疝患儿大多能够自愈，很少持

续到成年期。因此，脐疝患儿一般不需要治疗。脐疝过大时，可用宽胶布粘贴脐孔两侧的皮肤，使脐环慢慢发育闭锁，在这期间，应按时更换胶布。

如果孩子2岁以后，脐环直径仍在15毫米以上，或者内脏与脐疝有粘连时，应采用手术疗法修补脐环或解除粘连。在极少数情况下，脐疝内的肠管不能回到腹腔内，肚脐的鼓包被卡得发硬，患儿剧烈腹痛、呕吐，这时要立即送患儿去医院治疗。

◎ 包茎

1. 什么是包茎?

包茎是指包皮口狭小，包皮不能上翻显露阴茎头。新生男婴的阴茎会被包皮包裹，也就是说，先天性包茎见于每一个正常男婴。新生男婴的包皮与阴茎头之间粘连，数月后粘连逐渐被吸收，包皮与阴茎头分离。随着年龄增长，阴茎勃起，致使包皮向上退缩，包皮外翻，显露阴茎头。所以说，包皮过长是小儿正常的生理现象。只有少数男孩在青春期后，仍然存在包茎的现象。

2. 包茎有什么症状表现和危害?

包茎的包皮口狭小，排尿时尿线细，因排尿时压力大，包皮膨起呈球状。包皮内因尿液潴留，刺激包皮与阴茎头部，产生过多分泌物，表皮脱落，形成包皮垢，沉积于阴茎冠状沟处。包皮垢可刺激引发包皮阴茎头炎，包皮充血、水肿，有脓性分泌物溢出，排尿时疼痛。包皮口严重狭窄可使尿路内压升高，排尿困难，损害肾功能。包茎可使阴茎的发育受限。

3. 怎样护理和治疗包茎?

对于幼儿期的先天性包茎，可反复向上翻包皮，以扩大包皮口。当包皮上翻暴露阴茎头时，清除包皮垢，涂上抗菌软膏，再复位包皮，可治愈部分包茎儿。

哪些情况需要做包皮环切术? 包皮口纤维化，失去弹性，包皮不能上翻的孩子; 反复发作的包皮阴茎头炎的孩子; 5岁以后包皮口狭窄，包皮不能上翻显露阴茎头的孩子; 包皮与阴茎头严重粘连，手法分离不成功的孩子，均需做包皮环切术。

◎ 脊柱侧弯

1. 什么是脊柱侧弯?

脊柱侧弯是脊柱的一种畸形。从脊柱的后面或前面看，侧弯的脊柱偏向一侧，或者脊柱的一段偏向一侧，另一段偏向另一侧。从脊柱的侧面看，侧弯的脊柱常失去正常的曲度，甚至出现反向弯曲的情况。侧弯的脊柱在横断面上往往发生旋转，导致一侧肋骨隆起等外观畸形。

脊柱侧弯有很多种类型，比如特发性脊柱侧弯、先天性脊柱侧弯和神经肌肉性脊柱侧弯等。

先天性脊柱侧弯与胚胎时期体节发育不对称有关，可能由孕妇主动或被动吸烟导致。神经肌肉性脊柱侧弯常继发于某些特定疾病。特发性脊柱侧弯的病因迄今不明。

青春期是人的第二个生长发育高峰期，脊柱生长的速度相对较快，原本较轻微的脊柱侧弯在此期发展较快，所以家长应予以重视。

目前，尚无有效的方法预防脊柱侧弯，但早期发现、及早治疗是目前阻止脊柱侧弯继续发展的好办法。

2. 脊柱侧弯有哪些临床表现？

脊柱侧弯被发现得越早，通过非手术方法进行治疗的机会越多。及早发现脊柱侧弯并进行正确的治疗，可防止出现严重的继发症状。如果父母发现孩子有如下的表现之一，就要提高警惕：一侧肩膀比另一侧肩膀高（父母可让孩子对着镜子观察两侧肩膀是否一样高）；一侧肩膀比另一侧肩膀明显突出或增大，通常以右肩突出较多见；从前面看，领口不正；女孩双乳发育不对称，通常以左侧乳房较大为多见，一部分正常女性也存在两侧乳房不对称的情况，家长应加以区别，如不能区别，应带孩子到骨科就诊，避免漏诊，延误治疗；一侧后背隆起；腰部不对称，一侧腰部有皱褶；一侧髋部比另一侧髋部高。

如果发现孩子有可疑之处，家长可用手触摸孩子脊柱的棘突（每一块脊椎骨向后突出的部分），观察每一块脊椎骨的棘突连线是否在一条直线上（正常者应在一条直线上）；或者让孩子立正站直后向前弯腰，保持膝部伸直，双上肢下垂，双手掌合拢，观察孩子后背两侧是否对称。经过简单的检查，如果发现孩子有异常，就应带孩子去医院检查，以便尽早发现、及时矫治脊柱侧弯。

荨麻疹

1. 什么是荨麻疹?

荨麻疹,俗称"风疹块""风疙瘩",是一种常见的变态反应性皮肤病,表现为皮肤黏膜的血管通透性暂时增加和水肿。荨麻疹的类型较多,病因十分复杂。常见的病因包括:

❶食用某些食物,如鱼、虾、蟹、蛋、牛奶及奶制品等。

❷吸入花粉,接触羽毛、动物皮屑等。

❸昆虫叮咬、注射动物血清等。

❹使用某些药物,如应用抗生素、类毒素及疫苗等。

❺精神性因素或某些全身性疾病。

❻其他因素,如日光、冷、热及机械性刺激(如摩擦、压力)等。

2. 荨麻疹有哪些常见类型?

❶急性荨麻疹:发病急,患儿突然出现大小不等、形状不一的扁平隆起的风团,呈淡红色或苍白色,质地柔软,有剧烈的痒感,有时伴有烧灼感或刺痛感,皮疹发生快,消失也快,且有此起彼伏的特点。皮疹多少不一,多时可布满头面、躯干及四肢,患儿可伴有发热、烦躁不安、恶心、呕吐、腹痛或腹泻。如果喉头黏膜发生水肿,患儿可有呼吸困难的症状。本病一般在数天内痊愈。皮疹消退后不留任何痕迹。

❷慢性荨麻疹:主要表现为风团样皮疹反复发作,经久不愈,病程可长达数月,甚至数年。

❸丘疹样荨麻疹:本病常发生于3岁以内的儿童,在春季、秋季发病率较高,多表现为散在孤立的椭圆形丘疹,不融合,其顶端有水疱,水疱壁较厚。皮疹多见于四肢。皮疹一批批反复出现,瘙痒较严重。

❹血管神经性水肿:皮肤或黏膜突然出现红色斑疹及水肿,是一种变态反应,其起病急骤,但皮疹及水肿消退也快。皮损见于全身各处,但以唇、舌、眼睑、手等外露部位最为常见。有时本病可引起喉水肿,严重时患儿可发生呼吸道阻塞,危及生命。

湿疹

1. 小儿湿疹有哪些症状表现？

小儿湿疹是一种与变态反应密切相关的常见皮肤病，以3岁以内的小儿较多见，它的病因十分复杂，与多种内、外因素有关，伴有严重瘙痒感。

小儿湿疹常在婴儿期发病，初起时为散发或密集的小红丘疹或红斑，呈细砂状，逐渐增多并可融合成片。湿疹多为对称性分布。由于瘙痒，患儿常烦躁不安、睡眠不好，常用手抓，皮肤被抓破后可发生糜烂，并继发细菌感染，渗出有臭味的液体。

皮疹多发生在头面部，如双颊、下颌部、额部及头顶部，以后可逐渐蔓延至颈、肩、背、臀、四肢及全身。由于湿疹的病变在皮肤表皮，因此湿疹患儿痊愈后不会留疤痕。

2. 小儿湿疹的发病因素有哪些？

湿疹是一种常见的与变态反应有密切关系的皮肤病，存在家族性过敏体质的倾向。小儿湿疹的高发病率是因为小儿皮肤角质层薄，毛细血管网丰富，易发生变态反应。

小儿湿疹的发病因素主要有以下几个方面：

❶ 遗传因素：湿疹的发生与体质有关，而体质与遗传密切相关。如果家族成员患有过敏性疾病，或曾得过湿疹，那么小儿得湿疹的概率较大。

❷ 食物因素：牛奶、鸡蛋、鱼、蟹、等食物含有大量异体蛋白，容易引起过敏反应。过剩的营养、肠内异常发酵也是本病的诱因。

❸ 环境因素：羊毛织物、化纤衣物、奶液、尿液、汗水以及机械性摩擦等对皮肤的刺激是本病的诱因。护理不当（如使用较强碱性清洁用品）、环境温度过高或过低、某些外用药等均可诱发湿疹或使湿疹的症状进一步加重。

❹ 精神因素：患儿精神紧张可使湿疹加重。

3. 怎样护理患湿疹的小儿？

❶ 饮食管理：应避免过度喂养，以维持小儿正常的消化功能。如果小儿疑似对鸡蛋过敏，可只吃蛋黄，不吃蛋清。因为绝大多数鸡蛋过敏者是对蛋清过敏，蛋黄引起过敏的情况极少。哺乳的妈妈应避免进食刺激性食物及易引起过敏的食物。

❷ 避免各种外界不良因素对皮肤的刺激：及时去除小儿皮肤上的唾液、奶液、汗液，及时为小儿更换尿布，避免湿热。应尽量少给小儿用各种清洁用品，尤其是碱性较大的清洁用品，注意选用碱性较小的清洁用品，并为

小儿冲洗干净；给小儿洗手、洗澡时，水温不宜太高，洗的时间不宜太长，避免皮肤表面的油脂被过多洗掉；洗澡后，用护肤霜为小儿涂抹全身，以避免小儿皮肤过于干燥；避免小儿抓挠皮肤；让小儿穿棉质、软、宽松的衣物，避免衣物摩擦刺激加重湿疹；环境温度要适宜，避免温度过高或过低。

湿疹严重者，应在医生指导下涂抹外用药物及口服抗过敏药物。不宜长久及大量使用外用激素类药物。

看，小花

扁桃体炎

1. 扁桃体炎有哪些症状表现？

扁桃体是守卫在人体呼吸道和消化道入口的卫士，内含丰富的血管和淋巴组织。当病毒或细菌侵入咽部的时候，扁桃体就发挥抵御作用，引起扁桃体炎。本病多发生在儿童期及青少年时期，婴儿很少发病，因为婴儿的扁桃体还没有发育，一般得等小儿1岁以后，扁桃体才会开始发育。

扁桃体炎常发生在季节更替、气温变化、身体抵抗力下降时，主要的致病菌是溶血性链球菌。患儿表现为突然高热、咽喉疼痛，尤其在咽食物时疼痛加重，吞咽困难，可伴有头痛、轻咳、呕吐或昏睡等症状。医生检查时，可发现患儿的扁桃体明显红肿。若扁桃体表面有脓性分泌物，则被称为化脓性扁桃体炎。

2. 怎样治疗扁桃体炎？

一旦孩子患了扁桃体炎，家长就应及时带孩子去医院治疗。为患儿治疗时，通常首选青霉素类药物。若患儿对青霉素过敏，可选用红霉素等其他抗生素。患儿可喷西瓜霜，或含草珊瑚含片等。伴高热的患儿，可用物理或药物降温。若是由溶血性链球菌引起的小儿扁桃体炎，家长应警惕由扁桃体炎引起的风湿热、急性肾炎等。如果发现患儿扁桃体炎症消退以后，一直低热，胃口、精神很差，家长就应该带患儿去医院做进一步检查，以便及早发现问题，及早为患儿治疗。

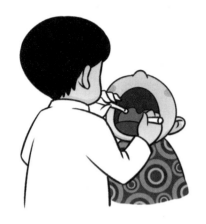

3. 在哪些情况下，患儿应做扁桃体摘除术?

扁桃体具有防御作用，它常常是牺牲自己，保卫全身，因此不要随意切除扁桃体。只有在遇到以下任一情况时，才可以考虑为患儿做手术：

❶ 慢性扁桃体炎反复急性发作，或多次并发扁桃体周围脓肿者。

❷ 扁桃体重度肥大，妨碍吞咽、影响呼吸者。

❸ 慢性扁桃体炎成为引起体内其他脏器病变的病灶，如反复发作的风湿性关节炎、心脏病等。

❹ 白喉带菌者，经保守治疗无效时。

❺ 各种扁桃体良性肿瘤。

4. 在哪些情况下，患儿不能做扁桃体摘除术?

遇到下列任一情况时，患儿不能做扁桃体摘除术：

❶ 急性扁桃体炎发作时，患儿不宜接受手术，应等炎症消退后2~3周。

❷ 有造血系统疾病及凝血机制障碍者。

❸ 患有肺结核、风湿性心脏病、关节炎、肾炎等疾病，病情尚未稳定时，患儿应暂缓做手术。未经控制的高血压患儿也不宜接受手术。

❹ 在小儿麻痹症或流行性感冒等传染病流行的季节，患儿最好不要接受手术。

❺ 患儿在月经期间。

🌹 急性喉炎

1. 什么是急性喉炎?

急性喉炎是由细菌或病毒引起的喉部黏膜急性弥漫性炎症。患儿的主要症状表现有声音嘶哑、犬吠样咳嗽、喉鸣及吸气困难。主要有以下致病因素：肺炎双球菌、溶血性链球菌、金黄色葡萄球菌、副流感病毒。本病多为急性上呼吸道感染的一部分，也可并发于麻疹、流行性感冒等其他急性传染病，多见于婴幼儿。

小儿喉腔狭小，喉软骨柔软，黏膜血管及淋巴管丰富，黏膜下组织疏松，受到感染后，很容易充血、水肿而出现喉梗阻。婴幼儿的咳嗽反射差，分泌物不易被咯出。而这些分泌物可刺激喉部引起喉痉挛，加重喉梗阻。小儿喉梗阻时，可出现不同程度的呼吸困难，伴有青紫、烦躁不安等症状，严重时可因窒息死亡。

小儿急性喉炎发病急、病情进展快，随时有可能发展为喉梗阻。当患儿声音嘶哑，呼吸有一种像吹哨一样的声音，咳嗽声是"空空"的，像狗叫一样时，家长应及时带患儿去医院诊治。

2. 喉梗阻有什么症状表现?

在喉梗阻发生之前，患儿先有流涕、发热、咳嗽等急性上呼吸道感染的症状。随着病情发展，患儿逐渐出现急性喉炎及喉梗阻的症状。喉梗阻按呼吸困难的程度不同有轻重之分。轻者仅有喉鸣、呼吸困难等表现；重者缺氧明显、口唇及指（趾）端发紫、精神烦躁不安、惊恐、头面出汗。当病情进一步恶化时，患儿会有昏睡、呼吸无力、面色苍白、心音弱、心律不齐等症状。

 打鼾

1. 孩子为什么会打鼾?

孩子打鼾是因为牛长在鼻咽顶后壁的增殖体肥大。扁桃体过于肥大也

会引起打鼾。增殖体是一种淋巴组织，具有免疫作用。增殖体肥大可使孩子鼻后孔和咽鼓管咽口堵塞，使呼吸和听力受到影响。人在睡眠状态时，肌肉松弛，舌头向咽腔坠落，更使通气不畅，可出现张口呼吸、打鼾，甚至呼吸暂停。

因为增殖体肥大引起患儿呼吸不畅，可使血氧量降低，导致大脑缺氧，影响生长激素的释放，所以患儿生长发育不良，营养较差，瘦弱，性情急躁，反应迟钝，智力、理解力、记忆力水平明显低于同龄儿童，面容呆滞。增殖体肥大还会堵塞咽鼓管的开口，容易并发中耳炎，使患儿出现听力减退、耳鸣或耳流脓液等症状。

2. 孩子打鼾时, 家长应该怎么办?

当孩子打鼾时，家长应带孩子到医院检查。如果是由增殖体肥大或扁桃体过于肥大导致的打鼾，应尽早让孩子进行手术，切除增殖体或扁桃体。切除增殖体时常同时切除扁桃体。还

可试试让打鼾者改变睡姿。打鼾者尽量不仰睡，因为仰睡时颈部软腭会下陷，阻塞气流，最好采用侧卧的睡姿。

🌹 中耳炎

1. 什么是耳朵渗液？

耳孔的黏膜表面常被分泌物覆盖。少量分泌物有保护耳道的作用，可不必处理。如果耳内分泌物过多，那么患儿的耳朵会有渗液流出。比如患湿疹的孩子，外耳道分泌物多，可有渗液流出。可用湿疹膏涂抹外耳道。湿疹患儿一旦痊愈，外耳道的渗液就会减少。如果外耳道流出脓液，并且伴有发热、耳朵疼痛，孩子可能患上中耳炎，应立即去医院就诊。平日洗澡时，注意避免水流入耳孔，保持外耳道清洁。

2. 小儿为什么容易患急性化脓性中耳炎？

急性化脓性中耳炎是婴幼儿时期的常见病，它是由细菌侵入中耳引起的，常见的病菌为乙型溶血性链球菌、金黄色葡萄球菌、肺炎双球菌等。

婴幼儿之所以容易患急性化脓性中耳炎，是因为婴幼儿的耳朵还没有发育完全。耳朵是由外耳、中耳、内耳三部分组成。中耳位于外耳与内耳

之间，像一个小小的盒子，中间的小空腔为鼓室，它有6个壁，其中一个壁上有一条通道与鼻咽部相通，这条通道被称为咽鼓管，也被叫作耳咽管。成人的咽鼓管呈弓形弯曲，鼓室口高于咽口。而婴幼儿的咽鼓管较短，长度只有成人的一半，鼓室口与咽口大致在同一水平线上。咽鼓管几乎呈水平位，咽鼓管平直，不呈弓形。这样的构造很容易使细菌进入中耳而发生中耳炎。婴幼儿由于抵抗力弱，易患鼻炎、咽炎、气管炎等疾病。这时炎性分泌物可直接由咽鼓管进入鼓室并导致小儿中耳炎。此外，小儿容易发生呕吐，呕吐物容易通过咽鼓管进入鼓室而引起感染。感染亦可经过外耳道侵入中耳。另外，败血症也可引起中耳炎。

3. 急性化脓性中耳炎患儿有哪些症状表现？

急性化脓性中耳炎大多发生在上呼吸道感染之后，起病急，患儿多有发热症状。较大的儿童常诉说耳痛。婴儿由于不能诉说，常表现为烦躁、哭闹、惊叫、夜眠不安、用手揉耳或摇头。因为吸吮时咽鼓管和中耳的压力发生变化可引起耳痛，所以患儿不愿意吃奶。3~4天后，患儿的耳朵流出淡黄色黏稠的脓液。流出脓液后，

患儿的体温可下降。因为婴儿的部分颅骨缝尚未完全融合，所以，急性化脓性中耳炎可以刺激脑膜，使婴儿出现颈项强直、头痛、呕吐等症状。

急性化脓性中耳炎的患儿经过治疗可痊愈，一般不影响听力。慢性化脓性中耳炎是由急性化脓性中耳炎转化而来，患儿一般没有全身症状，外耳持续流出稀薄或黏稠的脓液，可影响听力。少数患儿还可合并化脓性脑膜炎。

当小儿得了急性化脓性中耳炎时，家长要及时带小儿到医院诊治，不要自行向小儿耳内滴药水。

🌹 沙眼

1. 什么是沙眼？

沙眼是由沙眼衣原体引起的。它是一种流行比较广泛、由接触传染引起的传染病。沙眼病人的眼结膜分泌物内含沙眼衣原体。健康人因接触了被沙眼衣原体污染的毛巾、器皿、衣物等而被感染。

双眼往往被沙眼衣原体同时感染，患儿的眼皮里面发红，有细沙样的颗粒和小泡。轻者几乎没有什么症状，有时只有轻微的痒感及异物感，晨起时眼睛可有少量的黏液或黏脓性分泌物，也可有轻微的怕光、流泪等

症状。如有继发感染，则沙眼的症状加重。病情严重的患儿睑结膜上有乳头和滤泡增生，加上血管充血，使睑结膜变得粗糙不平。睑结膜结疤可使眼睑内翻，引起倒睫，刺激角膜产生溃疡，继而影响患儿视力，并可造成失明。

2. 怎样预防沙眼？

沙眼一般通过接触传染。预防沙眼应从个人卫生做起。普及沙眼防治知识，做好个人防护。培养儿童良好的卫生习惯，保持手部清洁，不用脏手和衣袖等揉眼睛，不与别人共用毛巾、脸盆。

托幼机构应为儿童设置清洁的流水装置，供儿童洗脸、洗手，做到一人一巾。

定期进行健康查体，及时发现并治疗沙眼，也可控制沙眼的传播。

🌹 红眼病

1. 什么是红眼病？

急性结膜炎是一种传染性很强的急性眼病，因发病时患者双眼发红，故俗称为红眼病。病毒、细菌和支原体都可以导致红眼病。夏季流行的红眼病大多是由病毒引起的。红眼病的发病急，传播快。患儿的眼分泌物、

眼泪中含有大量的细菌或病毒。患儿的眼分泌物是黏液性或脓性的。早晨醒来时患儿的上下睑缘常被分泌物粘着。常为双眼同时或先后发病，患儿常有与红眼病病人的接触史。患眼有异物感或烧灼感、怕光流泪、眼睑红肿、结膜明显充血，分泌物有时呈血性，睑结膜表面可有假膜，呈乳白色，容易被擦去而露出充血或渗血的结膜。患儿可伴有发热、头痛等上呼吸道感染的症状。本病病程一般少于3周。

2. 孩子得了红眼病，家长应该怎么办？

因为红眼病大都是由细菌、病毒或支原体引起的，具有传染性，所以，患儿要被隔离，以防传染给别人。要将患儿用过的毛巾、手帕洗净、消毒，不让患儿去公共浴室或游泳池洗浴。

急性期的患儿需勤滴抗生素眼药水，每1~2小时滴药1次。如果患儿眼内的分泌物较多且积聚在结膜囊内时，可用生理盐水或硼酸水冲洗。不

能用纱布包扎眼睛，因为用纱布包扎后，眼内温度、湿度增高，更有利于致病微生物生长。可戴有色眼镜，以减少强光刺激。

3. 怎样预防红眼病？

帮助儿童养成良好的卫生习惯，保护好眼睛。托幼机构应加强卫生管理，一旦发现患儿，就应做好隔离，以免传染给他人。

小儿要勤洗手，常剪指甲，不要与别人共用毛巾和脸盆，最好用流动的水洗脸。要经常清洗和消毒小儿的毛巾、手帕。托幼机构和学校要加强卫生消毒。在患病期间，患儿最好不去公共场所，不去串门。医护人员检查或治疗红眼病病人后要及时用浓度为75%的酒精消毒，以免发生交叉感染。

◎ 睑腺炎

1. 什么是睑腺炎？

睑腺炎又被称为麦粒肿，是一种眼睑腺体的急性化脓性炎症病变，表现为眼睑缘皮肤局限性红肿，摸上去有硬结和触痛，自觉有胀痛及痒感。脓肿成熟后，呈现黄色脓头，脓头破溃排脓后，患儿的疼痛缓解，红肿也逐渐消退。

病情较重者可伴有耳前淋巴结肿大和压痛。如果炎症扩散，可引起严重并发症，如眼眶蜂窝组织炎、败血症等，可危及患儿生命。

2. 怎样治疗睑腺炎?

在患睑腺炎的早期，可热敷红肿部位，促进炎症消退，同时按时滴抗生素眼药水，结膜囊内涂红霉素眼膏等。当红肿明显或伴有发热时，患儿应口服或注射抗生素。如果脓头已经成熟，摸上去有波动感，此时应切开排脓。脓肿未成熟时，切勿挤压，以免炎症扩散，引起严重并发症。

预防近视！

◎ 保护视力

1. 学龄期儿童应该如何预防近视?

为了预防近视，家长和老师应认真督促和指导孩子做到以下几点:

❶ 儿童看书或写字时，姿势要端正，眼睛与书本要保持一定的距离。

❷ 儿童连续看书或写字的时间不宜太长，应每隔一段时间就休息几分钟，如闭眼或向远方看看，或做全身运动，均可达到让眼睛休息的目的。

❸ 儿童看书或写字时，光线要充足，不宜过强或过弱。晚上，孩子在灯光下看书时，应该用有灯罩的灯，光线应从左前方照射过来，以免患儿手的阴影妨碍视线。灯光应照在书上，避免直接照在脸上。

❹ 不要让儿童看字迹模糊的书或报纸。

❺ 要经常教育并帮助儿童改正不合理的用眼习惯，如吃饭、走路、乘车时看书，躺在床上看书，趴在桌上歪头看书或写字，在强光下或在暗淡的路灯下看书。

❻ 儿童生活要有规律。儿童应合理补充营养，保证足够的睡眠，坚持每天做眼保健操，定期检查视力。一旦发现视力减退，儿童就应及时接受治疗。

2. 如何判断眼睛是否疲劳?

出现以下症状表现，说明眼睛疲劳。

❶ 看东西模糊，有重影。

❷ 眼睛发红，有刺痛、瘙痒感。

❸ 眼睛干燥，有酸涩感。

❹ 注意力不集中、头晕、肩酸，

甚至头痛、恶心、呕吐。

3. 持续使用电脑时，应注意什么?

❶ 持续使用电脑时，要经常眨眨眼睛，防止眼睛干涩。每隔一段时间休息一下，不要持续操作电脑。

❷ 眼睛与电脑屏幕保持适宜的距离。

❸ 将屏幕的亮度与清晰度调整到适当水平，以眼睛感到舒适为准。

❹ 要保持屏幕清洁。屏幕过脏会使图像模糊，造成眼睛疲劳。

4. 晚上看电视时，需要关灯吗?

不少人晚上看电视时，喜欢把房间的灯都关上，这样做会使电视屏幕显得明亮、清晰。其实，这种做法有损视力。因为电视屏幕与周围景物明暗程度差别较大会加重眼睛的疲劳。所以，晚上看电视时，应让房间保持一定的亮度，开一盏灯，但不要让灯光直接照在电视屏幕上。

5. 怎样给孩子上眼药?

正确使用眼药，可最大限度地发挥眼药的作用，减少副作用。家长要遵照医生的意见或药品说明书给孩子上眼药，而不是点药次数越多，效果越好。买回眼药水后，要按照药品说明书提示的条件进行保存，注意药品的有效期等。每次点药前应仔细检查眼药水中有无沉淀及杂质等。如果发现眼药水存在异常，应停止使用。药品应置于小儿够不到的地方，以防小儿误服、误用，导致意外的发生。

上眼药的方法如下所述:

❶ 家长要洗净双手，以免经手发生感染。

❷ 让孩子平卧，或坐在椅子上，头尽量向后仰。

❸ 将孩子的下眼皮向下拉，与眼球分开。

❹ 将一滴眼药滴入下眼皮的结膜囊内，注意不要让眼药瓶口接触到眼睛或睫毛。眼药膏在结膜囊内可保留较长的时间，故常在睡前使用。上眼药的次数及时间要遵照医生的意见或药品说明书。

❺ 滴入眼药水后，让孩子闭上眼睛，并用手指按压内眼角2~3分钟。这样做可避免眼药水被内眼角的鼻泪管吸收，造成全身副作用，也可避免

药物经鼻泪管流到嘴里。涂完眼药膏后，要让孩子闭上眼睛，轻轻按摩眼球，使药膏均匀分布。

❻ 如果需滴入两种眼药水，应当间隔5分钟以上，再滴入另一种眼药水。

龋病

1. 龋病是怎样发生的?

龋齿俗称"虫牙"。一些家长吓唬孩子说："不要吃糖，糖里有虫子，会把牙咬坏的。"其实"虫牙"并不是被虫子咬坏的。龋齿的洞里也没有虫子。在细菌感染等多因素作用下，牙齿组织逐渐被破坏、腐蚀，形成龋齿。龋病是小儿最多见的牙病。

小儿患龋病的原因很多，有全身性因素，也有局部性因素。

❶ 全身性因素：患有结核病、佝偻病，饮水中含氟量不足，以及吃糖过多的儿童，都容易患龋齿。

❷ 局部性因素：一些孩子的牙齿本身钙化不良，排列不整齐，再加上

不注意口腔卫生，不刷牙，使牙面的窝沟处、两颗牙相邻的接面处、错位牙的重叠交错处经常存有食物残渣。这些食物残渣，特别是糖果、饼干等甜食的残渣，会被口腔中的细菌，如乳酸杆菌、变形性链球菌等，分解发酵生成乳酸，逐渐腐蚀坚硬的牙釉质。牙釉质就是牙齿表面一层白色发亮的物质。因为牙齿硬组织的主要成分是钙，钙遇到酸就易被溶解，从而形成龋洞。

2. 幼儿龋病有什么特点?

乳牙钙化程度低，牙釉质和牙本质都比较薄，容易被破坏，使龋损向深层发展。乳牙比恒牙更容易受损害，因为幼儿喜吃致龋性强的甜食，口腔自洁能力差，睡眠时间长，更有利于细菌繁殖。

幼儿龋病的特点是：所有乳牙的牙面均可患龋病。龋齿多发、龋蚀范围广，患儿自觉症状常不明显，不易被家长发现。患儿一旦出现症状，往往已发展成牙髓病变或根尖周病变。

最典型的奶瓶龋是由于频繁和长时间母乳喂养或接触含糖饮品（牛奶、配方奶粉、糖水、米汤、果汁），含糖物质长时间黏附在牙面上，上前牙开始龋坏，逐渐向两侧后牙发展，严重者可导致全口龋坏。其预防方法是

不要让小儿含着奶瓶或母亲的乳头睡觉。每次喂奶后，给小儿喂少许白开水，以冲淡口腔内残留的乳汁。也可用干净、湿润的纱布，轻轻擦拭小儿的牙齿、牙龈。

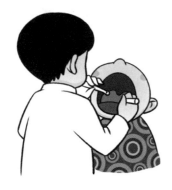

3. 怎样预防龋病?

由于引起龋病的因素有全身性因素和局部性因素，因此预防龋齿也应从这两方面去考虑。

❶ 预防全身性疾病的发生：积极预防佝偻病、结核病等。给婴儿补充充足的鱼肝油。让小儿多吃蔬菜、水果、蛋、奶，少吃糖。饮用水中含氟量不足的地区，可适当让孩子食用加氟食品。

❷ 杜绝易引起龋病的局部因素：让孩子从小养成饭后刷牙的卫生习惯。刷牙可以清除黏附在牙齿表面的牙菌斑。应为孩子选择合适的儿童牙膏。教会孩子正确的刷牙方法：上牙从上往下刷，下牙从下往上刷，不要横刷；要仔细刷牙的内侧及易存食物的部位。要给孩子吃一些比较硬的食物，如烤馒头片、面包干、土豆片等，让孩子多咀嚼，有利于牙齿和牙周组织的发育。让孩子少吃糖果等甜食。

4. 什么是磨牙窝沟封闭?

人的牙齿咬合面凹凸不平，凹陷的部分被称为窝沟。窝沟内常常存在狭窄的裂隙，用牙科探针无法进入这些裂隙，但细菌可侵入，即使刷牙也无法将侵入的细菌完全清除，而细菌是龋病发生的重要因素。阻止细菌侵入刚萌出的牙齿窝沟裂隙处对预防龋病的发生有重要的意义。牙齿窝沟封闭就是把一些对身体无害的合成材料涂在窝沟处，让它渗入到牙齿窝沟裂隙中，然后用固化灯照射，使之填满裂隙，并与牙齿坚固结合，可避免细菌在牙齿窝沟裂隙处生长繁殖，形成致龋环境。

从理论上讲，乳牙和恒牙都应进行窝沟封闭，但在临床上应用最多的是对刚刚萌出的磨牙做窝沟封闭。在磨牙萌出后一年以内做窝沟封闭的效果最好，因为刚萌出的牙齿表层尚未完全钙化，耐酸性差，易发生龋病。而且，刚萌出的牙齿表面窝沟较深，封闭剂不易脱落，防龋效果好。如果已经发生了龋病，再做窝沟封闭就没有意义了，这时应做充填治疗。窝沟封闭治疗无痛苦，费用也较低。有的家长认为，乳牙迟早会被恒牙替换，长不长龋无所谓。其实乳牙的发育状况会直接影响恒牙的排列，甚至影响孩子的面部发育。如果乳牙上的龋病比较严重，导致牙齿疼痛或部分剥落，不但影响孩子的情绪，还可能影响将来恒牙的排列。

窝沟封闭治疗仅仅是在牙齿表面涂上一层固化的薄膜。这层膜的硬度比牙齿小得多，容易磨损、脱落。如果不注意保持口腔卫生，封闭剂破损得更快。因此，即使做了窝沟封闭治疗，孩子也要养成良好的口腔卫生习惯，认真规范地刷牙，定期到口腔门诊检查。若发现封闭剂脱落，要及时为孩子修补。

5. 为什么要积极治疗龋病？

家长一旦发现孩子患了龋病，不管是乳牙龋病还是恒牙龋病，都应该送孩子到医院治疗。

有的孩子乳牙龋病严重，家长却不带孩子看病。这些家长认为乳牙患病不必治疗，待以后换上恒牙，自然就正常了。其实，龋病进一步发展可以导致牙髓炎、根尖周炎，甚至可引起颌骨骨髓炎。颌骨骨髓炎的症状为化脓、口臭、疼痛等，由于对颌骨的破坏性较大，可以导致患儿颌骨萎缩，两侧面部不对称。此外，龋病还可能会引起身体其他部位发病，导致急性肾炎、过敏性紫癜等严重并发症。乳牙的龋坏或缺失还会影响儿童的正确发音及面容，使他们的身心受到极大的伤害。所以父母应定期检查孩子的牙齿，一旦发现孩子的乳牙坏了，就要尽早带孩子治疗，防止龋洞变深、变大，不要等着换恒牙。有条件的家庭最好定期带孩子到正规医院的口腔科检查，12岁以下的孩子每半年检查一次，12岁以上的孩子每年检查一次。

◎ 入睡后磨牙

1. 为什么孩子入睡后会磨牙？

入睡后磨牙多见于4~6岁的孩子，等孩子6岁以后，这种情况大多消失，极少数的孩子会持续到学龄期，甚至成人阶段。在医学上，对磨牙症发生的原因众说纷纭，尚无统一的认识。磨牙动作是在三叉神经的支配下，由咀嚼肌持续收缩完成。目前多认为磨牙症的发生与脑神经功能不稳定有关。磨牙症具有家族遗传性。由于神经系统不稳定，孩子易受各种刺激，导致磨牙。孩子除了入睡后磨牙以外，还常伴有其他睡眠障碍。

2. 磨牙症的诱发因素有哪些？

下列因素可诱发孩子入睡后磨牙：

❶ 饮食不节，消化道功能存在障碍。孩子进食过多，使胃肠道在夜间处于比较兴奋的状态，咀嚼肌持续收缩，使牙齿来回磨动。

❷ 过度紧张。孩子玩得过度兴奋或疲劳，或情绪紧张、焦虑（如幼儿园老师或家长给孩子的压力过大，家长态度粗暴，孩子在睡前看了情节过于紧张的影视片等），入睡后，大脑皮质仍处于兴奋状态，出现磨牙的情况。

❸ 口腔疾病。牙齿发育存在异常，如错颌、牙尖过高、乳牙咬合不当等。

❹ 其他疾病。营养不良、内分泌紊乱以及变态反应等疾病会导致磨牙现象的出现。

3. 怎样预防和治疗孩子磨牙？

症状严重或较长时间的磨牙可使牙尖磨损，影响美观及咀嚼功能。应尽量找到孩子磨牙的病因，并针对病因治疗。一些儿童由于磨牙的时间较长，大脑皮质已形成条件反射，入睡后磨牙的症状不易较快消失，因此必须坚持较长时间的治疗，才会有较好的疗效。

口腔疾病需要请牙科医生及时进行诊断和治疗。目前一些学者认为处于换牙期的孩子磨牙是建立正常咬合功能所需要的一种活动。上下牙刚刚萌出后，咬合尚不合适。孩子通过磨牙，可使上下牙形成良好的咬合接触。此类夜间磨牙，常自行消失，不必治疗。

磨牙的孩子不宜吃得过饱，晚饭后不再吃零食或只吃少量零食，并及时清洁口腔。

改善孩子的营养状况，及时纠正孩子的营养素缺乏症，防止孩子的内分泌紊乱，有效预防变态反应的发生。

◎ 意外损伤

1. 为什么幼儿容易发生意外损伤？

3岁以内的幼儿，从会翻身、会坐、会爬、会走到会跑，他们的眼界逐渐开阔。随着活动范围的扩大，幼儿接触的环境越来越复杂。但幼儿的自我控制能力差，尤其是识别危险的能力差，又没有自身防卫能力。大人一旦疏忽大意，就容易让幼儿发生意外事故。例如，小儿被地面上的桌椅等绊倒，导致跌伤；打翻暖水瓶导致烫伤；从楼梯口掉下来，导致摔伤；误将大人的药水或农药当饮料喝，将药片当糖吃，发生中毒；摸电源导致触电；被剪刀、小刀、玻璃等划破皮肤，造成外伤；口含豆子、瓜子、花生米等小物体时突然大笑或大哭造成气管异物。以上种种意外损伤多发生于1岁以上的小儿，除幼儿的自身因素以外，主要是由家长看护不周所致。

2. 如何预防幼儿发生意外损伤?

应结合幼儿的年龄特点，采取适当的防护措施，以防意外损伤。

在1~3岁孩子的活动范围内，不要放置小板凳等容易绊倒孩子的东西。有危险的物品，如刀、针、剪刀、药品、电源等，应放在幼儿接触不到的地方，以免发生意外；不要随便给幼儿体积很小的玩具或物品，如珠子、扣了、图钉等，避免幼儿将这些物品放进口中误吞，造成气管异物。开水

壶、暖水瓶、热汤、菜锅等应放在幼儿碰不到的地方，以免幼儿被烫伤。不要让小儿吃豆粒、花生米、瓜子等，更不要在小儿吃东西时逗他大哭或大笑，以免发生气管异物。

3. 孩子的头部受伤后，家长应该注意什么?

孩子的头部受伤后，家长应尽快安慰孩子，让孩子镇静，不要过度摇晃孩子。不要揉搓受伤部位，以免加重毛细血管破裂，造成皮下淤血。可局部冷敷受伤部位。冬季可用冷水将毛巾弄湿，夏季可用冷冻物品外裹湿毛巾冷敷，并轻微加压，数分钟更换一次毛巾，冷敷半小时左右。冷敷可使局部毛细血管收缩，减少皮下出血及渗出，减轻"起泡"及"发青"现象。

即便孩子只是轻度摔伤，在数天内家长也应密切观察孩子。一旦发现孩子有过度烦躁、嗜睡、呕吐、肢体活动障碍等异常表现，应马上带孩子去医院诊治。

有少数头部外伤的孩子会发生颅内出血，导致严重后果。家长应细心看护孩子，防止孩子头部外伤的发生。

4. 孩子被割伤后，家长应如何紧急处理?

孩子被割伤后，对于非污染物品

造成的浅表割裂伤,可挤出一些血液,用无菌棉棒擦净后,涂抹碘伏,不必包扎,需防水,保持伤口干燥,数日后伤口可愈合。一旦伤口周围红肿或表面有脓性分泌物,就应带孩子去医院诊治。为了保护伤口,可用创可贴,但不要贴得太紧,以免透气性不好,造成伤口分泌物聚积、发白、伤口化脓。

当孩子的伤口较深或污染较严重时,家长应带孩子去医院处理,必要时预防注射破伤风疫苗。伤口出血较急时,可用无菌纱布、毛巾压迫止血。

5. 孩子被烫伤后,家长应如何紧急处理?

❶迅速脱离热源。

❷脱掉被烫伤处的衣物,必要时剪开衣服,防止损伤起泡的皮肤。

❸尽快将烫伤处浸泡于冷水中。即使在将患儿送医院途中,也要将烫伤处浸泡在冷水中。冷水浸泡可显著减轻烫伤程度。

❹不要弄破起泡的皮肤,防止继发感染,必要时请医生处理。

❺轻度烫伤(皮肤发红)者可涂烫伤膏。当孩子的皮肤有大面积起泡或更严重的情况时,应送孩子去医院。

6. 如何预防儿童发生意外伤害?

❶家具角要"钝化",用胶布、

纱布包裹。

❷地面要"软化",铺木地板、地垫或地毯。

❸暖气、火炉要有防护罩,暖瓶、热汤、热锅要放置于安全处。

❹电源足够高,低者贴封,选用安全型电源插头。

❺防止门锁自动锁闭,以免孩子被关在屋里。

❻安全放置毒物、药物,注意煤气开关安全。

❼把刀、剪子、针、扣子等放置在安全的地方。

❽保证玩具形状、原料的安全。

❾尽量不要让小孩吸食果冻。

❿在孩子吃饭时,不逗引孩子哭、笑,不捏孩子的鼻子灌药。

⓫防止高处物品坠落伤及孩子。

⓬让孩子坐儿童安全座椅。

⓭防止孩子走失,防止宠物伤害孩子。

7. 怎样现场抢救溺水的孩子?

孩子溺水,几分钟后,呼吸、心跳即可完全停止。致死原因通常是水注入呼吸道引起窒息,也有因喉头痉挛或心脏骤停引起死亡的。因此,当孩子发生溺水之后,我们要分秒必争地进行现场抢救。具体方法如下:

❶溺水的孩子清醒,有呼吸,有

脉搏：呼叫 120，陪伴溺水的孩子，为溺水的孩子保暖，等待救援人员或送医院观察。

❷ 溺水的孩子昏迷（呼叫无反应），有呼吸，有脉搏：呼叫 120，为溺水的孩子清理口鼻异物，侧卧位，等待救援人员。密切观察溺水孩子的呼吸、脉搏情况，必要时对其进行心肺复苏。

❸ 溺水的孩子昏迷，无呼吸，有脉搏：类似假死状态，溺水的孩子喉痉挛，无呼吸，脉搏微弱濒临停止，此时仅仅给予开放气道、人工呼吸，脉搏、心跳即可迅速增强。溺水的孩子恢复呼吸后，可侧卧位，等待救援人员。

❹ 溺水的孩子昏迷，无呼吸，无脉搏：即刻清理溺水者的口鼻异物，开放气道，进行 5 次人工呼吸，再进行胸外按压 30 次，随后 2 次人工呼吸，继之 30 次胸外按压，随后重复以上循环。目的是为了在第一时间给溺水者充足的氧气。切记同时呼叫 120，并持续复苏至溺水者呼吸、脉搏恢复或急救人员到达。

◎ 小儿用药

1. 小儿用药的注意事项有哪些？

药物既能治病，又有毒副反应。小儿的身体处在生长发育阶段，许多的生理功能尚不完善，对药物的吸收、代谢与排泄常与成人不同。小儿患病之后应用药物要慎之又慎，不仅要选择合适的药物，还要精确计算用药剂量和选择适当的用药方法。小儿生病时，未经医生许可，家长不要擅自购药服用。因为小儿患病时，其临床表现往往不典型，如果药物选择不当，不仅耽误小儿的治疗，而且可能出现药物的毒副反应。

有时，孩子生病了。家长认为孩子的疾病表现和以前得病的表现一样，就把以前得病时未服完的药给孩子服用。这种做法是不妥当的，因为表面上看似相同的疾病，实际上往往不一样，应由医生对症下药。

机体对药物的吸收是逐步的，要达到一定的、稳定的药物浓度时才能充分发挥药物作用，从而达到治疗疾病的目的。所以开始治疗后，只要孩子的病情没有明显的变化，家长就应让孩子在家休息，按时服药。不要频繁地带孩子去医院就诊，频繁地更改治疗方案。要根据小儿年龄、所患的疾病、病情等慎重选用药物，不要滥用药物，合并使用的药物不宜过多。

要按疗程治疗。孩子的病情稍有好转时，不要随意停止治疗，否则容易延长病程，甚至导致疾病复发。疗程的长短应由医生决定。

2. 小儿误服药物后，家长应该怎么办?

许多药品的外包装色泽鲜艳，很像一些糖果食品。小儿缺乏识别能力，容易误服药物。有的孩子把带有糖衣的药误当成糖果食用，或把有甜味的水剂药物当成饮品饮用。小儿误服药物后，家长应该怎么办?

❶ 尽快弄清误服的药物及其剂量、误服的时间，找出药物的包装，以便于医生诊治。家长千万不要因着急而责骂孩子，否则孩子会因为害怕而不说实情，导致误诊。

❷ 现场急救措施:

★误服一般性药物，如果发现早，暂无症状，可给孩子饮少量白开水，再用筷子压孩子的舌根部，使其呕吐，排出部分药物后再送孩子去医院。就医途中可给孩子多饮白开水，使药物稀释并及时从尿中排出。

★误服毒副作用大的药物，如避孕药、安眠药等，应及时送孩子去医院紧急处理，切勿延误。

★误服腐蚀性较强的药物，应在送医院之前或途中，给予恰当的急救治疗。误服强碱性药物，应立即服酸性液体（如食醋、柠檬汁、橘汁等）；误服强酸性药物，应服用生鸡蛋清等

碱性液体；误服碘酒时应服米汤、面汤等含淀粉的液体。误服固体，不易被吐出时，可对孩子催吐，然后带孩子去医院洗胃、导泻，并进行其他特殊处理。误服过氧乙酸，应立即让孩子服牛奶或鸡蛋清，以保护口腔、食道黏膜。

❸ 及时送孩子去医院接受进一步治疗。切勿舍近求远，只想着去大医院，从而延误治疗时机。

为避免孩子误服，应把药物放在孩子不易够到的地方。应妥善保存家用灭虫药物，不能让孩子有接触的机会。

3. 家庭备药的注意事项有哪些?

家庭中应备有少量常用的药物，以方便随时应用。家庭备药不需要样样俱全，因为储备得过多、过杂容易造成浪费，并可能出现差错。药物须单独存放，不应与其他杂物放在一起。应分开存放小儿用药与大人用药，分开存放口服药物与外用药。药品应放在孩子不容易碰到的地方。

4. 为什么不能滥用抗生素?

抗生素是具有抗菌作用的药物,对防治细菌感染有良好的效果。但抗生素又有许多毒副作用,如庆大霉素、卡那霉素等对神经系统和肾脏有一定的损害。有些抗生素可引起过敏反应,轻者出现皮疹、水肿,重者可发热、喘憋,甚至惊厥、休克。患者如果不能得到及时、正确的处理,可死亡。经常应用一种或数种抗生素,可抑制体内某些细菌生长,而使另外一些微生物大量繁殖,并引起疾病,被称为二重感染。如果长期使用广谱抗生素,那么人体容易感染真菌,引起鹅口疮及真菌性肠炎等。在应用抗生素时,如果使用的剂量、疗程不当,还容易产生耐药性。

抗生素能杀灭细菌或抑制细菌的繁殖。但导致人类感染性疾病的病原微生物不只是细菌,还有病毒、真菌等其他微生物。抗生素对病毒感染无效。有些疾病的早期表现与感冒相似。虽然早期应用抗生素可使病情暂时好转,但是真正的病情却被掩盖。因此,小儿未确定诊断时,不要盲目应用抗生素。

5. 饮食对药物有什么影响?

因为食物的种类繁多,由多种化学物质构成,所以食物可能与药物发生相互作用。在服药时,如果饮食搭配得当,可提高药物的疗效或减轻副作用。例如,服用驱虫药时,孩子多进食富含纤维素的食物,可增强肠道的蠕动,有利于虫体从肠道排出。服用红霉素时,多进食碱性食物可使红霉素的抗菌作用增强。补充维生素 A、维生素 D、维生素 E 等脂溶性维生素时,进食高脂食物,可促进肠道对药物的吸收,并有利于发挥药效。进食时或饭后服用抗真菌药物酮康唑或伊曲康唑,可促进药物的吸收,提高药效。进食后服用吲哚美辛(消炎痛)、阿司匹林等,可使胃肠道的药物反应减弱。

但是,食物也会对药效产生不利的影响。服用法莫替丁、复方铝酸铋等抗酸药物时应禁食辛辣食物等,以免降低药效。服用铁剂时,应避免食用动物肝脏、海带、芝麻酱、花生米,以免影响药物的吸收。服用氨茶碱时,应避免进食高蛋白食物,以免增加药物副作用。服用胃蛋白酶片、胰酶片、多酶片时，不宜食用猪肝、浓茶，以防降低药效。服用乳酸菌素片、双歧杆菌、酵母片等药物时，勿用热水冲服，以免其中的活菌遇热被杀灭。一般来说，在服药期间，不宜进食油腻、腥臭、生冷等不易被消化和有特殊刺激性的食物。

服药时，特别是服用新药之前，应请教医生，该药宜与哪些食物同服，禁止或不宜与哪些食物同服，以保证药物的治疗效果。

6. 小儿应用退热药物的注意事项有哪些?

发热是由病毒、细菌等致病微生物感染或其他疾病引起的常见症状。发热是机体抵抗外来致病因素的一种正常防御性反应。当然，体温过高会对机体产生不利影响。

体温的高低不一定与疾病的严重程度成正比。一般认为，体温在38.5℃以上，可口服退热药。实际上，如果儿童体温达到38.5℃以上，精力旺盛，无不适感觉，无高热惊厥史，则无须退热治疗。即使儿童体温未达到38.5℃，但精神萎靡不振、烦躁不安，也应及时服用退热药物。有高热惊厥史的儿童，体温即使没有超过38.5℃，也应及时退热降温，以免发生惊厥。3个月以内的婴儿应慎用退热药物，尽量选用物理方法降温。

小儿发热的原因有很多，可能是因为各种各样的感染性疾病，也可能是因为一些非感染性疾病。退热药物只能退热，无抗菌、抗病毒作用。在应用退热药物之前应找出病因，以免影响诊断，延误治疗。

不要自行加大退热剂的应用剂量。退热药物应用剂量过大容易损害肝肾功能，出现胃肠道症状及其他不良反应。儿童使用退热药物后要适当多饮水，以满足新陈代谢的需要，也有助于药物的代谢，以避免发生或减轻药物的不良反应。婴幼儿发热时，应按照处方用药，以免发生意外。

Part8

健康查体与预防接种

健康查体

1. 什么是定期健康查体?

定期健康查体是指要按规定的时间带孩子到定点医院儿保科进行健康查体。具体日期是：婴儿出生后30~42天要到医院做第一次检查，并建立系统管理档案。之后小儿在1岁之内还要查4次体，每隔3个月查1次，也就是满3个月、6个月、9个月、12个月时各查1次。1~3岁小儿每年查体2次，即每隔半年查1次。3岁以上小儿每年查体1次。

2. 为什么要定期进行健康查体?

小儿抵抗力弱，容易患各种疾病，发病之后病情变化快，危险性大。健康查体就是为了贯彻预防为主的方针，防病于未然，或将某些疾病，比如佝偻病、贫血等，消灭于萌芽状态，还可早期发现脑瘫等疾病，使家长得到科学的育儿指导，对保障儿童的健康具有非常重要的意义。

3. 定期健康查体的内容有哪些?

❶1岁以内小儿查体的内容：测量身长、体重、头围、胸围等多项指标，评估小儿视听、心理、智力发育情况，对小儿易患的佝偻病、贫血、腹泻、肺炎等疾病进行防治宣教，指导家长对小儿进行生长发育监测、科学护理和喂养。

❷1~3岁小儿查体的内容：除继续测量身长、体重、头围、胸围等指标外，还要评估小儿智力水平，观察小儿精细动作及大动作的发育是否正常。这一时期的小儿活动范围扩大，但没有安全意识，易发生意外事故。所以在此期查体时，儿科医生往往指导家长如何避免孩子发生意外事故。

❸3~7岁小儿查体的内容：这一时期小儿身高、体重的增长速度相对缓慢，抵抗疾病的能力有所增强，能用语言表达自己的需要，但由于活动范围的扩大，好奇心和求知欲的增强，较3岁内小儿更容易发生意外事故，故在此期查体时，医生仍会对家长进行安全方面的保健宣传。医生会指导家长培养孩子独立生活的能力，加强孩子神经、精神方面的保健，并指导家长纠正孩子的异常行为，预防传染病。

❹7岁至青春期：这一时期的儿童一般跟随学校进行集体查体，由疾病预防部门的医护人员进行检查。如果在体检中发现儿童的问题，学校的老师会跟家长联系。培养儿童良好的生活习惯和卫生习惯，加强体格锻炼。注意保护视力，防止近视的发生。学

校应注意加强青春期性教育及心理卫生教育。

🌸 计划免疫

1. 什么是计划免疫?

计划免疫是根据对传染病的疫情监测和人群免疫水平,按照规定的免疫程序,有计划地利用生物制品进行预防接种,以提高人群免疫水平,达到控制和消灭相应传染病的目的。

2. 为什么打疫苗可以预防传染病?

打疫苗的实质是免疫预防。免疫预防的理论基础是免疫学,通俗地讲就是给机体注射或口服特异的抗原,选择性地刺激机体的免疫系统,进行免疫应答,产生特异性的抗体,以预防特定的传染病。

3. 预防接种后会有什么常见的不良反应?

预防接种后的不良反应仅发生在少数人身上。常见的不良反应主要包括:

❶局部反应:主要表现为注射部位红肿、疼痛,常于预防接种后出现,24~48 小时后消退,与疫苗本身的毒性、疫苗中的防腐剂等造成的局部刺激有关,一般不需要特殊处理,大多数儿童经适当休息即可恢复正常。对于较重的局部反应,家长可用干净的毛巾热敷注射部位,每日数次,每次10~15 分钟,有助于消肿或减轻疼痛。对于个别严重的红肿、疼痛的儿童,可酌量给予小剂量镇痛药。因接种卡介苗后的局部反应性质特殊,一般严禁冷敷或热敷,以防细菌感染。如果注射处破溃,可局部消毒,严重时也可外用消炎药,预防感染。

❷全身反应:疫苗属于异体蛋白。异体蛋白进入人体内,或疫苗中含有致热源等,都可引起一定程度的全身反应。主要表现为:①发热,一般在接种疫苗后 12~24 小时发生,持续发热不超过 72 小时。小儿体温过高时可多喝些白开水,补充维生素,也可

适当用一些退热剂。②其他症状：包括恶心、呕吐、头痛、乏力等，一般可在 24~48 小时内消失。应注意护理和加强观察，防止儿童继发感染。对全身反应严重的儿童，可给予对症治疗。

4. 预防接种后会有什么不常见的异常反应？

不常见的异常接种反应主要与受种者的个体体质有关，虽然较少见，但严重危害个体健康，须及时处理。下面就介绍几种不常见的异常接种反应：

❶晕针：注射后小儿突然发生晕厥，轻者只感心慌、恶心或手足发麻等，短时间内即可恢复正常；重者脸色苍白、心跳加快、出冷汗，甚至突然失去知觉。晕针常与空腹、疲劳、室内空气不好、精神紧张或恐惧有关。

遇到这种情况，患者应立即平卧，头放低，保持安静，喝温糖水，一般短时间内就能恢复正常。

❷无菌性脓肿：因吸附剂未被完全吸收，或接种部位不准，导致局部组织坏死、液化。接种 24~48 小时后，注射部位出现较大的红晕或浸润，2~3 周后局部出现硬结，伴有疼痛，肿胀可持续数周或数月，随之发生脓肿，重者引起破溃，伤口不易愈合。

遇到这种情况，不要自行在家处理，应带患儿到医院请医生处理。

❸过敏性皮疹：该反应较为常见，皮疹多种多样，以荨麻疹最常见，一般接种后数小时到数天发生。遇到这种情况，可给予患儿抗过敏药治疗，一般预后良好。

❹过敏性休克：个别儿童在预防接种后发生休克，表现为不安、呼吸困难、面色苍白、发绀、四肢冰凉及出虚汗等，重者神志不清、血压下降、大小便失禁。遇到这种情况，应立即送患儿去医院抢救。有条件的，应立刻为患儿注射肾上腺素，因为如果不及时抢救，患儿可有生命危险，所以要分秒必争，积极抢救。

❺血管神经性水肿：个别儿童在预防接种后 1~2 天，皮肤发亮，注射部位的红肿范围逐渐扩大，重者可扩大至整条胳膊。处理方法是口服或注射抗过敏药物。

❻变态反应性脑脊髓炎：一般于注射后 2 周出现，有的患儿感到四肢无力，手足麻木，出现上行性肢体麻痹；有的患儿表现为发热、头痛、躁动不安，丧失四肢感觉；严重者可有吞咽困难，甚至呼吸循环衰竭，如抢救不及时，常致患儿死亡。

❼接种后全身性感染：因为受种者本身存在免疫缺陷，接种疫苗后可

引起全身性感染。遇到这种情况，应立即将患儿送医院就诊。

5. 应推迟进行预防接种的情况有哪些?

一般来说，正在发热者或有明显的全身不适的急性症状者，应推迟接种疫苗，以免接种后加重疾病。处于急性传染病的潜伏期、前驱期、发病期、恢复期的儿童均应推迟接种疫苗，以免诱发或加重原来的疾病。早产儿、难产儿及体弱的新生儿均应推迟接种，需等健康状况好转后才能接种。重症慢性病患儿应暂缓或慎用疫苗。

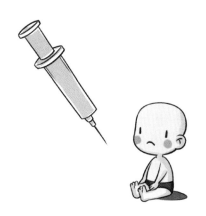

患有免疫缺陷症、白血病、淋巴瘤以及其他恶性肿瘤者不能接种活病毒疫苗。

6. 什么是菌苗、疫苗、类毒素?

❶菌苗：是用细菌菌体成分制造而成。分死菌苗和活菌苗两种。

❷疫苗：是用病毒、立克次氏体等经过人工培养后制造而成。有灭活疫苗、减毒活疫苗两种。

❸类毒素：是用细菌所产生的外毒素加入甲醛减毒，变为无毒而仍有免疫原性的制剂。

7. 疫苗接种失败的原因有哪些?

接种疫苗是目前最有效、最方便、最经济的预防传染病的方法，深受广大群众及医务人员的欢迎。但是，在实际工作中，并不是每一个接种疫苗者都能获得免疫力，达到预期的保护效果。也就是说，某些人会出现疫苗接种失败的情况。疫苗接种失败有以下几个方面的原因：

❶疫苗的质量：现在市场上销售的疫苗，大多是经过严格检验的合格产品，免疫效果确切，其保护率可达95%，甚至更高。但少数疫苗的质量欠佳，保护率还不能尽如人意。

❷接种疫苗的操作技术有误：医护人员没有严格按照免疫程序和要求进行操作，影响了免疫效果。

❸被接种者个人的特殊原因：如身体虚弱、体质较差，免疫应答能力低下等。